U0101279

悲伤

How To Be Sad

Everything I've Learned
About Getting Happier by Being Sad

HELEN RUSSELL

[英] 海伦 · 拉塞尔 著　穆育枫 译

九州出版社
JIUZHOUPRESS

致你和我的母亲

序　言

阳光灿烂。

我们盘腿而坐，在新割的草地上吃橙子——在墓地里。一旁一个戴红色贝雷帽的女人在掩面哭泣。我和妈妈一般不会约在墓地见面——怎么也得在咖啡馆，来些点心和咖啡吧。但今天，我们决定来这里“朝圣”。我们坐在高高的冷杉树下，和煦温暖的阳光照在身上很是惬意，内心深处却一片悲凉。大多数人都不会选择来墓地见面吧？但我觉得，这又有何不可呢？在过去的8年里，我一直在研究全世界的快乐，最终却发现，自己已经在不知不觉中成了一名悲伤课题的10级学者。

我逐渐发现，世间许多人都痴迷于追求快乐，以至于害怕悲伤。我曾经和很多刚刚痛失亲人的人们聊过，他们总是问我如何才能重拾快乐——还有那些经历过各种不幸的人们：失业的、失恋的、无家可归的、婚姻破裂的……以及身负家庭重担却严重缺乏关爱的。他们常常问我的一个问题是：“为什么我开心不起来？”每当这个时候我都试图解释说，有时候我们需要悲伤。亲人离世，我们当然会伤心难过——

当不幸来袭时，悲伤是一种再正常不过的清醒反应。但是我们很多人似乎已经习惯了厌恶和排斥所谓“负面情绪”，以至于无法察觉到它们，更不用说正视它们的存在了，因而也就不会允许自己去感知和应对它们。曾经有许多人和我说：“我只想要快乐。”然而在现实世界的某些时刻，这个可能性基本为零。当我们失去工作、家庭或感情的时候，或者有亲人离世的时候，又或者需要面对其他不幸的时候，悲伤都是自然而然的反应。

悲伤被定义为一种对情感上的痛苦、迷惘、无助、失望、绝望的自然反应。悲伤是正常的，是无从躲避的。德斯蒙德·图图[①]所说的“很遗憾，痛苦是一道人生的必答题”和电影《公主新娘》（*The Princess Bride*）中韦特斯利所说的“活着就是痛苦……任何否定这句话的人皆别有所图”都揭示了这一真相。

悲伤会发生在我们每个人身上，它有时令人心碎，有时令人畏惧。只是大多数世人都不擅长应对它。它让身处其中的人感到孤立无助，也让试图帮助他们渡过难关的人深陷迷惘，不知所措。

悲剧从不缺席，永不落幕。我们每时每刻都在失去。每天总有大大小小的麻烦接踵而至——有一地鸡毛的琐碎日常，也有令我们垂头丧气的各种难题。相比快乐，悲伤的层次更丰富，内涵更复杂，且无处不在。我们无法避免悲伤，但可以学会如何更好地应对它。我们是时候开始谈论悲伤这件

---

① 德斯蒙德·图图（Desmond Tutu），南非前大主教、反种族隔离人士，1984年诺贝尔和平奖获得者。——编者注（若无特殊说明，本书脚注均为编者注）

事了。因为目前我们管理这种负面情绪的方法似乎并不奏效——悲伤实际上是有其积极意义的。丹麦哲学家克尔恺郭尔（Kierkegaard）曾写道："悲中有喜。"新南威尔士大学（University of New South Wales）的研究人员曾发现，接受并允许自己暂时悲伤，反而有助于提高我们对细节的关注度，可以让我们更坚忍、更豁达，甚至让我们更加感恩所拥有的一切。[1] 悲伤自有其深意，每当事情出差错时，它可以起到提醒的作用。当我们受到伤害或者有麻烦发生时，悲伤是一种人人都会感知到的暂时性情绪。悲伤，是一种信息。

作为宇宙间的一个物种，我们人类依靠着彼此生存，你中有我、我中有你，而悲伤这种情绪恰恰可以让我们牢记这一点[2]——因为避免悲伤最常见的方法就是：避免去感受。比如因为害怕受伤，所以尽量不和别人走得太近（我以前就是这样……）；比如因为害怕所谓"失败"，所以索性避免追求有意义的目标（想想你是不是如此？）；比如因为想自我保护，所以去做一些令人上瘾的事，以消解痛苦或麻木我们的感官（我说对了吗？）；比如整天工作，让自己忙得像一个陀螺，或不停地刷手机好让自己暂时逃离那些负面情绪……总之，如果我们想回避悲伤，哪怕只是一点点，都会让我们的人生体验大打折扣，不仅如此，还会使我们面临更大的风险，遭遇更严重的危机。

强行抑制消极或压抑的思绪——我们很多人可能每天都会这样——已经被研究证实会适得其反，引发抑郁症状。哈佛大学心理学家丹尼尔·韦格纳（Daniel Wegner）在 1987

年曾做过一个著名的实验，实验对象被告知千万不要在脑海里想北极熊。[3]这个实验是受俄罗斯作家陀思妥耶夫斯基的启发设计的，他曾写道："试着给自己定这样的任务：不要去想北极熊。然后你会发现，接下来的每分每秒你的脑海中都会浮现出北极熊。"[4]所以韦格纳决定把这个想法付诸实践。

实验是这样的：在5分钟内，第1组参与者被要求不去想北极熊，每当他们想到北极熊的时候，就摁一下铃。第2组参与者则没有这个限制，想什么都行，但每想到一次北极熊，也要摁一下铃。实验结果是，第2组参与者摁铃的频率远远低于第1组。第2次实验重复出现了这个结果。后来韦格纳与心理学家理查德·温兹拉夫（Richard Wenzlaff）合作，进一步证实了：刻意避讳悲伤这种情绪，反而会让我们更容易产生焦虑、抑郁的想法，并引发相关症状。[5]这听起来可能有悖常理，但他们总结说：与悲伤抗争，实际上只会让其变本加厉。

这一点我很有共鸣。

我对"悲伤"的体会和对"快乐"的体会一样深切，所以写这本书对我来说有一种别样的切肤之痛。我人生中的第一次伤痛记忆是关于我妹妹的，她不幸死于婴儿猝死综合征（sudden infant death syndrome，SIDS）。随后我的父母很快就离婚了。后来我的健康出现了问题，吃饭也胃口全无。我遭受过事业挫折，也经历过感情失败，这些都曾让我的世界天昏地暗。不孕不育、试管授精和卧床休养的那些日子令人崩溃，不堪回首。甚至那些曾经令我甘之如饴的事，也一度让我觉得味同嚼蜡。应对挑战似乎也变得比以往任何时候都更艰难——因为在我们的文化中，太避讳谈论悲伤这件事了。从小到大我们几乎都被教育“只要我们对一件事避而不谈，它就不会伤害到我们”，而在很长的一段时间里，对悲伤避而不谈被视为一个人坚强的象征。但事实恰恰相反。我们目前比以往任何时候都更需要学会如何更好地应对悲伤。

写本书的时候，新冠疫情已然席卷全球。疫情暴发以来，我们曾经赖以依存的很多东西瞬间轰然坍塌，很多深信不疑的信念摇摇欲坠。漫长的疫情封控隔离仿佛褪去了我们平日那层喧嚣忙碌的外衣，让我们得以更清楚地倾听来自内心深处的声音——我们再也没有理由去逃避了。有些人被迫与家人分开，有些人只能独自隔离，有些人心生恐惧，有些人不得不和已经相看两厌的人身处一室。现在，失业率居高不下，经济衰退隐隐欲现，没有人能确定之后的世界会是什么样子的，又或者我们将如何回到从前——无论是经济上还是情感上。我们很多人都将经历失去，我们所有人都将察觉到某些变化。因为全球一体化——至少互联网领域是如此——让我们更容易知道这个世界的各个角落每天都在发生些什么。

对跨性别者权利的攻击和“黑人的命也是命”（Black Lives Matter）运动提醒我们：这个世界有太多的事情值得悲伤了。新冠肺炎对黑人的影响是异常巨大的，感染率和死亡率都更高。英国国家统计局（ONS）的数据显示，黑人感染新冠病毒的死亡率是白人的 4 倍多。伦敦大学学院（UCL）一项与新冠肺炎相关的社会调查发现，在疫情封控期间，

BAME① 群体的抑郁和焦虑程度更高（BAME 是他们的说法，不是我的）。[6] 盖洛普（Gallup）公司最新一期的年度调查显示，我们正在全球范围内经历前所未有的悲伤、忧虑和愤怒。[7]

据世界卫生组织估计，全球约有 2.64 亿人受到抑郁症的困扰。[8] 当然，悲伤不等同于抑郁症（小小剧透一下：这两个我都经历过）。世界卫生组织将抑郁症定义为持续的悲伤，对之前令自己觉得有意义的或感到愉快的事如今变得缺乏兴趣或热情。抑郁症经常会影响睡眠和食欲，从而导致人的注意力下降。

抑郁症有六种常见类型：第一种是重性抑郁（major depression），当我们听到“抑郁症”这个词时，很多人想到的可能就是重性抑郁——一种符合世界卫生组织定义的、伴随着相关症状的临床性疾病；第二种是持续性抑郁障碍（persistent depressive disorder），指至少连续两年情绪低落，但可能还达不到重性抑郁的程度；第三种是双相情感障碍（bipolar disorder，BPD）；第四种是季节性情感障碍（seasonal affective disorder，SAD）；第五种是一种被称为“经前期综合征”（premenstrual dysphoric disorder，PMDD）的严重月经前综合征；最后一种是围产期抑郁症（perinatal depression，即产后抑郁症），可能发生于怀孕期间或婴儿出生后的第一年。[9]

临床抑郁症是一种严重的抑郁症，患者通常需要专业人士的指导和帮助。[10] 一个人如果无法学会与这种通常不可避免的悲伤情绪和平共处，并缺乏如何更好地应对这种情绪的知识，就

① “BAME”是 Black（黑人）、Asian（亚裔）和 Minority Ethnic（少数族裔）的缩写。——译者注

可能会出现抑郁症症状（如前文温兹拉夫和韦格纳所言）。

因为悲伤其实是正常的。

“现在，很多人认为，如果他们不快乐，那他们就一定是抑郁的，”哲学家、美国古斯塔夫阿道夫学院（Gustavus Adolphus College）哲学系的佩格·奥康纳（Peg O’connor）说，“但是生活并非如此——实际上它是一整套各种情绪和存在方式的总和。正如亚里士多德所说，幸福是持续发生的；它并不意味着你从来不会悲伤，或者永远不会遇到难事。人生实苦，挑战永远都在——但这并不是说你因此就无法好好生活。”我曾经和丹麦一家幸福研究所的所长迈克·维金（Meik Wiking）交流过，他说：“重要的是，我们这些幸福研究人员要告诉大家，不会有谁永远都快乐。悲伤是人类经验的一部分，而这种经验就叫作‘生活’。”

很多让我们悲伤的事情可能是意料之外的：比如打了我们一个措手不及的2019年新冠疫情，有几个人能提前预见呢？但是有些悲伤是有源可溯的——甚至是可以提前为其做准备的。研究人员发现，我们的人生轨迹通常遵循一条U形曲线。[11] 因此我们在青少年和老年时更容易感到快乐，而在中年时幸福感则会明显下降。早在20世纪90年代，经济学家大卫·布兰奇福劳（David Blanchflower）和安德鲁·奥斯瓦尔德（Andrew Oswald）就在他们的生活满意度研究中注意到这一反复出现的规律。到2017年，他们公布了这一结论，即生活满意度会在成年后的头20年里下降，到40多岁时降至最低点，然后又逐渐攀升，一直进入老年。排除掉毫无幸福感可言的弥留之际，总体上这一曲线对全世界的人们都适用。25 岁到 40 岁之间流失的幸福感已被发现等同于 1/3 因失业而缺失的幸福感。[12]

人们最初认为，这种幸福感流失是由于人到中年的沉重负担造成的——比如工作压力、金钱忧虑和家庭重担。但后来科学家们发现，黑猩猩也有这种趋势。[13] 这就意味着，这种规律根植于生物学因素甚至进化因素。有一种观点是，我们人类和我们的近亲黑猩猩在资源更少的人生阶段需要更高水平的幸福感——比如青少年和老年。另一个观点是，随着我们日渐衰老，越来越看到生命的尽头，我们会越发看重生命中最重要的事——比如关系，因此也会从中收获越来越多的快乐。[14] 换句话说，我们不再追逐名望 / 跑车 / 成为大人物，而是开始学会享受和家人在一起的美好时光。这个观点很有意思，但基本上还没有得到证实。对 U 型曲线的准确科学解释目前仍然欠缺[15]（因为脑科学在很大程度上尚需不断发展进步）。不过可以肯定的是，我们都曾经历过痛苦，我们都有悲伤的时候。

在疫情肆虐全球的艰难时刻，我们最容易体察到与他人的情感联结，但也最容易感到孤独——我们很想抽身离开，而不是向前一步。我们可能羞于承认悲伤，他人可能因为我们的悲伤而感到尴尬，由此我们又愈发尴尬。不管怎样，承认悲伤会让人感到羞愧（详见第七章）。

许多人本能地告诉自己：我不应该感到悲伤，因为其他人的状况可能更糟。悲伤是因为我们受到了伤害，我们担心自己的悲伤在某种程度上没有其他人的“合理”，甚至认为为了一点小事悲伤“不值得”。但痛苦就是痛苦，没有谁的痛苦更高贵。这并不是要淡化或者漠视别人的痛苦，而是要意识到自己的痛苦，并开始关注它。当然，我们要关心周围的世界和帮助他人，但我们自己也是会受伤的。既然悲伤是有用的，并且我们都会不同程度地感到悲伤，那就索性坦然接受吧，用你的全身心去拥抱它！

世人皆苦，没有人能一直快乐。悲过方知喜，要想体会到真正的满足，我们必须与悲伤为友。对于这一点，在过去的40年里我一直感同身受：我在友情和亲情中体味过失去和心碎，也熬过了不良嗜好、逆境和抑郁症的折磨。本书中关于悲伤的例子可能不够全面，我们每个人经历的悲伤也许千差万别，但是我们走过的路大同小异，我希望通过分享自己的经历来鼓励大家分享。我们生而不同，但个体之间总有共性。

为了写本书，我咨询了各相关领域的专家——从心理学到神经药理学，从悲伤咨询到遗传学，从心理疗法到神经科学，从医学到营养学。所有人都在积极应对新冠疫情带来的不利影响，大家都认同一点：全社会都需要学会如何更好地应对悲伤。那么就从此刻开始，从现在开始吧！

我的很多启发也得益于一些痴迷于悲伤的人——坦诚勇敢的喜剧演员、作家、讽刺小说家、探险家、偶像明星等，还有那些和我有过人生交集的朋友们——我从电视、书本或广播节目中得知他们的故事和了解他们关于悲伤的建议的人。失去是一种人生常态，所以我们用悲伤来诉说它。“丧亲之痛”和“哀恸”用来表达对某人死亡的悲伤，但“悲伤”的使用范围更广，可以用来抒发对生活中各种失去的感受——我们都经历过。

所以，这是一本教你如何悲伤的书。在书中，我分享了许多经验和个人启发，以此告诉你，你不是孤身一人。悲伤总会到来，所以我们需要了解如何正确地悲伤。学会悲伤，才能学会快乐。

目录

第一部分

PART ONE

度　己

第一章　顺其自然

1983年。冷雨霏霏。

收音机里传来菲尔·柯林斯（Phil Collins）的一曲《爱，不争朝夕》（“You Can’t Hurry Love”）。但我至少过了15年才觉出其中的讽刺——这是多么残酷！因为，爱，原来可以转瞬即逝。那时我正坐在沙发上摆弄一个蓝色头发的娃娃，忽然听到熟悉的“嘎吱嘎吱”声，是爸爸手扶栏杆下楼来了。他提着手提箱，身穿衬衫和喇叭裤，尽管那时还是1月，他依然将袖子卷到了胳膊肘上。他一头棕色的及肩长发——20世纪80年代初，记忆中的大部分东西都是棕色的：棕色的衣服、棕色的装饰、棕色的头发……那年我才3岁，而3个月前我们家发生了“那次不幸”——就在万圣节那天，1982年10月31日。那次不幸改变了我们全家人，从此流年漫漫，相对无言，唯留痛楚。

曾几何时，妈妈爱说，爸爸爱笑，他一笑眼睛就弯弯地眯起来。但现在呢？家里失去了往日的欢声笑语。自从那次不幸发生之后，一切都不复从前了。而现在，爸爸也要离开这个家了。

几天以后的周末，他又回来了，但并没有在家里过夜。我记得那天是周末，因为平时我得梳洗之后才能看电视，而周末则可以吃完早餐不换睡衣就看会儿电视。奇怪！爸爸最近怎么不在家里睡呢?！更令我一头雾水的是，外公外婆来的时候，也没人说起这个事。

“你还没告诉他们吗？”我听见爸爸在厨房里小声对妈妈说。

告诉他们什么？

自那以后，爸爸开始每周六开车来接我，带我去最近的酒吧，或者去一家叫“收获者”的人气很高的连锁餐馆。这家餐馆老幼皆宜，很适合一家人去——毕竟在当时，轻食酒吧并不算正式的吃饭场所。去这家餐馆的次数多了，一个打扮得像电视剧《华泽尔·古米治》（*Worzel Gummidge*）里的莎莉阿姨的人就会跑过来问我：“你以前来过这儿吧？”我在这家餐馆的沙拉吧里吃了很多甜玉米，还有餐后冰激凌。如果去那家酒吧的话，我们会等着酒吧开门营业，然后坐在酒吧外太阳伞下的长凳上。爸爸会点1品脱[①]淡啤酒，我会要1份火腿三明治和1包盐醋薯片。爸爸那时开始穿皮夹克，浑身散发着烟酒味，开一辆敞篷高尔夫GTI，看上去像极了一个正经历中年危机的油腻男！但爸爸当时其实只有27岁。所以，也许他只是在经历一场危机。其实我不喜欢这种敞篷车，因为它的车顶是敞开的，会搞得我的头发飘来飘去，乱

---

① 品脱分美制品脱和英制品脱，文中为英制品脱，1英制品脱约合0.6升。

乱的，妨碍视线，还容易让我晕车和呕吐。这样车里的味道会很难闻，我们只好把车顶放下来，否则爸爸也会吐的。那时我们在车里经常感到恶心。

那些曾经的出行是……多么美好啊！但很快我们每周一次的午餐时光变成每月一次需要在外面过夜的远行。爸爸后来搬去伦敦的一栋高层里，和他的新女友同居，住在一起的还有她的姐姐和一个十几岁的外甥。房子不够我们这些人住，我只能和那个男孩睡上下铺。周日早上他总是把腿从上铺垂下来，还爱隔着平角短裤挠屁股。这举动简直令人迷惑，而且气味好难闻！然而后来，一切都更糟了。

妈妈和我搬到离外婆更近的地方去住。外婆是个很让人敬畏的女性，堪称英国女王和撒切尔夫人的合体。9 月份我上了幼儿园，妈妈重回职场，开始工作。我们都没和学校说家里的事，直到有一天我画了一幅画，老师看到特别喜欢，就拿给妈妈看——画里有妈妈、爸爸、妹妹和我。妈妈看到画的那一刻，脸色顿时苍白，只好向老师解释："孩子的妹妹已经离开了，她的爸爸也不会再回来了。"听后我只觉得一片茫然……

爸爸也离开我们了？

这次闹心的事件过后，为了高兴起来，我们决定给我的蓝发娃娃过一次生日，妈妈给它烤了一个蛋糕。我虽然没什么胃口，但还是大口大口把它吃下去了，而且吃完感觉好多了！食物是表达爱意的一种方式——吃小蛋糕的时候谁能不开心呢？我逐渐认识到，美食可以缓解悲伤，或者至少可以延迟悲伤。不开心的时候看到饼干、白面包和麦片，就拆开包装吃吧！为碳水化合物欢呼！

爸爸和他的新女友想有个自己的地方住，但他们的钱不够，所以爸爸的压力很大。他也从此开始忘记一些事了。

5 岁那年，我梳好小辫子，睁大眼睛等着。那是在妈妈半独立式的新房子里，我坐在铺着米色地毯的第一个台阶上，旁边是一个打包好了的手提箱，里面整整齐齐地叠放着我的牙刷、睡衣、两套换洗内衣，还有我最喜欢的紫色套头衫和棕色灯芯绒裤子（20 世纪 80 年代流行这个……）。为了节省空间，心爱的蓝发娃娃被我紧紧抱在怀里。时钟指向中午 12 点，这是妈妈说爸爸会来接我的时间。我一直很听话，所以他会来。他可一定要来啊！然而我左等右等，时间一分一秒地流逝，直到时钟指向 12 点 30 分——这只钟的指向和我跟妈妈一起在纸上画出来的样子完全不同。妈妈一遍遍地安慰我："没事没事。"然而她的声音却越来越大。她盯着外面的大街，看是否有爸爸的车开过来，也尝试给爸爸打电话，甚至还提出"要不我们看动画片吧"。然而我不为所动。我坐在那里，眼睛一直盯着大门。3 个小时过去了，他没有来……

妹妹还在的时候，爸爸不会忘事，一切都很正常。而现在就剩我一个孩子了，爸爸却越来越健忘，一切也都变得不正常。我心中的隐忧似乎被证实了：如果生病离开的那个人是我，一切可能会更好，爸爸的离开都是我的错。

我有这种想法并不是个例：学龄前儿童通常认为他们

对父母的分开负有责任。30年后，美国心理学家阿佛洛狄特·马萨基斯（Aphrodite Matsakis）告诉我："你这种情况属于儿童的全能心理。"这是有大量证据支持的：孩子（和一些成年人）认为他们是世界的中心，他们掌控着一切。"一些孩子很难从别人的角度出发看问题，他们认为自己就是一切的中心——以及一切的起因。他们总觉得，如果自己希望得到什么，就可以得到什么。这是一种被夸大的责任感，因为他们相信'我有责任和能力去拯救遇到困难的家人'。"

然而没有人告诉我这些。根本没有人告诉我这些，所以我只好自己去想象。"如果我们不告诉孩子们真相，他们就会自己想象，"简·埃尔弗（Jane Elfer，伦敦某大型医院儿童和青少年心理治疗师）说，"他们会自己解读所发生的一切——基于自己的现实或错误的想法。通常孩子们的想象比实际情况更糟，所以从孩子很小的时候起，我们就需要和他们进行清晰、具体和细致的交流以避免误解的产生。全社会也必须更好地去应对不幸——如果令人悲伤的事情发生了，我们需要学会接受现实。"

然而现实往往是，我们拒绝接受它，试图与之抗争。甚至，忽略它。

文件签署了，我父母正式离婚了。尽管人们普遍认为孩子夭折后，大多数夫妻都会离婚，但其实约72%的夫妻会选择继续维持这段婚姻。[1] 然而这种勉强维持无疑会让人极其痛苦，双方都将承受着巨大压力，夫妻关系可能会从有裂痕转向破裂，当然未必是彻底破裂（尽管已经有种种不妙的迹象）。英国国家统计局的最新数据显示，在英格兰和威尔士，42% 的婚姻以离婚告终。[2] 所以，承受丧子之痛的夫妻更有可能继续在一起，不幸未必会再次发生。悲伤是我们为爱付出的代价，我们不太可能承受得住这场狂风暴雨——如果我们没有为之做好准备，如果我们从小就被教育要快乐，如果在每一次变故中我们都选择麻痹自己的话。在失去之后，如果我们对自己和他人的期望过高，我们注定会失望的。我完全理解那种想要逃离悲伤和痛苦的冲动，我们大多数人从小就是在这样的环境中长大的。不要指责那些安于躲在舒适区一角的人们，他们的那种感受我知道（心如刀割……）。人非圣贤，孰能无过？我父母都不是圣人，离婚也往往是夫妻双方的最佳选择。但应务必牢记的是，这里还有另一种方法。当我们失去某样东西时，我们的心情会很糟糕，这是很正常的——无论是鸡毛蒜皮的小麻烦，还是改变人生的灾难性事件。如果我们学会接受苦难是一种人生常态这个事实，我们就有可能更好地忍受人生中的至暗时刻。真希望这一点几十年前就有人告诉我们一家人！但是，没有。没有一个人告诉过我们。

相反，我成了一个“没有爸爸”的孩子，和世间万万千千的其他孩子一样。我是在单亲家庭中长大的，妈妈撑起了整片天——不幸中的万幸，她极其坚强，极其柔韧。在单亲妈妈的陪伴下长大，还是有一些好处的，比如我对家务活没有性别之分的概念，因为妈妈包揽了一切，这是一种幸福的无知；比如像妈妈一样，我应对危机的能力非常强；又比如我的独立性很强——虽然不幸的是，在一定程度上，我非常执拗于某些东西，我不会轻易许下承诺，也不太会全情投入于任何一段关系（因为我已经预估到结局）。我觉得每一段感情都应该有“呼吸的空间”。我是个不太擅长沟通的人——因为在我们家没必要，妈妈一个人就做了所有决定。让自己保持忙碌是个不错的办法，因为我可以借此与痛苦抗争。这个世界已然全无意义，我只能自己从中寻找意义。经常有人告诉我：不要悲伤，不要哭泣。所以我不去悲伤，大家也都是如此。可是时间久了，想哭或感到悲伤的冲动就会变得陌生，甚至古怪。

已故心理学家海姆·吉诺特（Haim Ginott）在《孩子，把你的手给我》[3]（*Between Parent and Child*）一书中写道：“很多人被教育得对自己的情绪一无所知。当憎恨时，他们被告知那只是不喜欢；当害怕时，他们被告知没什么好怕的；当痛苦时，他们被告知要笑对人生。”孩子们因此无所适从，只能向父母学习如何调节情绪。但如果父母也不知道或者从来没有学过这些，他们就会对负面情绪无知无感，那可就有大麻烦了。从呱呱坠地的那一刻起，我们就被教育要对抗悲伤。

2019年《卫报》的一篇文章说，我们的社会从小就告诉我们“不要悲伤”。[4]在英国，除了牛奶，大多数婴幼儿服用最多的是一种叫“Calpol”的紫色对乙酰氨基酚糖浆，它的味道微甜，服用方便，宝宝仰头喝药时候的样子会让父母觉得很像美国西部片里酷酷的牛仔。英国国家医疗服务体系（NHS）建议父母在宝宝 8 周大第一次接种疫苗之后给他们服用这种糖浆，以预防可能产生的不适。6 个月大的时候，84% 的宝宝已服用过这种糖浆。[5] 我就是看着这条广告长大的："度假时带上它吧！不要让你的家人带着疼痛和痛苦上路。"

广告传达的信息很明确：不管原因为何，一个合格的监护人永远不要让你的孩子承受痛苦。我们生活在这样一种文化中：烦恼需要减少，悲伤应该被解决掉，而不是被感受——所以我们比上几辈人更难以忍受疼痛和痛苦。2018 年，一部英国广播公司（BBC）的纪录片报道：现在英国孩子吃的药比 40 年前多了 3 倍。[6]

大英帝国勋章获得者、悲伤专家朱莉娅・塞缪尔（Julia Samuel）说："如今的情况一般是，一旦遇到问题，我们就指望用科技或药物的力量将其解决。但这样对痛苦无济于事。父母想让我们从小就对之免疫，我们如温室中的花朵般被娇生惯养。父母没有告诫我们的是，只有先去体验些许轻微的痛苦，日后我们才能学会应对巨大的痛苦。"

"我们试图与之抗争，以减轻其带来的不适。但这样一来，我们的处境只会更糟。"美利坚大学（American University）的情绪管理专家纳撒尼尔・赫尔（Nathaniel Herr）教授说。[7] 在 Skype 上和他交流的时候，他对我说："悲伤真的很重要。人们需要感知它，了解它的作用。有人对我说：'我只想不再焦虑、不再悲伤。'我只能告诉他们：'那我爱莫能助！'因为你不应该希望自己能免于悲伤。"这一点就连他心理学专业的学生都想不通。"如果我问他们：'为什么我们应该悲伤？’他们大多会回答：‘因为无悲哪有喜？——如果没有悲伤的衬托，我们怎么会感知到喜悦？就像光和影一样总是如影随形，相辅相成。’但事实并非全然如此，他们忽略了悲伤的社交功能。它可以发出信号，比如‘嘿！来帮帮我吧’，从而让人们关注到你。”赫尔还认为，当我们被繁杂事务所困且无法自拔的时候，就会感到悲伤，“这让悲伤大有益处，因为人们可以由此关注到你，并为你提供帮助”。

他说：“悲伤是一种问题解决型情绪。它可以引人深思，我认为沉思是悲伤的认知表征，就像担心是焦虑的认知表征一样。”所以悲伤是一种极其重要的情绪，它可以让我们暂停脚步，思考自己的处境，然后继续前行，迈向人生的下一个阶段。

这个想法最初是由丹麦哲学家克尔恺郭尔提出来的。他认为悲伤和绝望不只可以不可避免地衬托出喜悦，它们也是改变的必经阶段。我拜访了丹麦奥胡斯大学（Aarhus University）的克尔恺郭尔专家、心理学教授亨利克·赫-奥尔森（Henrik Høgh-Olesen）。奥尔森教授60多岁，穿着白裤子。他告诉我：“克尔恺郭尔就是研究绝望的专家，我们需要绝望。当你感到悲伤、空虚或焦虑时，那种切实存在的感受会让你停下脚步，开始思考——这正是一个极好的机会，能让你在逆水行舟中寻求改变。”

“应该是潮水吧？”

“是水流。”他肯定地说。他有着心理学家+教师+研究克尔恺郭尔这位声名狼藉的19世纪哲学家的专家这样权威的三重身份，所以我可不敢再挑剔他的字眼了。

他把一双晒黑的手重重地杵在桌子上，说："你需要这些沉重的情绪来更好地驾驭生活。"坐在镶满瓷砖的天花板下，周围摆满盆栽，一片绿意盎然，这时我仿佛穿越时空，重回自己的学生时代，回到1998年前后，那时我也正坐在一位教授的办公室里，接受他对我论文的后期指导，他说："悲伤和绝望赋予我们目标。我们应该以这些感受为引导，去思考我们的人生该何去何从。"他的话与奥尔森教授对我说的话何其相似！

那一刻我感觉很惭愧。是啊，我这一生，该去往何方呢？

如果我们拒绝听从绝望的指引会发生什么呢？

"那么，"他提高了嗓门，"那么，你就是个机器人！一个只知道吃喝拉撒睡的机器人！"

没错。是的。所以，绝望有助于改变，而悲伤也是生命必需的一部分，否则我们都不过是个只有生理需求的机器人而已。我明白了。所以我们需要停止对抗这些负面情绪，开始去感受它们。因为如果不这么做，后果是会非常可怕的。

"如果我们不去接受和应对悲伤，它就会在身体层面表现出来。"儿童和青少年心理治疗师简·埃尔弗警告说。她解释道，疾病可能是孩子表达感受的唯一方式——比如需要服用对乙酰氨基酚糖浆来治疗的这种真正意义上的病。"比如他们会没来由地肚子疼或头疼——当然也会产生心理上的影响，尤其在失去一样东西的时候。”

小时候，我的肠胃状况就成了我精神状态的晴雨表，但我很难分辨出导致我消化系统失调的诱因是什么。是饥饿、疲劳？还是压力、悲伤？因为吃东西是一种易得的治愈方式，比克服压力或缓解悲伤要容易得多——一次酣沉的小睡也可以，所以如果需要的时候，我的第一反应就是好好地饱餐一顿。这个现象相当普遍。已故精神分析学家乔伊斯·麦克杜格尔（Joyce McDougall）写道：“食欲不振或食欲大增都是悲伤的表现形式，我们可以通过吃东西来填补空虚。”“小孩子并不总能分辨到底是他们的哪一个部位出问题了，至少在10岁以前是这样。”英国孤儿慈善机构温斯顿的愿望（Winston’s Wish）的心理治疗师兼首席执业医师罗斯·科马克（Ross Cormack）这样说道。他补充说：“悲伤经常会通过胃来体现。”悲伤的孩子往往更容易恐慌，更容易分泌皮质醇——一种应激激素——和肾上腺素，使他们处于一种持续的战斗或逃跑状态。而食物基本可以抑制它们，从而平复悲伤。但这个解决办法比较短视（我自己就是个例子，曾经吃过一整条白面包，当然，只是为了做实验验证一下）。食物对悲伤只能起到暂时的修复作用，当下一波悲伤袭来，你还是要应对的。

悲伤的其他常见生理症状有胸闷、喉紧、对噪声过度敏感、呼吸困难、极度疲倦与虚弱、口干、食欲增加或减少、失眠或恐惧睡眠，以及疼痛和痛苦。[8、9、10] 2014年的一项研究甚至发现，经历过悲伤的老年人不太可能产生某些类型的白细胞，从而增加他们受感染的概率。[11] 朱莉娅·塞缪尔在她的《悲伤有用》（*Grief Works*）一书中写道，据说15%的心理障碍是由未经处理的悲伤引起的。[12] 她还指出，如果没有正确地处理自己的情绪，失去亲人的孩子在以后的生活中更容易对一些事物沉溺上瘾，或者出现心理健康问题。

赫尔解释说，那些难以控制情绪的人，通常会有以下三种特征：第一种是高敏感（"情绪来得比别人更容易"）；第二种是高强度（"情绪来得比别人更强烈"）；第三种是需要更长的时间才能恢复到基线水平或正常水平。赫尔说："这取决于父母。如果父母经常给予孩子恰当的反馈，那么他们就可以在童年学会控制情绪。如果一个孩子说'我很伤心'，父母却说'不，你很好'，那对孩子学会控制情绪不会有丝毫帮助。父母需要接受孩子的这种情绪，并帮助他们给它命名，这样孩子才能学会识别和处理它，而不是为之感到羞耻或困惑。"他继续说道："因为每一种情绪皆有其用，只要我们一开始就学会接受和容许各种各样的情绪存在——尤其是那些消极情绪——我们就会过得更好。"赫尔是美国人，因此我了解他的意思。因为研究人员发现，在文化上，美国人有着异常强烈的最小化负面情绪的愿望。

斯坦福大学文化与情绪实验室的心理学家珍妮·蔡（Jeanne Tsai）发现，由于执着地追求快乐，许多美国人把悲伤视作一种失败，并认为自己难辞其咎。[13] 作为在美国长大的中国台湾移民的女儿，她对美国人与东亚人对负面情绪的态度差异很感兴趣。"在美国，我发现人们非常想要不惜一切代价去感受快乐，回避悲伤——这远远超过其他国家。”我联系她时，她这样告诉我。相比之下，在东亚地区，负面情绪的概念在佛教、道教和儒家传统中根深蒂固，它被认为是“基于环境的”。[14] 这意味着个人不会独自承受负面经历的负荷。“并且在东亚文化中，负面的情绪或经历甚至可以促进社会关系。”她说。在东亚地区，负面情绪被视为“自然循环中不可避免的短暂元素”——它是生命的一部分，并不会让人恐惧，也不会威胁到人的身心健康。

我们都看过那些研究，说快乐的人更健康——而且在西方国家，我们确实花费了不少时间和金钱试图获得快乐。我曾经也相信这一点。我花了好几年时间看那些研究，并尽职尽责地重复它们，以证明快乐的人更健康，因此我们应该不惜一切代价去追求快乐。但这并不是事实的全部。因为在那些悲伤被视为正常的文化中，它对健康的负面影响反而要小得多。珍妮·蔡说：“研究人员分析了日本人和美国人对待负面情绪和健康状况的态度差异——这个很有可比性，因为两国都是现代化、民主化、工业化的国家，医疗体系都非常健全。”但这两个社会对负面情绪有着截然不同的看法。一位日本精神病学家告诉美国心理科学协会（Association for Psychological Science）：“忧郁、敏感、脆弱，在日本社会，这些都不是负面的。我们从没想过要消灭它们，因为我们从没认为它们是不好的。”[15] 不像在美国，悲伤被视为糟糕的。正是这种认知悲伤的方式让我们生病。

在美国，较低的正面情绪与较高的身体质量指数（BMI）

和不健康的血脂谱（关于健康的重要指标）相关。但在日本，研究表明正面情绪较少的人的健康状况相当……不错。所以文化背景不同，情绪会对健康产生不同的影响；如果害怕悲伤，悲伤只会让我们生病。

加利福尼亚大学伯克利分校的另一项研究发现，那些接受而不是评判自己心理经历的人往往健康状况更好。[16] 那些回避负面情绪或情绪糟糕的时候苛责自己的人，往往更容易有情绪障碍和感到痛苦。因为如果我们把悲伤视为错误的，甚至不正常的，更容易诱发疾病。

在《悲伤的损失：精神病学如何将正常的悲伤转化为抑郁症》[17]（*The Loss of Sadness: How Psychiatry Transformed Normal Sorrow into Depressive Disorder*）（书名说明了一切）一书中，社会学教授阿兰·V. 霍维茨（Allan V. Horwitz）和杰罗姆·C. 韦克菲尔德（Jerome C. Wakefield）认为，近些年来抑郁症的猛增与现代生活的压力关联不大，反而与过度诊断的关联更大。医学历史学家爱德华·肖特（Edward Shorter）认为，精神病学与抑郁症诊断之间的“恋情”已经成为一个致命的束缚。他断言，大多数被确诊为抑郁症的患者还伴有焦虑、疲劳、失眠和其他各种各样的身体症状。[18] 霍维茨、韦克菲尔德、肖特等人怀疑，许多被确诊的抑郁症实际上是悲伤——一个简单粗暴的诊断结果，它只是一个模糊的定义，虽然来自一本意义重大的书。

美国精神病学会（American Psychiatric Association）的《精神障碍诊断与统计手册》（*Diagnostic and Statistical Manual of Mental Disorders, DSM*）是一本大部头书，用于诊断美国所有与精神相关的疾病。此书第一版出版于1952年，旨在统一规范美国的心理治疗方法，但当涉及“重性抑郁”时，这本手册关注的是症状而不是背景。这意味着“实际的医学症状”和“普通的悲伤”之间的区别被一笔勾销了。任何连续两周出现5种或5种以上[19]症状的人，都可以被诊断为临床抑郁症——尽管他们出现了情绪低落、食欲减退或睡眠不佳等症状，但这些症状也许完全事出有因，比如特别伤心或担忧财务问题。早期版本的手册还包含“悲伤条款”，该条款指出，失去亲人不超过两个月的人不能被诊断为抑郁症。但在2013年出版的最新版本——《精神障碍诊断与统计手册5》（*DSM-5*）中，这一条被删除了，从而抹去了事出有因的悲伤和医学定义的抑郁症之间的差异。其支持者认为，悲伤是抑郁症的常见前兆，考虑到未被识别的重性抑郁带来的巨大风险，删掉与丧亲相关的那一条是一个合理的决定。但这也意味着，伴随悲伤出现的种种反应现在都可以被贴上病理性障碍的标签，而不是被视为正常的人生经历。

英国和欧洲的心理学家应该使用世界卫生组织的《国际疾病分类指南》（International Classification of Diseases, ICD）作为参考。但是前文提到的《精神障碍诊断与统计手册》仍然具有巨大的影响力，许多欧洲的执业医师都会参照它来进行诊断。[20] 所以我们现在参照的都是美国的心理健康医书。珍妮·蔡说：“美国人真的不喜欢悲伤。”她把这种倾向归结为“开拓者价值观”。

她说："第一批来到北美大陆的欧洲开拓者是自我选择的，是非常富有勇气的一群人。他们期待积极的结果，乐于冒险，通过摆脱悲伤来处理负面情绪或状况，希望更好的事情能发生。"对于早期开拓者来说，克服困难被视为一种美德，而沉沦于逆境则不是。因此，今天美国人对心理健康的态度趋于热切地向前一步，直面悲伤。当今最流行的治疗方式之一是认知行为疗法（cognitive behavioural therapy，CBT），这是一种要求患者向前一步，直面悲伤，重新站起来的治疗方法，旨在改变患者消极的思维模式。许多主张这种疗法的先驱者都来自美国。[21] 欧洲心理学家往往受到弗洛伊德思想的影响，更倾向于采取"都怪你的父亲"这种后退一步的治疗方法，而美国人更喜欢向往一个天下无忧的前景。如果只是把悲伤看作一种越界——一个需要用药物去解决的"问题"——那么我们就没有能力应对悲伤的下一次来袭。将悲伤病理化，传递出一个信息，即"不适"不能——也不应该——被容忍。

经历过戴安娜王妃的意外身亡事件后，在英国，我们可能会在公开场合"正式"地流露情绪（详见第十一章），我们很多真人秀节目都以乔诗·葛洛班（Josh Groban）那令人落泪的蒙太奇配乐结尾。但现实生活中真正的哭泣呢？没有尴尬，没有恐惧，没人嘲笑吗？并非如此吧。其实没必要，因为悲伤是正常的，眼泪也是。我们总是要哭泣的。生而为人，这是一种命中注定。

"哭泣是在痛苦时寻求他人支持的一种方式。"荷兰蒂尔堡大学（Tilburg University）的“眼泪教授”艾德·温格霍茨（Ad Vingerhoets）说。人类是已知的唯一会因某种情绪而流泪的生物，婴儿通过大哭来引起家长的注意，而成年人则可以通过哭泣来寻求朋友或亲人的同情。

科学家们曾经认为，我们可以通过流泪来排出“毒素”和应激激素，[22] 哭泣的行为也能产生内啡肽和让人感觉良好的化学物质——催产素。[23]“然而，在哭泣过后，尽管上述两种物质会增加，但我们的疼痛阈值并不会改变。”[24] 温格霍茨说。“唾液中也含有应激激素。但谁会在流口水之后感觉更好呢？”他问我。

“没有吗？”我斗胆一问。

“没有！”温格霍茨和同事们发现，哭泣的人的皮质醇水平确实会下降，但是在与猴妈妈分开的发出哀号的小猴子身上也观察到了类似结果。[25] 所以我们感觉更好，并不是因为我们在排毒，而是因为表达悲伤这件事本身就能够抚慰我们。德国卡塞尔大学（University of Kassel）的心理学家科德·贝内克（Cord Benecke）研究了哭泣的人与不哭泣的人的区别，发现哭泣的人的负面攻击性情绪（比如愤怒和厌恶）更少。[26]

“我们现在知道，哭泣是所有人类与生俱来的本能，眼泪确有其用，”温格霍茨说，“众所周知，达尔文否认眼泪的用处，所以我用我的研究向他发起挑战，证明他是错的！”很好。

而且——这时我稍有犹豫，唯恐女同胞们嗔怪我——

女人真的更爱哭吗？

“确实有点。”他承认。睾酮[①]已被证明可以抑制哭泣，而催乳素——一种以在哺乳中发挥作用而闻名的激素——会降低我们的泪点。他补充说：“但我们从同龄人那里得到的关于哭泣的信息也非常重要。比如，我们从研究中发现，10岁到13岁的男孩面临着‘男儿有泪不轻弹’的巨大压力，而10岁到13岁的女孩就没有这个压力。女孩子哭是更被社会接受的。研究证实，在死亡或离婚等人生大事上，男女两性都会哭，且程度相似，但是在其他方面，女性会哭得稍微多点。”我追问他，他告诉我，眼泪的核心感受其实不是悲伤，而是无助。

“所以我们发现，女性更有可能因为沮丧或冲突而哭泣，因为她们感到无力，难以表达自己的愤怒。即使是在你害怕的时候，哭也是因为无助，”他告诉我，“比如，如果你害怕，但你知道如何逃离剑齿虎，你就会表现为战斗或者逃跑。但如果你被困住了，那你更有可能因无力感而哭泣。”我告诉他，这个理论听起来对女人不太友好。他提醒我，这一点对于男人来说也并不好玩。“男孩从10岁开始就被告知，哭泣是不可接受的行为。所以成年后，很多男人不愿意让别人看到他们哭泣。”

然而，在一个领域，男人向来是被允许哭泣的。

---

① 由男性睾丸或女性卵巢分泌的一种类固醇激素，少量来自肾上腺，是最主要的雄激素，有刺激男性器官发育，维持男性特征等作用。

长期以来，人们认为与体育相关的哭泣是可以接受的，从足球运动员加扎（Gazza）在1990年意大利世界杯上的眼泪，到迈克尔·乔丹在篮球名人堂演讲中的哭泣，再到2019年1月安迪·穆雷（Andy Murray）宣布将从网球球坛退役时流下的泪水。

“在球场上哭泣几乎是一种英雄行为。”基斯，我的一个职业足球运动员朋友，有一次在我家花园喝酒的时候，他这样回答我。他讲起在布拉格的一场重要比赛，他的球队输了，大家都哭了。“在某种程度上，为足球比赛的失败哭泣是可以被接受的。这是被允许的。而且，你会很自然地就掉下眼泪。你接受了长时间的训练，然后去参加90分钟的比赛。所以当比赛输掉的时候，”他用手捂住了胸口，“——啊！那场面简直令人心碎！”

我略有怀疑（我对足球一无所知）：“好吧，所以你无法将其与失去朋友或家人相提并论……”

“不能……但是，很接近了。”

尽管眼泪可以是“英雄般的”，但是在足球运动中，关于情绪和心理健康的讨论一直不多，这种情况直到最近才有所改观。基斯说：“教练现在告诉我们要多多开口倾诉，展露自己的脆弱之处很重要，这样我们才能更加紧密地团结在一起。人们开始意识到，更多地袒露情绪和直面内心大有益处，无论是对球员还是对整个足球比赛来说。”印第安纳大学布卢明顿分校（Indiana University Bloomington）发表在《男性与男子气概心理学》[27]（*Psychology of Men and*

Masculinity）杂志（一本高自尊男性喜欢的杂志）上的一项研究说，在美国足球运动员中，相比不喜欢哭泣的人，经常哭泣的人的自尊水平更高，更不在乎来自同龄人的压力。其实很多杰出的男性榜样都喜欢哭泣。希腊英雄阿喀琉斯和奥德修斯都爱哭泣。耶稣其实也会哭。所以，男人们，哭不是罪，想哭就哭吧！

学会悲伤的第一课就是停止与之抗争，就是这么简单。这就是我们一开始需要做的。即使在人生中的至暗时刻，我们还是得从床上爬起来迎接新的一天，或者去关心他人：与悲伤对抗或者假装它不在那里，从来就不是解决办法。我们必须感受它。这听起来简单到令人怀疑，但其实是一种很激进的行为，因为悲伤是日常生活中最不起眼的部分之一。我们必须重新正视我们的情绪，这样才能好好处理它们。

如今我终于明了，只是当时惘然不知。

在 20 世纪 80 年代，我认识的人中少有拥抱情绪的。所以，我也将之默默深藏于心。

我在学校里全力以赴地学习，竭尽所能（虽然有限）成为一个“好女孩”，想让妈妈开心，每当我的努力不可避免地失败时，我都感到无比沮丧。我帮她拿东西——主要是手提包和鞋子。我满怀爱意地紧紧拥抱她，把我的脸深深埋在她那宽大的 80 年代罗兰爱思连衣裙（用“降落伞”来形容可能更为准确）的柔软褶皱里。我做好早餐，再端到她床上。有时是一整包家庭装的瑞士卷，有时是 6 包热气腾腾的十字面包——上面涂着一层厚厚的黄油。我笑着坐在她的床尾，看着她大口大口地吃早餐。她嘴角上扬，认可我的努力，但她的眼眸却从未流露出笑意。后来，她终于遇到了一个能让她微笑的人。

第二章　降低期望

妈妈交了新男友。他有一个橙色帆布背包，会弹吉他，后来有一天在我家过夜了。我知道这个事，因为那天晚上我上床睡觉以后，听到他在弹奏史提利·丹（Steely Dan）的曲子，第二天早上我看到那个橙色背包就放在妈妈的卧室门口。我没有像往常一样跑进去搂着她，而是下楼去自己做早餐——奶油味的维他麦麦片（对当时还是孩子的我这个厨房小白来说，它看起来更像盒装牛奶）。我边吃麦片边竖起耳朵听，等着脚步声从铺着地毯的楼梯上传来。第一次看到橙色背包的主人时，我惊呆了。他比我爸爸更高，也更年轻。他从不穿皮夹克！俗话说，我们怕蜘蛛，但蜘蛛更怕我们——橙色背包男迅速离开了，没和我有任何目光接触。但下一个周末他又来了。再下一周末也是如此。终于有一天，他在我们家吃晚饭了。这很奇怪，因为我们俩还不曾有任何眼神交流，也没有被正式介绍给彼此。我想表现得友好一些——因为我是个“好女孩”，但我还是忍不住对他感到莫名恼火，因为我从来没能让妈妈开心起来，他却不知怎么做到了。

我没跟爸爸提过这个橙色背包男。到后来，周六、日两天的早晨就只有我自己过了。我独自玩耍，画铅笔画，画颜料画。我还用滑轮、鞋盒和柳条筐自己动手搭建了一个复杂的结构，然后用它在房子里运送毛绒玩具。我看了很多电视。那时还是20世纪80年代，大部分电视节目呈现的都是一派光鲜亮丽、励志向上的景象——这也是我对生活的期望。妈妈那时有全职工作。但我总是穿着旧衣服，“透支”是我最早学会的词之一。而在雅皮士[1]聚集的地方，全职家庭主妇们平日只需做做有氧运动，开着白色保时捷接送孩子——车里音响开到最大，播放着那首《金钱万能》（“Money Talks”）[麦乐迪·华盛顿（Melody Washington）1989年演唱的热门歌曲，后来被翻唱。歌词现在看起来也许比较古怪，但曲调铿锵有力]。我很多同学的父母都住在带游泳池的仿都铎式房子里，每隔几年就翻新一次。拉皮美容手术在那时已经很常见了（虽然技术还没那么成熟）。人人都不只想要“更好”，而且想成为“最好”的那一个。我向往过一种我在身边和电视上看到的那些人一样的生活：阳光、光鲜、成功，且完美无瑕。我梦寐以求的生活是充满微笑和快乐的，是完美的。无论周围的人有着怎样的期望，我自己对生活的期望值总是更高，因为我想要过电视里那样的

① 指西方国家中年轻能干、有上进心的一类人，他们一般受过高等教育，具有较高的知识水平和技能。也有人把“雅皮士”称为“优皮士”。他们的着装、消费行为及生活方式等带有较明显的群体特征，但他们并无明确的组织性。

完美生活。这个要求并不过分…… 不是吗？

橙色背包男最终搬进来和我们同住了，在一段时间里，我们确实更开心了。有音乐，有欢笑，有去伦敦的旅行，还有比萨——那是一种近乎令人眩晕的颓废与肆意。我每周日洗一次热水澡，洗完后穿着睡衣坐在电视机前吃晚饭，任湿淋淋的头发在壁炉边自然烘干。生活变得更轻快，甚至更美好了。然后爸爸和他的女朋友宣布，他们要结婚了……

好吧。我想，这是个新变化…… 做个好女孩，友善一点吧！

我问爸爸我能不能给他们当伴娘。在电视上，女儿总是可以做伴娘，或者至少，当个花童。我那时刚看了一部电视剧，一个如我这般年纪的女孩在里面当伴娘，戴着头冠，骑着小马！所以我也兴致高涨，想当一个这样的伴娘。

但是爸爸说“不行”。

我问他：“是不能戴头冠，还是不能骑马？”

他说：“都不行。”

我猜他是在开玩笑，所以我决定要好好听话，好好学习，以此来赢得他的认可。然后他就得说“好吧”。因为电视上都是这么演的。

我也开始想，如果爸爸再婚，那么妈妈应该也会的。我不知道爸爸的新妻子会不会像一个“新妈妈”（不，她不会），但是我从电视剧和迪斯尼电影中知道，当一个妈妈打算再婚时，通常就会出现一个“新爸爸”。我还有一个“旧爸爸”，当然，现在他不那么可靠了，所以再来一个备用爸爸也没什么不好。在电视里，那些再婚家庭和睦相处，从此过上了其乐融融的幸福生活。在电视里，一个妈妈独自一人一段时间后就会遇到一个男人，他有着坚定的下巴和善良的眼睛，他会带她去野餐和动物园。他最终会赢得她的芳心，重新燃起她的激情，让她再度散发魅力——在20世纪80年代，这通常包括腮红、垫肩和一头卷发。这位有着坚定下巴的男子会在他们第一次野餐的现场单膝跪地求婚，旁边会有一群鸭子“嘎嘎”叫着鼓励他。然后，妈妈会和孩子们一起高兴地拍手，接受求婚。这时男子会把她抱在怀里转圈儿，妈妈的双脚则向上翘起。接着弦乐演奏开始，婚礼进行曲响起。女儿将成为伴娘，同时还（可能）会有一个刚出生的小弟弟，和一只名叫“波比”的小狗……我看过电视，我知道这些是怎样的！橙色背包男长得并不很像肯娃娃[1]，但他看起来人很好，而且我们只有他，所以我推测，妈妈一定会嫁给他的。

我希望这桩婚事早日到来，因为我家好几代人都信奉天主教（我的姑姥姥是一个修女），我知道成年人非婚同居是不被允许的。我当时上的学校以前是修道院学校，这意味着除了必修的天主教课程，神父偶尔也会抽查我们的私生活状况。每当被问到我家的情况时，我们都会隐瞒橙色背包男的事，假装他不存在。在学校里，我学的都是“原罪”“离婚

① 肯娃娃（Ken Doll）是美国玩具制造商美泰于1961年向大众推出的人物玩偶，该公司1959年推出了芭比娃娃，而肯娃娃则是作为芭比娃娃的男朋友被设计出来的，是芭比娃娃的主要相关产品。

之罪”和“同居之罪”，所以我求妈妈嫁给橙色背包男，以减少我们家的罪孽，“把我们从永恒的诅咒中解救出来”。但是最终，婚礼进行曲并没有响起，那只名叫“波比”的新小狗也没有出现。真是太令人失望了！

失望被定义为当结果与我们的期望不符时出现的一种心理反应。两者之间的差距越大，我们的失望感就越强。2014年，伦敦大学学院的罗布·拉特里奇（Robb Rutledge）博士在《美国国家科学院院刊》（*Proceedings of the National Academy of Sciences*）上发表了一项研究，[1]其中包括一个基于我们期望值的关于幸福的数学方程式。研究人员发现，事情发展得顺利与否并不重要，重要的是要比预期的更好。“俗话说，如果期望值低一些，你会更快乐。”拉特里奇曾经这样说，“我们发现，这种说法有一定的道理，因为降低你的期望值，会让结果更容易超出预期，从而对幸福产生积极的影响。”

活在别人的期望里，或者抱着不切实际的期望是会让人筋疲力尽的。对他人抱有很高期望的人更容易失望。经常失望，或者因为他人没有达到我们为他们设定的标准而产生愤恨情绪，这些都是期望过高的表现。当然，有时候有些人确实不怎么靠谱。但如果我们对自己和他人的期望都太高，而这些期望又一直没能得到实现的话，那就有可能只是我们自己的一厢情愿。虽然不情愿，但是出于爱和包容，我只能这么说：确实只是我们自己的一厢情愿。

当我们感到悲伤或者努力不去感到悲伤的时候，如果我们能学着放低对自己（或他人）的期望，我们会过得更好。但事实正好相反，我们很多人都把目标定得很高，真的很高。我们看到的周围人的那些充满抱负、光鲜亮丽的生活其实对我们没有丝毫帮助。

如今大多数电视观众都比以往更聪明了，我们知道眼见未必为实。但是Instagram（照片墙）、Facebook（脸书）和其他大流量平台给我们提供了一个期望值超高的场所。“在社交媒体上，我们对他人持续疯狂轰炸自己的好消息，每个人都在全力展示自己最好的一面。”迈克·维金说，他进行了一项关于（离开）社交媒体对幸福感的影响研究。他发现，社交媒体是表演幸福的温床，只会让表演者和观众感觉更糟。“我们看过很多数据，其中一种经常出现的情况是，将自己与同龄人比较，会降低我们的生活满意度。”他说。一项研究显示，只需离开脸书一周，参与者的压力就会减少55%。[2]

许多心理健康问题与高期望有关，包括低自尊，因为如果我们总是达不到预期，就证明自己确实不行——这也和一些消极的核心信念相关，比如“我必须完美才能被爱”或者“这个世界很危险，所以我需要掌控一切”；还有害怕亲密关系，因为如果我们对别人的期望太高，当他们不可避免地达不到我们的标准时，我们就有借口赶紧把他们推开；还有对失败的恐惧——这可能会导致自我毁灭——甚至害怕改变。我们中有些人深受心理学家所说的公正哲学所害。“在大多数西方国家，人们认为付出了就应该得到相应的回报，”美国心理学家阿佛洛狄特·马萨基斯说，“反过来这也意味着，许多人认为他们所得到的一定是他们应得的。”他们默认：如果我们足够好、足够细心或足够有能力，我们就能够保护自己和家人。“许多人都有这种想法，但重要的是，你要明白这个是你无法掌控的，”马萨基斯说，“自责会让你认为自己对负面情况负有一定的责任，但其实，这种负面情况可能完全是偶然的。”

在成长过程中，我一直在这种观念中挣扎。学校和教堂教给我的是：不必太在意死亡，因为这只意味着他们“去了一个更好的地方”，和“天使们”在一起，或者“一定是上帝比我们更需要他们”。我接受的教育告诉我，悲伤的事情之所以会发生，是因为上帝“自有安排”。我周围的每个人似乎都接受这一点，并对此毫无质疑，我却察觉到这个世界的一些荒谬之处。生活令人捉摸不透，但其他人似乎都可以应对自如。第二次世界大战时，我外婆护理过生病和垂死的士兵；40 多岁的时候，她丈夫病得奄奄一息；后来，她又失去了她的外孙女。但她还是很坚强，既有首相之风，又有女王之态！妈妈小的时候，亲眼看着自己的父亲去世，后来又亲手埋葬了自己的亲生女儿。但那时，她穿着一身印有植物图案、带有泡泡袖的布迪卡时装，看起来比以前更耀眼了！她还烫发了！（没错，还是大波浪。）那我为什么还不开心呢？为什么我就不能开心起来呢？我的生活怎么就不能像电视里一样呢？

高期望最大的副作用是完美主义。在 20 世纪 80 年代和

90年代的中产阶级群体中，完美主义并不是缺点，而被视为优点——这表明你很有责任心和竞争力，是人生赢家。你考试的时候高居榜首，老师会表扬你，父母也为之高兴。据我观察，在某方面出类拔萃似乎特别有优势。我从学校、电视、我周围的世界以及那些家里拥有游泳池的同学的家长那里都能感受到：完美主义确实是一个值得追求的目标——如果不是唯一目标的话。

我后来发现，完美主义者既可以是天生的，也可以后天养成，因为完美主义是一种受基因和环境双重影响的特质。[3] 如果不是小时候经历的那些失去，如果不是我接受的宗教教育，如果不是那么重视学习和关注那些开着父母的保时捷到处兜风的朋友，我可能不会有完美主义倾向。但是或许也会。可以肯定的是，我并不是一个异类。

西弗吉尼亚大学（West Virginia University）[4] 的一项儿童发展研究表明，2/5的儿童和青少年是完美主义者，并且如今的大学生比20世纪80年代和90年代或21世纪初的大学生有更明显的完美主义倾向。[5] 有趣的是，即使在控制了性别和地区差异的情况下，这些趋势仍然存在[6]——所以这不是女孩的问题，而是全人类的普遍问题，并且由于我们不愿意接受不适和失败，这种情况更加严重。社交媒体进一步加剧了这一点。虽然在我成长的过程中没有社交媒体，但是成功的压力真的很大。完美主义往往会被贴上一种荣誉的标签，我们都在追求完美。那么，情况真的如此糟糕吗？

“是的。”泰勒·本-沙哈尔（Tal Ben-Shahar）博士说

（记住他的名字，后文我们还会提到他）。他是哈佛大学的讲师、《幸福超越完美》[7]（*The Pursuit of Perfect*）一书的作者。“当然，完美主义的一些特征有助于我们获得成功和快乐，”他承认，“比如勤奋努力、有责任感、专注细节。但它的一些不尽如人意之处是，对失败的天然恐惧、对已经取得的成就缺乏感恩之心，以及对痛苦情绪的抗拒。”

他继续说道，完美主义者通常认为通往成功之路是一条直线，不会出现任何失败，但其实它更像是一条胡乱画出来的曲线。因此，完美主义者每时每刻都在失望——对自己和周围世界一概持严厉批评的态度。这些特征我都在自己身上发现过，都是我不喜欢的。这里还有另外一个问题，即完美主义者往往同时具有自卑倾向。我们发现了自身和周围世界的缺陷，因此我们对一切都喜欢不起来，然后我们又为此感到内疚和羞愧。我们不会外露这种负面情绪，但确实，越来越多的人正在默默承受内心的痛苦。

西弗吉尼亚大学的首席研究员凯蒂·拉斯穆森（Katie Rasmussen）在 2018 年接受 BBC 采访时表示，完美主义的兴起“正渐渐成为流行病和公共卫生问题”。因为完美主义倾向与以下疾病和健康问题相关：抑郁症[8]、焦虑症[9]、厌食症[10]、暴食症[11]、倦怠症[12]、强迫症[13]、创伤后应激障碍[14]、慢性疲劳综合征[15]、失眠[16]、消化不良[17]……和早死[18]。这听起来很戏剧化，但事实就是如此。事实证明，完美主义是一名无声的杀手。

“一个更好的办法是降低我们的期望，把完美主义转换成专家所说的‘适应性最优化主义’（adaptive optimalism）。这意味着，我们要在生活中走一条更迂回曲折的道路，并享受这段旅程，而不是提心吊胆地妄图走一条笔直的路，然后在坚持不下去的时候责备自己。”本-沙哈尔说。最优化主义者仍然会感到悲伤，但他们会从容度过困难时期——因为它们是生活的一部分，正如有句谚语所说：“一切都是瞬息，一切都会过去。”

古希腊人和古罗马人在这一点上想法很明智，马可·奥勒留（Marcus Aurelius）每天都会提醒自己：“我将与形形色色的人打交道：多管闲事的、忘恩负义的、狂躁暴力的、奸诈贪婪的、嫉妒心强的、特立独行的……我不会被他们任何一个人伤害……我也不要生家人的气，不要恨他们。”[19]

换句话说，他学会了管理自己的期望。斯多葛学派哲学家爱比克泰德（Epictetus）的建议更加具体，他说：“当你要做某件事时，先问问自己，你知道这件事的本质是什么吗？比如你打算去洗澡，就先想象一下洗澡时经常会发生什么事情：有人泼水，有人推人，有人骂人，还有人偷东西。这样你就会更从容地去做这件事，你会对自己说：‘我现在要去洗澡了，洗澡时我要时刻记住这件事的本来面目。’”[20]

总会有人溅起水花，扰乱秩序。混乱是生活的一部分。牢记这句话：混乱即生活。所以当我们有与之相反的期望时，我们注定会失望。正如丹麦忧郁专家克尔恺郭尔所写：“生活不是一个需要解决的问题，而是一种需要经历的现实。”但我偏偏想要解决它，修复它，战胜它。

对成长在撒切尔夫人时代的英国人来说，降低期望无异于异端邪说：我们总是把目标定得很高。大家都希望能一切尽在我妈妈掌握，所以她就全力以赴地去这么做。她开始了一段新恋情，重回职场工作，抚育唯一剩下的孩子。她甚至加入了我们学校的家长教师协会，自告奋勇去做每一件事，并在年度体育日的妈妈赛跑中脱颖而出。她结交了新朋友；她在工作中奋发进取；她烫了头发，每天都面带微笑。每年万圣节那天，是妹妹的忌日，我们俩会挤在沙发上看电视，家里从不摆放南瓜，也不接待那些嚷着“不给糖就捣蛋”的孩子。每年 11 月 1 日，妈妈都得打扫我们家大门口的蛋壳、半干的蛋黄和蛋白，因为前一天晚上我们家总会被孩子们扔鸡蛋——孩子们因为没有要到“奖励”而被激怒了，于是就以扔鸡蛋的方式来报复我们家。这不是他们的错，但他们不知道我妈妈当时有多么悲痛欲绝。他们只是觉得她很无礼，不像其他邻居家长那样开门发放玛氏巧克力棒给他们。之后她开始与邻居有了一些来往，但她从未和他们说过我们家的事，从未提过她之所以没有穿着恐怖的奇装异服去开门迎接他们的孩子，是因为每一年的这一天她都在哀悼自己不幸夭折的孩子——尽管，已经过去了那么多年。她只是把这一切都默默埋藏于心底，我也是。生活还是得继续，不是吗？我们只关注生活中积极的一面，比如史提利·丹、学校和小星星光荣榜。我们没有降低期望，反而把目标定得更高。

这是我从小到大经常遇到的一种做法——我周围的人也一定深有体会。每一段关系破裂之后，我总会找各种事来做，或进行自我提升。我对自己和他人的期望都太高了，永远无法习惯爱比克泰德所说的那个事实——总会有人在池子里拍水嬉戏，或突然跳进水里，或往深水区扔胖墩墩的宠物，或在浅水区撒尿。

现如今，两个闹离婚的人对自己的失望，丝毫不亚于他们对对方的失望（期望是很重要的，但不是褒义的）。从一个局外人的角度来看——作为一个关心他们的人——这种自我谴责和指责对方的做法对谁都没有好处。我真希望他们能放松下来。学会降低期望有时很难，但在本-沙哈尔看来，这很重要，而且必不可少，如果我们想学会如何好好悲伤的话。

在成长过程中，我没有降低自己的期望。我没能成为爸爸第二次婚礼的伴娘，尽管我在学校竭尽全力地学习，班里的小星星光荣榜上写满了我的名字。我甚至连婚礼也没能去参加。后来爸爸又生了两个女儿，尽管有同父异母的妹妹也让我很兴奋，但我还是想不通，觉得不开心。他和那两个女儿住在一起，和她们朝夕相见，读书给她们听，为她们做各种我希望他能为我做的事情。我多么希望爸爸愿意花点时间陪我，多么希望他能以我为荣！但是后来每隔几个月和他的见面开始让我感到不那么开心了。我的心结不断绷紧，所有的期望如竹篮打水，一一落空，我越来越失落了。

直到有一天，妈妈在我洗澡的时候进来了——那是最后一次我允许她在我洗澡的时候进浴室。爸爸偶尔会来接我一起出去玩，她问我感觉如何。一时间，我默不作声，只是牢牢地盯着浴缸的水龙头。她问我是否还想继续见他，我小声告诉她："也许……我不太想去了。"那声音我自己听了都觉得陌生。"那，就这样吧。这事就定下来了，妈妈去和他说了。"在接下来的27年里，我只再见过他一次。

据我所知，爸爸对此并不反对。我们从此很少提到他了。但我怀疑妈妈和学校谈过我们家的事，因为后来几个好心的老师偶尔会问起我的家庭生活。一位名叫福斯特的女老师告诉我，也许我的爸爸只是"还没准备好做一名父亲""有些男人也许永远学不会做一名合格的父亲"。但我不忍心告诉她的是，我爸爸其实似乎早已准备好了，他对我那两个同父异母的妹妹无比上心。福斯特小姐人很好，我不想让她难过。因为我知道，难过是一件很不好的事。所以我什么也没说。再说，我还有事要去做。我迫不及待地想要开启我的新生活，我下定决心就从此刻开始。不是以后，而是现在！我要活出有意义的人生，不管以什么样的方式！为了我认识的所有人。我没有时间去伤心。

第三章　静待时光　恬愉温润

我渴望长大成人，我想展开新的人生画卷。只要一天不在忙碌，我都觉得是虚度光阴，我非常留意时间的流逝，多么想让时针快马加鞭啊！正如玛丽·沃斯通克拉夫特①1795年写给朋友阿奇博尔德·汉密尔顿·罗文（Archibald Hamilton Rowan）的一封信中所言："感受到时间的缓慢流逝，我心如刀割。我好像在心里默数时钟的滴滴答答，尽管这里并没有时钟。"[1]

或者，正如我1992年在日记中所写："我想我的飞菲牌手表是不是坏了？每一分钟都是如——此——漫——长——"

12岁那年，我找到一份周六的兼职工作，负责打扫船只，每小时能赚2.5英镑。后来，我陆续当过临时保姆、服务员，还在高尔夫俱乐部工作过——给苏格兰鲑鱼罐头中的鲑鱼去鱼骨，然后夹在三明治里，给那些穿长袜子的男人们

① 玛丽·沃斯通克拉夫特（Mary Wollstonecraft，1759—1797），英国启蒙时代著名的女性政论家、哲学家、作家与思想家，更是西方女权主义思想史上的先驱，代表作有《人权辩护》《女权辩护》，女儿是文学史上第一部科幻小说《弗兰肯斯坦》的作者玛丽·雪莱，女婿是英国著名诗人珀西·雪莱。

吃。最后这份工作我做起来并不开心，于是每次周末去上班的路上，吃过早餐麦片的我都会在路边的树篱上呕吐——每次都是。（当时是20世纪90年代，早餐麦片非常流行。）但我不会让这种小事阻止我！我一路奔跑……向着某个地方！

在学校，我报名参加每一项课外活动。在家里，我学习、阅读，年纪一到，就把自己的社交日程排得满满的。

“放松点！”一天下午，一个朋友的妈妈劝我说（那时我正帮她清理洗碗机，没有出去玩），“到外面去好好玩玩吧！去尽情享受生活吧！”

但我丝毫不为所动：“谢谢你，克拉克太太！但我得先把玻璃杯放在沥水架上。”事实是，我并不想让自己停下来去享受或放松。为什么呢？因为我内心隐隐感觉我不值得。我也完全不知道该怎么放松，因为一旦我摁下暂停键，悲伤又会如潮水般涌上心头。

忙碌还可以带来一种殉道感——让自己永远处于开机状态，永远埋头苦干，其中隐隐蕴含着一种自我牺牲和拒绝快乐的意味，这对作为天主教徒的我来说很有吸引力。我从小到大就一直固执地认为“快乐可以稍后再说”，并且前提是“如果这是你应得的，如果你配得上，如果你值得”。

我不确定我是否值得，但是——至少在大多数情况下——我挺开心的。就像《头脑特工队》（*Inside Out*）里的莱利，如果生活是一个剧本，我坚信自己的角色就是做一个“快乐的女孩”，不管发生什么。然后青春期就如期而至了。

青少年既古怪又伶俐，涉世不深、经验尚浅，然而生理上却接近成人，可以做一些以前从未做过的事。不需要听从任何提醒或查阅任何说明书，他们就可以感知这个大千世界和其中的千变万化。

14岁那年，我忽然察觉自己的胸围已经是D罩杯了，一时有些不知所措，无论在情感上或身体上都是。跑步变得很痛苦，我从来不是运动型女孩，但那时即使快步走赶公交车都变得很麻烦。总有很多人对着我上看下看、指指点点。当时是20世纪90年代，各种媒体上最流行的是耍酷的青少年文化，我们也只有随波逐流，经常外出游玩和喝酒。

很多人从17岁开始学开车。有些同伴甚至有属于自己的车，要么是父母送的，要么是自己打工攒钱买的，比如我就用那些年打扫脏船、给鲑鱼去骨攒下的一沓皱巴巴的10英镑纸币买了一辆二手绿松石色的微型丰田Starlet。尽管锈迹斑斑，但我的这辆一升三门掀背车还是很漂亮。这辆车简直就是我的心头好！

可以随时离开任何我不喜欢的场合，这种自由实在是太新鲜、太令人振奋了！但我的耐心也随之越来越少了。谈话开始有点深入或让我不舒服。离开！派对好无聊。找个借口出来，然后把车开到五挡溜之大吉！对我来说，开车意味着自由；对其他人来说，开车意味着男子气概、地位、权力和危险。

青少年的大脑正处于发育成长的状态，而青春期是一个对什么都头脑发热和跃跃欲试的时期，一个冲动的夜晚就可能带来灾难性的后果。隔壁学校有三个男生死于车祸，我班上的一个女孩和其中一个男生正在交往，当时她很伤心，哭得眼睛又红又肿，脸色苍白，甚至好几天路都走不稳。但两周过后，她已经开始和过世男友的一个朋友约会了……悲伤是很奇怪的。作为一名青少年，我们感觉自己就是自己宇宙的中心——既然没法成为他人宇宙的中心。

心理学家发现，青春期意味着摆脱父母或监护人，建立自主权，这时候我们的身心都发生了变化，在曾经的孩子和将来的成年人之间游移不定。这时我们极度脆弱和敏感。所以也难怪，50% 的心理健康问题会在 14 岁前出现，75% 的心理健康问题会在 24 岁前出现[2]——我们现在知道，大脑会在这个年龄段发育成熟。[3] 这是积累了十多年的愤怒荷尔蒙。感谢科学！

在人生路上，总有一些关键时刻，让我们从此不再是一个孩子，于是那个崭新而奇怪的成年阶段就开始了。对很多人来说，这些时刻是美好的——会让他们自然而然地走向成熟。然而对另一些人来说，这些时刻可能是创伤性的，甚至是悲剧性的。在我们成长的过程中，家长会经常找我们谈话——给我们普及一些基本的性知识，对我们强调自我保护的重要性。但多年以后，我才知道当时我周围有很多黑人青少年的父母跟他们谈话的内容令人痛心得多。我三十几岁的时候，有一次晚饭坐在一个男人旁边，他告诉我“关于斯蒂芬·劳伦斯（Stephen Lawrence）的谈话”对大多数英国黑人青少年有着非常重大的影响。

1993 年，在一次无端的种族主义袭击中，英国黑人少年斯蒂芬·劳伦斯被一群白人青年刺死。经过初步调查，5名嫌疑人被逮捕，但没有被起诉。1998年，对伦敦警察厅的一次公开调查发现，该部门在制度上存在种族主义问题。直到2011年有新证据出现的时候，其中两个嫌犯才因这起谋杀案接受审判。最终他们于2012年被定罪。

我只是把这件事当作一个悲惨的新闻故事听，但对于黑人儿童、青少年和他们的父母来说，这却是某种隐形制度的一部分，与之相伴的是长年累月的系统性偏见。这种隐形制度传达了这样一个信息：青春期和自由同时也意味着危险，这个世界并非慈眉善目，种族主义依然存在，且蓬勃发展。

和我共进晚餐的黑人伙伴知道，发生在斯蒂芬·劳伦斯身上的事随时可能发生在他的身上——他妈妈再三警告他这一点。他知道他并不安全，因为他的肤色，他必须采取更多的预防措施，必须更多地克制自己，而且在许多情况下，他需要比同伴加倍努力，才能在一个结构性种族主义社会里生存下来。从那时起，他以及和我交谈过的许多人都采用了一种"双重意识"，这个词是1903年由作家杜波依斯（Du Bois）在他的著作《黑人的灵魂》[4]（*The Souls of Black Folk*）一书中首次提出。"双重意识"指有色人种生活在一个由白人主导的文化中所需要的内心冲突和双重性——自己的个人视角和话语权掌握者的视角。他们需要从小就了解白人可能会怎么看待自己，因此在和白人打交道的时候要调整好自己，注意走路的姿势、言谈举止和穿着打扮，以免显得"有威胁性"而招来偏见，或者被老师或警察找麻烦。

除了这种可怕的不公正之外，生活在双重意识中是要付出代价的，它会让我们质疑自我身份，并干扰自我评价。当我们对自己持有两套或更多相互矛盾的信念、价值观或想法时，就会出现认知失调，从而导致心理压力。双重意识带来的精神负担和持有者所需的日常努力终于在流行文化中体现，以下作家就谈论过它：雷妮·埃多-洛基（Reni Eddo-Lodge）[5]、阿福阿·赫希（Afua Hirsch）[6]、阿卡拉（Akala）[7]以及约米·阿德戈克（Yomi Adegoke）和伊丽莎白·乌维比纳内（Elizabeth Uviebinené）[8]（第六章会有更多内容涉及阿德戈克）。

杰德·沙利文（Jade Sullivan）是一位黑人活动家、作家和企业家，我在读了她写的一篇关于种族主义、“黑人的命也是命”运动和混血儿成长的文章后，与她进行了交谈。[9]“我的妈妈是英国白人，爸爸是牙买加人，他8岁时就来到这里，”沙利文告诉我，“所以我一直都知道自己是混血儿。我把‘黑人’看作我的文化归属和世界看待我的方式。我最早的童年记忆之一是和妈妈一起散步，我对她说：‘妈妈，为什么我不能像你一样拥有蓝色的眼睛和金色的头发呢?’我妈妈很开明，她是一位老师，也是一位黑人文化爱好者。她告诉我：‘总有一天，每个人都会像你一样的。’”（她说得没错，混血人口是增长最快的族裔群体。）“‘如果不是这样的话，那你说为什么白人会坐在太阳下把自己晒黑，去理发店把头发烫卷呢?’她告诉我，我看上去很美。”但世人并不都是善良友好的。8岁时，沙利文有一天去了一个游泳池，她记得有人用肮脏的词语称呼她，就像桑德拉·加西亚（Sandra Garcia）在《纽约时报》上用的那种“难以启齿的、与‘bigger’押韵的”蔑称。[10]“然后是我5岁时就认识的最好的朋友，”沙利文说，“她有一头卷曲的红发，脸上有雀斑，看起来就像安妮①。我们经常去对方家里玩。我们会一起过夜，一起过周末。当我们上高中的时候，她的父母说：‘你不能再和杰德做朋友了！’他们担心如果她总和我一起玩，她就容易认识一些黑人男孩，然后和他们出去约会。”“幸运的是，”她补充说，“我的朋友没有听她父母的话——我们到现在仍然是最好的朋友。”我们谈到了斯蒂芬·劳伦斯和他对沙利文产生的影响，劳伦斯被杀害的时候只有15岁。“在成长过程中，我几乎每天都会遇到种族主义问题，尤其是对各年龄段黑人男性的恐惧。这是有代价的。当你是黑人的时候，生活就会忽然变得很困难。这很无奈！并且不幸的是，他们（黑人）并没有那种奢侈，可以躲过生活中的污名。”我深以为然。这是生命不能承受之重。沙利文总结道：“我觉得我们无法量化日常生活中的种族主义对黑人心理健康的影响。比如，英国的黑人比白人更有可能被诊断出存在心理健康问题，也更容易被要求入院进行治疗。”她补充说，“我就曾经因此住过院。谢过了，种族主义！我从很小的时候就开始有精神负担——这绝对让人身心俱疲。”

北卡罗来纳大学（University of North Carolina）的教

① 加拿大女作家露西·蒙哥马利创作的长篇小说《绿山墙的安妮》中的主人公，有着红色的头发和雀斑。

授米奇·普林斯汀（Mitch Prinstein）认为，我们在青春期的经历不仅深刻影响着我们的成长过程，而且对我们的一生都至关重要。在《欢迎度：引爆个人成功与幸福的人气心理学》[11]（*Popular: The Power of Likability in a Status-Obsessed World*）一书中，他写道："我们青少年时期的经历可以改变我们的大脑构造（brain wiring），由此进一步改变我们的所见、所思和所为。"

对我来说，在学校里感觉还行。

我承认，我在学校拥有所有的特权。尽管自认是个超级极品，但我并没有被排除在主流群体之外。我们同年级的一共只有12个学生，因此我很难脱离任何群体（事实上，学校很小，而且很快就要倒闭了）。在大多数情况下，我们会彼此包容。除此之外，"胸部迅速发育"这一事实意味着，我还挺符合"十几岁少女"这个身份的。但是隔壁学校的一个女孩就比较惨了，她发现青春期的到来给她带来了很多麻烦。当她的胸部开始发育时，她的储物柜被人用笔大大地写上了"荡妇"两个字——就好像是她故意让胸部发育的，只为了激起异性的欲望，而且她应该为此感到羞耻。她用洗甲水把涂画的字迹擦掉了，但是第二天早上，那个人又故技重演，这次是用圆规刻的那些侮辱人的话。我的朋友戴夫被学校的欺凌者把头摁在卫生间的马桶里，每——一——天。他因此被逼得锻炼出了如羚羊一样敏捷的反应能力，能够在欺凌者一只手把他的头推进马桶里并拉下冲水绳之前，迅速摘下眼镜。"这样的话，"他对我说，"我就可以躲开老爸的一顿臭骂——因为我让眼镜逃离了再次被打碎的命运——这比在马桶里被弄湿头发还糟糕。”欺凌者从未受到惩罚，也似乎从未意识到他们给别人造成的伤害有多大！

我们大多数人都从听到的类似故事中得知——或者通过直觉就能判断——这些恐吓、骚扰、虐待和歧视的影响会持续很多很多年。但后来我才知道，被欺凌的经历和抑郁症紧密相连，那些在语言和身体上受到欺凌的孩子更容易产生心理健康问题。[12] 有研究表明，被欺凌的经历——不是放学之后落单的经历——其阴影可能会一直萦绕于心，一直影响受害者的生活到中年。[13] 那些欺凌事件的青少年当事人——不管是受害者还是欺凌者——都更有可能产生自卑和忧郁情绪，在学校里更容易感到不安。[14] 长期遭受种族歧视一直与心理健康状况不佳有关，有越来越多的证据表明，种族主义会导致精神疾病，尤其是抑郁症、长期悲伤或难以应对和适应重大事件。[15] 哦，还有，试图通过忽视来克服种族主义的做法只会让事态变本加厉。正如韦格纳的研究显示，试图不去想悲伤这件事，只会徒增你的悲伤，有研究表明，试着不去想你是一个有色人种，可能会增加你的心理压力。2014年，一项发表在《美国公共卫生杂志》(*American Journal of Public Health*)上的研究调查了种族主义在历时和共时两个维度上对非裔美国人心理健康的影响，这项研究为期一年，研究发现:“那些否认想过自己种族归属的人的心理健康状况最糟糕。”[16] 社会不公会持续很久。我们不能忽视它——其带来的伤痛远比我们预期的还要悠远绵长。

那个储物柜被乱写乱涂的女孩再也回不到从前了，无从找回她曾经的自尊。那个戴眼镜的男孩会从此迫切感到需要证明自己，余生面临每一次重大节点时，都觉得自己“还不够好”。“我如今活着的每一天都像是在努力向那些欺凌者证明，我这辈子能有所作为，”他说，“我并非一无是处。”重要的并不是朋友和亲人多少次向他保证他并不是一无是处——天生我材必有用——重要的是他感觉自己一无是处。这一点实在让人痛心。

我现在知道，我在学校属于少数未被欺凌的特权阶层。一份英格兰和威尔士的基督教青年会（YMCA）的报告显示，超过一半的 11 岁到 16 岁的孩子曾经因为长相而受到欺凌，[17] 其中 40% 的孩子每周至少被攻击一次。互联网的兴起也为欺凌者提供了一种新的折磨方式，让受害者蒙受了巨大的伤害。一些被欺凌的孩子主要是遭受了网络欺凌，在 2019 年的一份报告中，一名 14 岁的男孩告诉 BBC：“我上学被人欺负，回家上网又被欺负。这是我永远都摆脱不了的梦魇。”[18]

在我成长的过程中没有互联网，我也没有被同龄人欺凌过，安然度过了青春期。但是我无法摆脱那种对自己和他人的高期望，那种一定要“忙起来”的欲望，那种我必须在这个世界上争得一席之地的执念。在青少年时期，我还在自己设定的标准中添加了一些懵懵懂懂的女性成功指标。不出所料地有：我希望男孩子们喜欢我，我渴望获得男性的认可，就像我们耳边可能会听到的那种陈词滥调——任何一个“失去了父亲的孩子会如何如何……”。我上的是女子学校，但长到一定年纪的时候，妈妈就允许我坐公交车去上学了——在车上可以遇到男生。上午 8 点到 9 点、下午 3 点到 4 点半是我上下学的时间，在路上，我会接触到隔壁学校的男生，有时候甚至可以和他们搭几句话。在我报名参加的一些课外活动中，也有几个男生。当我说“几个”的时候，其实就是当时我能接触到的“全部”男孩。那时，学习成绩优异不再是我唯一的追求，异性的青睐逐渐变得重要。我找到了一本 1997 年的日记，那年我 17 岁，我在上面记录了每天发生的重要事情，举例如下：

1997 年 2 月 13 日，星期四

吉尔德斯利夫先生说我很瘦。

1997 年 2 月 19 日，星期三

理查德·图姆斯竟然还记得我！

25 日，星期二

李约我出去。

27 日，星期四

李约我出去。

我的天哪！我发现这位“李”很是热情。我后来把这件事告诉了一个老同学，她提醒我，李当时已经 32 岁了，和她一个朋友的父亲是同事！而他当时竟然在和一个17岁的女孩约会！呃……李先生，赶紧回归你的家庭吧！

日记里还有：

> 3月6日，星期四
>
> 西蒙和我说话了。

西蒙起码和我一样大。呃，虽然我学习很用功，但发现自己的错别字太多了！

> 3月8日，星期六
>
> 我的驾使教练说我还不错，有一头缥亮的头发。①

这是驾驶教练凯文，他把手放在我的膝盖上（我也一样）告诉我，他觉得女孩不应该上大学，因为她们“只要照顾家庭和生孩子就行了”。我每小时付给凯文10英镑，而他只是称赞我的头发，跟我展现他那奇葩的性别歧视。

> 3月20日，星期四
>
> 班吉主动提出开车送我回家。
>
> 我写了一个剧本，一个剧作家说写得很好。

等等，什么？一个剧本？还……“写得很好”？

---

① 此句中“驾使”的“使”与“缥亮”的“缥”故意用错别字，为的是呼应上文“错别字太多了”，正确的写法应为“驾驶”“漂亮”。

我怎么不记得这件事了？班吉又是谁？我的大脑飞速运转着……如果我真的写了一个剧本，还被一个剧作家读过并欣赏，那我觉得它应该出现在当天的公告排行榜上，并名列前茅，而不是在写日记的时候被和一个叫“班吉”的男孩一起回家这件事顺带想到。

到这里，日记页面上开始出现一片片墨迹，字迹被一点点洗去，变得模糊不清——好像有水溅上去了，或者是，泪水。这段时间除了凯文，我记得的唯有催促我前进的不满，和一颗想要长大的迫切之心。我想要做大事，我想让男孩子们喜欢我。妹妹不在人世了，而我还活着，对此我深感内疚，所以对自己越来越高标准、严要求。

牛津焦虑症和创伤中心（Oxford Centre for Anxiety Disorders and Trauma）的临床心理学家汉娜·默里（Hannah Murray）博士说，当我们的生活中有人离世，而自己幸存的时候，会心生一种内疚感，这种现象非常普遍。我们自己还苟活于世，而我们的亲朋好友已经有人离去，这太不幸了。“幸存者负罪感”（survivor guilt）这个医学概念自20世纪60年代起就开始出现了。“在越战老兵中，创伤后应激障碍和幸存者负罪感的比例很高。”默里说，“幸存者负罪感往往会导致当事人自我伤害和自我毁灭，或者让当事人有一种我必须做出补偿的心理。”它不一定和死亡有关。“幸存者负罪感的一个定义是，你觉得自己比别人拥有不公平的优势，”默里说，“可能是你在大规模裁员中留了下来，或者是你拥有别人没有的机会。美国已有研究表明，第一代大学生就曾经历过幸存者负罪感，另外在20世纪80年代的艾滋病毒检测呈阴性的男同性恋者中也发现了这种情绪。”默里目前正在为新一波可能袭来的创伤后应激障碍和幸存者负罪感做准备，以帮助那些因新冠肺炎痛失所爱的病人、同事和家人。“尤其是当他们不能和逝者见上最后一面，亲自告别的时候。”默里说。

“幸存者负罪感”曾一度被列入美国《精神障碍诊断与统计手册》中，尽管在最新一版中，它没有再被提及了。“在某种程度上遭受过幸存者负罪感的人比我们想象中更多，无论其受过创伤与否。”默里说。我们可能会对当下拥有的一切缺乏感恩之心，在心里质问自己：“你已经拥有很多了，为什么还会感到悲伤呢?”但是我们都会有忍不住情绪低落的时候。这很正常，我们必须承认和接受这些感受，而不是永远试图证明自己。

我有严重的幸存者负罪感。我必须加倍努力工作，才会觉得自己配得上拥有的一切。我不断地争强好胜，也因此越来越缺乏耐心。

青春期对许多在童年曾经历不幸的人来说，是一个很难熬的时期。因为悲伤是会一直持续下去的。而且很明显，通过忙碌来忘记悲伤并不是最好的办法。

“这种反应其实很常见，”塞缪尔说，“这是一种想要‘有所成就’和‘勇往直前’的渴望。忙一点没关系——只要你不是为了逃避要面对的事情，尤其不是为了逃避悲伤。如果你每天都给自己安排了各种活动、约会和截止日期，只是为了分散自己的注意力，好不去感受和体验那些负面情绪，那么从长远来看，你迟早会为之付出代价。”

我们需要慢慢来，友善一点，有点人情味——对自己和他人都是。我们需要给自己的悲伤一段喘息的时间。

“如果我们不处理悲伤，问题就会堆积起来，”英国孤儿慈善机构温斯顿的愿望的科马克说，“很多证据表明，它的影响可以持续一生，甚至导致抑郁症。这些情绪堆积于心的时间越长，就越难以化解。神经科学表明，如果我们经历了创伤性生活事件，且缺乏支持的话，我们的大脑发育就会受到影响。”[19] 悲伤尤其如此。

今天，一个朋友的母亲刚刚去世。他正被巨大的悲伤和失落吞噬，他的母亲再也不会回应他，一切忽然变得毫无意义。但我已经看到，他正在逼自己忘掉这一切并继续生活。他写日记，把自己的日程安排得满满的，做各种计划。他渴望继续前进，进入他所说的“下一个阶段”。但这不可能。我们许多人应该都熟悉“悲伤五阶段”（Five Stages of Grief）或“库伯勒-罗斯模型”（Kübler-Ross Model），这是由精神病学家伊丽莎白·库伯勒-罗斯在她 1969 年出版的《直到最后一课：生与死的学习》[20]（*On Death and Dying*）一书中首次提出来的。罗斯写道，这五个阶段分别是否认、愤怒、讨价还价、沮丧和接受。虽然悲伤五阶段经常在流行文化中被引用，被认为是人们哀悼所爱之人的必经之路，但其实罗斯的本意是用它来描述临终者经历的一系列情绪。它是为被哀悼者而不是哀悼者准备的。这些阶段从未被经验证实过，现在也基本被认为已经过时了。[21]因为经常被误解，后来罗斯本人很后悔提出这个模型。[22]她也承认，悲伤并不是一个简单的概念，可以被轻易地划分为不同的阶段。当我们经历失去时，很有可能内心的创伤永远无法痊愈。这很痛苦，也很艰难，但我们可能永远不会得到好莱坞电影承诺给我们的那种大团圆式结局。无论我们多么努力地想让悲伤快点过去，我们都只能慢慢来，而不是试图用其他东西填满它。

“在这个社会里，我们不给人们悲伤的时间。如果失去亲人的人表现得很坚强，能继续好好生活，我们就很赞许；如果反之，我们则表示失望。但悲伤持续的时间比我们任何人想象的都要漫长，”塞缪尔说，“我们无法与之抗争，只能想办法找到自我支持的力量。如果我们想阻止悲伤，身心疾病的发病率就会高很多。往好的方面看，随着时间的流逝，伤痛会一分分减弱，我们会自然而然地调整自己，重新融入生活。但也许几十年后，会有什么东西重新触发我们的悲伤——一次周年纪念日、一个场景、一种气味或者又一次失去，那种可怕的感觉将宛如当年挚爱亲朋离去时那般历历在目。”科马克将其描述为“与悲伤和平共处”，而不是“忘记它”或“克服它”。悲伤不会消失。但如果我们能给它一点时间，而不是通过一直忙碌来逃避它，就能更好地应对它。我们不是做得越多越好，我们的价值不会因为没有一直取得成就而降低。有时候，我们需要的只是好好悲伤。

为了写本书，我采访了英国的播音员和新闻记者杰里米·瓦因（Jeremy Vine），我一直觉得他风趣又坦率。他说自己曾有过一年他称之为“熔断”的时期，在那期间他感到极度痛苦，并寻求过专业人士的帮助。我很想知道他学到了什么——无论是从他自己的经历中，还是从他每天主持的BBC二台的热线节目中。他异常忙碌，每天接连主持两档节目，一个是广播节目，一个是电视节目。除此之外，他还主持着一档时间很长的益智竞猜节目和一档选举报道。他也是一个拥有两个孩子的54岁父亲，一个丈夫，一个刚刚失去自己老父亲的儿子。

那么他是如何应对的呢？我问他。我想了解他是如何处理悲伤情绪和度过生活中的艰难时期的。他告诉我：“我只能允许它们存在，给它们一些时间，慢慢消化。”我猜他的意思是进行一些冥想之类的练习，或者去参加一些高大上的闭关静修。但不，他告诉我，他的意思是，其实现在的悲伤是在他预期之内的。“大约每5年我就会经历一次大崩溃。我知道这是会发生的，”他说，“所以在这一年的开始，我会对自己说，我还有一年的时间，我有两个孩子。我会分派多少天去做这个工作，再分派多少天去做那个工作。然后我就会慢慢陷入崩溃。你知道——就像父母去世了一样。然后我会给自己留点时间。”通过允许这些负面情绪存在，给自己一点时间去感知它们——为它们制订计划，甚至把它们记录下来——他就可以应对得更好。

起初，我觉得杰里米的经历有点太夸张了。但和《卫报》记者兼讽刺作家约翰·克雷斯（John Crace）（详见第四章）交谈后，我的想法改变了。约翰是党鞭①，为人聪明、幽默、慷慨。他有很支持他的家人，几十年以来，他一直是顶尖的议会速写员②。但是，他告诉我，他经历了反复发作的抑郁症，“每次发生得都非常有规律，以至于你可以预测到下一次发作的大概时间”。他现在对这种经历已经非常熟悉了，因而不再有“到底怎么回事？”的感觉。这种清醒的认识，虽然让人很痛苦，但从某种意义上来说，对他是一种帮助。他知道它终有一天会来临，这样他就可以确保在生活中有足够的时间和空间去处理它。这是一种对自己感受的接纳。这一点相当重要。

“你必须接受自己的感受，”塞缪尔表示赞同，“而且要有耐心。处理创伤和悲伤是需要时间的，这个过程并不总是一帆风顺的。”这可不是我现在想听的，当我还是青少年的时候，如果有人这么告诉我，我肯定也不会感谢他。因为谁会渴望变得有耐心呢？有耐心一点都不酷！在现代生活中，它并不被推崇。

哲学家和宗教人士长期以来一直称赞耐心这种美德，[23] 科学家们发现，富有耐心的人确实比其他人过得更好。他们对自己生活的满意度更高，[24] 并且总体来说，他们患上

---

① 政党名词，起源于英国，指议会内的代表政党的领袖、政党纪律主管，功能是确保议员出席会议并按照政党立场行事。——译者注

② 议会速写员（parliamentary sketch writer），在英国议会开会期间，每天写一篇区别于常规新闻报道的简短议会报道。除了描述在议会辩论大厅、委员会质询会议、记者招待会、首相答问上发生的事外，速写员还必须以犀利、幽默的笔调勾勒出议会上的场景、人物、神态、议题等，因此必须具备敏锐的观察力、丰富的想象力以及幽默的文笔。

抑郁症的概率要低一些。[25] 这可能是因为他们可以应对令人烦恼或充满压力的情况，并且善于在艰难时期坚持下去。富有耐心会使我们更加心怀希望，适应力更强，[26] 更有合作精神、共情能力和感恩之心，更包容，[27] 更宽厚，[28] 等等。[29]

耐心的人更有福气，因为他们善于……

……等待。

耐心还可以让你拥有更好的人缘，让你不会感到孤独，因为交朋友并保持友情常鲜，需要包容心和一定程度的克制——你得容忍朋友们的古怪，听他们一遍又一遍地讲同一个故事。[30]

进化论学者们认为，我们的耐心是进化而来的，因为那些住在洞穴里的，宽容、勤劳的人类祖先们比他们鲁莽冲动的史前同胞们活得更久——学会等待，有利于合作而不是冲突。[31] 当我们那些急躁的祖先们互相残杀的时候，在他们还没有机会传宗接代之前，那些友爱者——而不是好斗者——有了家庭生活，得以繁衍子嗣，生生不息，这才有了我们今天这些相亲相爱的后代（也许是吧）。所以如果我们人类想生存和发展下去，就应该保有一定的耐心。

但一项英国的研究显示，近年来由于现代生活节奏、当日送达服务、网络速度和社交媒体，人们的耐心程度大幅下降。OnePoll 公司① 在 2019 年 8 月进行的一项调查[32] 表明，参与者在达到及超过以下限度时就会开始焦躁不安：等待网

① 一家知名的英国网络市场调查机构。——译者注

页加载16秒、忍受电视节目或电影不能正常播放22秒、等水烧开28秒。顺便问一句，你用的是什么水壶，能给我一个吗?（我的水壶烧水可慢了!）

我天生就没有耐心（你能看出来吗?）。我不喜欢安静地坐着，我讨厌飞机、长途火车旅行和超过90分钟的电影（彼得·杰克逊①：为什么?）。幸运的是，我们可以通过训练来让自己更有耐心。萨拉·施尼特科尔②邀请了在校大学生参加为期两周的耐心训练，[33] 学员们在那里学习如何识别情绪及其触发因素、如何调节自己的情绪、如何与他人共情，以及冥想（很多科学研究表明，冥想是好事，所以如果它对你有用，那就去冥想吧）。两周以后，参与者报告称，他们对生活中那些让人恼怒的，哦不，或者说有挑战性的人和事更有耐心了，而且不那么忧郁难过了。所以耐心是一种我们可以练习的技能。

哈佛大学艺术历史学家詹妮弗·罗伯茨（Jennifer Roberts）[34] 认为"沉浸式专注"是一项非常重要的技能，所以她让她所有的学生都去选择一件艺术品，然后观赏它——用3个小时。她承认，虽然这可能是一段"漫长而痛苦的时间"，但是这种方法可以帮助我们克服无事可做时的不安，要学会去忍受它，然后我们就可以变得更加强大。她认为，"有意识地延迟"是我们在现代生活中都应该学习的东西。因为耐心

---

① 彼得·杰克逊（Peter Jackson），导演、编剧、制作人，代表作《指环王：护戒使者》《指环王：双塔奇兵》《指环王：国王归来》《霍比特人：意外之旅》等。

② 萨拉·施尼特科尔（Sarah Schnitker），贝勒大学（Baylor University）心理学副教授。

可以化解我们的不安—— 它是一种超能力。

很高兴现在知道这一点。

回到 20 世纪 90 年代，即使是感受负面情绪，我都很恐惧，所以我干脆拒绝承认它们的存在。我一贯缺乏耐心，我不断地切换目标，飞快又灵巧。我在生活中敏捷地躲闪腾挪，从不长久地执着于任何一件事，从不让不必要的情感滋生或者牵绊住我。我不允许时间慢下来，我要打败时间！我也似乎从这种高歌猛进中得到了回报—— 无论是经济方面，还是老师 / 家庭 / 社会的认可方面。

然后他们都死了。

这种说法很夸张（是青少年会说的话）。其实，只有 3 个人死去（但你知道，是“3 个”还是“所有”—— 谁会较真，真的去数呢？）。我不想让你觉得我一直在失去家人，但除非你非常幸运，否则在人生的几十年中，你也会经历同样生离死别的场面。

我的奶奶最先去世。大人们没让我去参加葬礼，所以我只能“远远地哀悼”。然后是我的外婆，像女王和玛格丽特 · 撒切尔夫人的合体的那个。她和妈妈是我生命中最重要的两个人，她的离世对我的打击绝对是毁灭性的。她的葬礼是天主教式的，很漫长，很感人，然而我没有哭。接下来，我的爷爷也去世了。一个身材魁梧的老派兰开斯特人，他用大大的敞口杯豪爽地喝啤酒，且无肉不欢，认识他的人无不喜欢他。妈妈和我也是。

妈妈请了一天假，开了 3 个小时的车送我去参加葬礼。

我不害怕参加葬礼——难道我还害怕面对死亡吗？我现在怕的只是活着。但我已经很多年没见过我爸爸了，一想到要见他，我就觉得莫名不安（一贯如此）。

因为我一直在寻求男性的认可，而且想到葬礼上可能也会有男孩出席，所以我就选择了一身极其不合时宜的浮夸打扮：及膝长靴、开衩到大腿根部的铅笔裙、紧裹着胸部的弹力细条纹衬衫。这一套装扮可真是……不过，我得为自己说句话，当时是20世纪90年代，我穿细条纹衬衫是想暗示我已经成熟了（“哇！她真的长大了！”“她穿了细条纹衣服，像一只害羞的斑马！”）。

葬礼非常感人。我还是没有哭。大家后来都到了停车场，我向爸爸挥挥手，很不自然。

他也向我挥了挥手，同样不自然。一些多年不见的堂兄弟姐妹们和同父异母的妹妹们也害羞地挥挥手。我们都只是默默地挥手，没什么话好讲，场面一时很尴尬。

“嗨！”我终于鼓起勇气，打了声招呼。

“嗨！”他回答道。

“嗨！”堂兄弟姐妹们和同父异母的妹妹们一起回应。

这和我原本在脑海中想象的特别重聚可太不一样了！没有奔向彼此的怀抱，没有在小提琴声或汉斯·季默[①]的电影配乐中转圈儿。爸爸的一些亲戚已经15年没见过妈妈了，

---

① 汉斯·季默（Hans Zimmer），德国音乐家、电影配乐家、作曲家，代表作品有《盗梦空间》《角斗士》《狮子王》《加勒比海盗》等电影的配乐。

但依然记得她，于是他们开始聊起天来。我们被邀请回爷爷家参加守灵仪式，正准备上车，忽然，爸爸挽住了妈妈的手臂，姿势竟然很……亲密！

什么情况？他要向她……表白？这么多年的一切难道只是一场……可怕的错误？难道我们不用再对神父撒谎，隐瞒妈妈的橙色背包男友了？

“一切都好吗？”妈妈看起来也很吃惊，“我们回到家里再谈吧。”

爸爸低声嘟哝，说了些什么。

“什么？”妈妈提高了声音。

“我说，我希望你别，”他重复着，这次声音大点了，“我是说，你别去家里。”他解释说，他认为这样对所有人都好，会让每个人都更舒服——如果我和妈妈离开，并且是现在。

后来我才慢慢理解，一个正哀悼去世父亲的人也许会出现一些奇奇怪怪的言谈举止。也是后来我才明白，一个人在伤心的时候，或者在墓地停车场同时面对两个曾对她们承诺过“至死不渝”的女人的时候，又或者在同时面对一个几乎被自己遗忘的女儿和两个常伴左右的更年轻、更耀眼的女儿的时候，难免会做出些匪夷所思的举动。我现在才意识到，当时他那伤痛烦乱的大脑中可能掠过无数思绪。但在1998年的时候，我彻彻底底不能宽恕这件事！我脑子里想的都是：那个一再拒绝我的爸爸，那个5年了都没来见我的爸爸，那个即使在爷爷的守灵仪式上都不会施舍给我哪怕一根香肠卷的爸爸!

他们都死了，爸爸再也不要我了。

接下来发生的事就像Instagram滤镜里的沉默画面一样，至少在我的记忆里是。我做不到以德报怨，也没有时间让自己冷静下来，舒缓自己正在经历的一场情绪海啸。我大声地用脏话骂了爸爸，那个词以“c”开头，与“hunt”押韵，在他的另外两个女儿、现任妻子和一群前来吊唁的亲友面前，其中许多人也是我的亲戚（我想郑重声明，这是我唯一一次用这个词骂人）。妈妈叫我上车，我们压着碎石，飞快离开了停车场。我并不感到骄傲。我也一点都不快乐。我和妈妈在无声的沉默中度过了回家的3个小时车程。我们后来好几年都没有再提及此事。

接下来的一个星期，我把一头及腰长发剪成了利落的波波头短发，用Sun-In染发喷雾（这是一种非处方的染发喷雾，在20世纪90年代非常流行。把它喷在湿头发上，坐在阳光下晒几个小时，或者用吹风机吹干，就可以改变发色！你也可以拥有一头像稻草一样的金发）换了头发的颜色，随便找了一个男朋友，并正式改了姓。

我的理由是，既然我爸不想要我了，那我也不想要他的姓了。

有了新名字、新发型（虽然很难看），再加上浑身充满了怨恨的怒火，我就像被发射的火箭一样，飞一般向成年急速狂奔。我是只属于自己的独一无二。我是音乐剧《一笼傻鸟》（*La Cage aux Folles*）里的乔治·赫恩，我是《油脂》

（*Grease*）中的桑迪……只不过我那爆炸式的乱蓬蓬的头发是染的。我……仿佛浴火重生！我被治愈了。对吧？没——错！就像一匹被拴着的马，我绷紧了肌肉想要挣脱那根缰绳。我没有沉溺于悲伤中，甚至没有停下来思考任何让我伤心的原因，而是开足马力，全速冲刺，奔向成年。我激情奔涌！我准备好了！哦不，等等！我……还没准备好。

第四章　莫亏莫欠　善待身心

我想成为一名新闻记者。我认识的人中没有一个是记者，他们从不读报纸，也不知道如何才能成为一名记者。倒是有一份工作想要我，但是我天生好奇心很强（你也可以理解为比较八卦），我在学校的职业生涯规划课上做过一份能力测试，这份测试的结果表明，我也许可以考虑进入法律、新闻或运输行业。尽管我很喜欢丰田的那款 Starlet 车，但我还是不想进入运输业（我对火车可是兴趣全无）。我看过《今生今世》（*This Life*）这部电视剧，里面尽管有很多推杯换盏和谈情说爱的桥段，但做律师似乎常常会让人陷入自我怀疑，这又远非我能搞定的。那就只剩做记者一条路了！

我买了一些报纸，浏览上面新闻标题旁作者的照片，看谁样子比较随和友善就给谁写信，请求对方给我个工作机会。我知道这样有点莽撞和草率，但我暂时也想不出更好的办法，这就相当于在街上找人问路，你得去找那些看上去既不会对你别有所图也不会给你一拳的陌生人。这个办法还比较奏效。但当那些真正的记者告诉我，我得先接受职业培训，然后才能进入他们神圣的职业时，我已经报了一个人文学科的学位课程。托尼·布莱尔[①]的新工党政府鼓励人人都接受高等教育，然而很不幸，大家只是为了上大学而上大学——我就是如此，大学四年几乎就是混日子，我感觉自己的学位一文不值。

但我在大学里玩得很开心，不仅交到了一个女孩能想到的最好的朋友，还和一个有着六块腹肌的冲浪运动员约会——他的六块腹肌简直可以像吉他一样弹奏（佳期如梦啊……）。但是学费和住宿费意味着，就像我的朋友伊恩说的那样，我一毕业就要开始马不停蹄地偿还助学贷款——我就这样在青春的喧嚣与骚动中长大成人了。当时我连一个便盆都买不起，又如何付得起职业培训的费用？如果不先工作，我就不能继续学习深造了，所以我先打了两年零工，攒够了钱才开始进入伦敦印刷学院（London College of Printing，现在的LCC）攻读新闻专业的研究生。我也在酒吧和电影院打工以支付我在伦敦的房租。这样一来，我吃饭的钱就所剩无几了，所以我就靠电影观众吃剩的爆米花和喝了一半的家庭装啤酒饱腹。当我把这件事告诉妈妈时，她大为震惊。

“那里面可能有大肠杆菌、乙肝病毒和其他细菌！”

我告诉她不要大惊小怪，我没有那么白痴。“我会先把它们放进冰箱里冷冻一下——为了杀菌！”

---

① 托尼·布莱尔（Tony Blair），第51任英国首相，1997年5月任首相，后兼任首席财政大臣和文官部大臣。2001年6月在大选中再次获胜，连任首相。2007年6月27日正式离任。

奇怪的是，这并没有给她多少安慰。我虽然处境不佳，但也是——这一点必须重申——一个生活在世界上最富有的经济体之一的中产阶级白人女性。我不需要有人悲歌怜悯，只要开口，就会有人帮我。但是我从不张口，因为我曾经暗下决心：我要自力更生，自己搞定一切。

那时，我的许多同伴都已经是律师、教师或者金融精英了。一个朋友甚至有了孩子，住在西苏塞克斯。而我呢？还是个穷学生——更雪上加霜的是，这个穷学生还在学习如何成为一名18线小记者。我还能混得更糟吗？我暗自怀疑，老师和家人期待我的锦绣前程（或者更确切地说，是我自己的期望）能否成真。我担心那一天会不会……永远不会到来。

另外，妈妈那时快要和橙色背包男分手了，她正伤心欲绝。她很难过，所以我只能做每一个适应能力强、支持妈妈的女儿都会做的事：努力忽略这件事，继续自己的生活。这主要是因为我无法忍受另一种选择可能带来的后果：如果连我自己的心结都没有解开，我又如何抚慰她的伤痛呢？如果我敞开心扉，直面痛楚，我也不知道会发生什么——是电闪雷鸣，暴雨瓢泼，还是世界末日？

幸运的是，我还撑得住。给自己点赞！

我那时已经长大成人了，还有个帅气的、支持我的男朋友，我们彼此倾心相爱。他是我的初恋，就是我在祖父的葬礼后约会的那个男生（没错，就是当初我说随便找的那个！）。我们上大学时曾经分过手，后来又重归于好了——我想我们会天长地久的。我读过许多王子与公主的童话故事，我的爱情故事也会是那样的，这一点我深信不疑。好吧，我承认…… 其实事实是，他那段时间对我若即若离，前一天晚上他还失约了，自己跑去打扑克。而且他似乎也不太想和我一起过节礼日[①]。但是，好吧……

我有个很帅的男朋友，我爱他，他也爱我！

只是，我不确定他到底有多爱我，而且他那段时间似乎有点反常。不过……

我有男朋友了！这才是重点！不是吗？

那天我正在学校图书馆赶一篇论文——图书馆之前发生了一次场面失控的斗殴事件（在图书馆?!），上一周才重新开放。打架双方那时都出院了，所以学生们最关心的是，这起事件会不会导致图书馆网速变慢——有传言说，他们推搡打斗的时候可能不小心把拨号调制解调器或者网线给弄坏了。我当时有点相信这个说法，因为我之前发了信息给男朋友，但一直没有收到任何回复（我有男朋友了！我刚才说过了吗？）。我宁愿相信这是网络故障的原因，而不是另外一种可能：他正在疏远我。

我已经两天没和男朋友联系上了，那个很帅、很支持我

---

① 节礼日（Boxing Day），为圣诞节次日或是圣诞节后的第一个工作日，是在英联邦部分地区庆祝的节日，一些欧洲国家也将其定为节日，叫作“圣士提反日”。节礼日的起源有多个说法，其中一个广为流传的说法是：雇员在圣诞节后的第一个工作日，会收到雇主的圣诞礼物，这些礼物通常被称为“圣诞节盒子”（Christmas Boxes），所以“节礼日”的英文为“Boxing Day”。但现在节礼日普遍被认为是购物日，因为在圣诞节过后的第一天，商家一般会推出减价活动。

的人，那个我们彼此深爱的人。于是我第三次刷新 Hotmail 邮箱，啊哈！来了！一封他发来的邮件正静静地躺在那儿。我迫不及待地点击鼠标，打开邮件，然而下一秒，我多么希望我没有打开这封邮件……

网络似乎通畅了，然而我们的关系却戛然而止了。

“我觉得我们走不下去了……”

我感觉有人一拳狠狠打在我的肚子上。我这是……被甩了吗?！通过一封电子邮件?！

“不是你的问题，是我的问题……”

哦，拜托！又是这套说辞？这封信是来真的吗？

“你已经是百分之九十完美的好女孩了……”

等等，什么？

“……但对我来说还不够。”

老兄，不是吧！

我感觉自己的五脏六腑好像被人重重踢了一脚。但，事实就是事实，一五一十地摆在屏幕上，由 10 分钟前还是我男朋友的那个人打出来，用的是 11 号无衬线字体，显示在贴有“伦敦印刷学院财产：小偷将被起诉”字样的标签的显示器上。我那内心最深处、过于纯粹却也无法摆脱的孩子般的恐惧再一次被证实了：如果我不够完美，就不会被爱。我不值得被爱，因为我还不够好。迟早有一天，所有人都会离开我。我之前就已经隐隐不安了——如今预言已然成真。

现在我该怎么办？

我站了起来，有一瞬间感到恶心，四肢乏力，难以自控。我步履踉跄地一步步走出了图书馆。外面有一种“山雨欲来风满楼”的感觉：乌云密布，暴雨将至，灰色的鸽子在低空飞来飞去。转而大雨滂沱，一丝阳光也没有了。我头晕目眩、头重脚轻地走到食堂，看到了几个同学。

其中一个家伙正在舔一个食乐佳盐醋豌豆条的包装袋，而另一个正在撕一小包免费砂糖，这就是他们的午饭。我们都是穷学生。但我们也都是成年人，早已意识到我们混得比同龄人惨多了，远没有他们赚得多。吃砂糖的女生说她吃的是德麦拉拉红砂糖，因为便宜，也因为爱美：她穷得口袋里叮当响，并且决心在读研期间尽可能地减肥（我们的新闻学课程不包括营养学）。舔豌豆条包装袋的男生则解释说，如果他现在暂时买不起好衣服，那么他可以先把身材保持住，至少他现有的衣服穿着还是很帅气的。除了吃豌豆条当午餐，他还打算去一家佩卡姆[①]的学生健身房健身——这简直是前所未闻的奢侈！我可付不起健身房的会员费，即使是在佩卡姆。我感觉自己好像失去了对生命仅有的最后一丝掌控，但是我忽然意识到：吃进嘴里的食物是我可以掌控的。

如果我不能成为最优秀的那个，如果我不能成为人生赢家，也许至少我可以成为最瘦的那个……

在这种扭曲的逻辑的影响下，我不再捡电影院观众剩下的爆米花和啤酒了。在接下来的几周里，我改进了我的方法，虽然不至于完全禁食，但远远低于健康的食物摄入量。

---

① 佩卡姆（Peckham），位于英国伦敦东南部。

不用说，我很饿，每一分每一秒都很饿。但这就好像我终于开始遭受苦难，为自己感到内疚的事情付出代价了。作为一个天主教徒，自我剥夺和自我否定很符合我的宗教情感，我变得非常善于不吃东西。我为自己制定何时何地可以吃东西的规则，当我没有按照我给自己设定的稀奇古怪的规则进食时（这是可以预见的），我会严厉地惩罚自己。然后，我的羞愧清单上又增加了一个新词——厌恶。直到如今，我依然能辨认出那些有进食障碍的人，他的神情必然是焦虑烦躁、躲闪不定的。除了脸型瘦削和皮肤干燥外，这类人通常眼睛睁得大大的，一副谨小慎微的样子。

我的胸部开始变小。14 岁以后，我就得穿着运动文胸小跑着赶公交车了，而此时我发现自己很喜欢胸部变轻的感觉。我的胸不再是鼓鼓的了，胸部线条变得非常流畅。

因为缺乏皮下脂肪保暖，我经常觉得冷，于是总搞一些奇奇怪怪的穿搭来保暖。为了找到实习工作，我疯狂地阅读和研究各种杂志。其中一本杂志提到了“穿搭分层”的概念，我看了很多照片，上面全是个子高挑、苗条纤瘦的女性，她们穿着丝质翻领衫，外搭挺括有型的白衬衫、宽松慵懒的开衫和男友风的休闲西装。这些女人看上去自信满满，气场全开，而且这么穿也很暖和。于是我也试了一下，但出来的效果更像是《老友记》里乔伊叠穿钱德勒的所有衣服的灾难现场……好吧，我还穿了件保暖背心，而且我也绝没有那些模特傲人的身高，我只有 5 英尺 3 英寸（约 1.6 米）高。但这个穿搭尝试很有用，至少告诉了我，如果一个人不想走不动路，最多可以穿多少层衣服（我的经验是4层，仅供参考）。一个特别的星期二，我戴着一顶淡紫色的无檐小圆帽，穿着一件羊皮外套，脚蹬一双意大利月球靴，走在从电影院下班回家的路上。我已经筋疲力尽了，睡眠也不足，一半原因是我工作的时间太长了，长得人神共愤，另一半原因是当我想睡觉的时候却已经睡不着了——这是我第一次失眠，但绝不是最后一次。

我很确定，如果我能回到租的公寓——那间有老鼠出没的公寓，一切应该也还好。我应该还能再挺过一天，然后就可以暗自击掌，庆祝无事了。但是，我还不想回家。在晚高峰轰鸣而过的滚滚车流中，我终于瘫倒在克拉珀姆高街的一家伏特加酒吧门外。我的膝盖实在是不行了，我瘫倒在地，呼吸困难，那一刻我确信自己下一秒就要告别这个红尘俗世了！可能是心脏病发作，我出了好多汗，就像卡通片里的人物一样——汗水一滴滴从我的脸上滚滚而落。我花了好几分钟时间努力回想应该如何呼吸，一直盯着人行道上一道圆形的灰色口香糖污渍，直到一双鞋子出现在我眼前。是一位女士，她弯下腰来问我："你还好吗？"我，一点都不好……事实上，我的感觉糟透了！她稍微想了一会儿，还没等我回答，就把我扶起来，然后在她的包里翻着什么东西。我有点担心，她拿出的会不会是……一把刀或者什么武器。然而很奇怪，如果真是这样，我似乎也不怎么担心！

哦！好吧，我想，那又怎么样呢？反正我也累了。再见吧，世界……

但这个女士掏出的东西一点也不危险——是一块伟特原味太妃硬糖。我受到的教育一直是，永远不要吃陌生人递来的糖果，但话说回来，我这辈子都在做乖乖女，对别人言听计从，做事情循规蹈矩，这又给我带来了什么好处呢？再说了，我的嘴忽然干得不行，我可好久没吃过伟特硬糖了。我不大了解焦糖的营养成分，但上一秒我已经做好了被陌生人捅刀的准备，所以我想，吃块糖又有什么了不起的呢。大不了恐慌发作，大不了增加一些体重……我的手指摸索着撕开糖纸，把硬糖拿出来放进嘴里。那味道瞬间让我想起了外婆。想到放学后我们一起看电视上播的《倒计时》（*Countdown*）节目。想到玛莎百货的太妃糖和栗色灯芯绒沙发。我感觉自己的知觉又恢复了。

我嘴里含了一会儿糖，那个好心的女士问我感觉如何。“我很好！”不好意思，我撒谎了。我向她保证，我会照顾好自己，我会保重身体。但是，她不知道其实我真正的意思是：我会照顾我22年来累积的悲伤——它在被忽视了几十年之后，刚刚突然将我击溃，让我不得不直面它的存在。但是千头万绪，该从哪里开始呢？再说了，我这周还有个工作面试——应聘一名特稿记者。这家杂志社并不是我一开始就想去的，但毕竟这是个开始，而且还有薪水。我需要这份工作。

我回到家里，上床睡觉，但时睡时醒。早上起来，我发现自己的扁桃体发炎了，有高尔夫球般大小（扁桃体可是我的克星)。第二天就要面试了，我却发烧101度[①]！我预约了我的家庭全科医生，想要他给我开一点抗生素。

一位粉红色头发的接待员大声叫我的名字，对我说："现在轮到你了！"

正好那时我拉了一下套头衫，里面是凹下去的肚子。我的动作很轻，不想让别人注意到我——但并没有奏效，当人们注意到我时，感到很惊讶。

医生检查了我的喉咙，说我得吃药。

然后他拿起一个注射器，说他需要给我采血。

我觉得有点不大对劲。但我又不是医学专业人士，所以只好让他们在我的胳膊上绑紧了止血带，然后转过头去，尽量不看那根非常缓慢插进血管的针。

"告诉我你的饮食习惯。"他接着说，这时我正按着已经麻了的手臂。

我的饮食习惯？也许我对什么东西过敏，我想。也许这就是我总是生病的原因。现在每个人都有这样或那样的过敏症，不是吗？也许我有过敏症，这就是事情总是不对劲的原因了！也许，如果我不吃乳糖或者别的什么东西的话，我就会很快乐、很成功，就再也没有人会离开我了！

但是，医生没有发现我有任何过敏症。我被带到了体重秤上，医生让我背靠墙站着，但这样一来我就看不到显示面板了。

---

① 这里指的是华氏度，约38.33摄氏度。

搞什么搞啊？到底怎么回事？我来这可不是做这个的！

“最近感觉怎么样？总体上。”

“很好！”好吧，除了睡不着觉，除了昨天在克拉珀姆高街的意外恐慌发作……

“身体上呢？”

“也很好！”我嘴硬道，除了一直觉得冷，很容易撞到东西和把自己擦伤；晚上睡觉时两条腿的膝盖中间还得放个枕头，以防侧着翻身的时候，骨头极不舒服地发出“嘎吱嘎吱”声……

他还询问了我对于食物的看法、感受和行为。

“呃……也还行……”这一次我嘟嘟哝哝着说。

作为一名志向远大的未来记者，我，突然令人不安地词穷了。

“你一切正常吗？”

我告诉他我的排便很正常。但很显然，他讲的不是这个意思。

“你现在月经还正常吗？”

“哦，那个啊。”我忽然想起来，我已经有段时间没买卫生棉条了……我本来认为这是天大的好事（想想每个月可以省下多少银子！），但医生看了我一眼，这一眼让我感觉似乎有点不妙。

“这是你要服用的抗生素。”他递给我一张纸条，然后皱起眉头，在米色键盘上敲着字。“我想目前我们首先要考虑的是，试着让你增加到（他输入了一个较低的数值 ）公斤。”

“啊。”哦哦哦……

我的第一反应是，告诉你们我当时的体重是多少，以及这一切的罪魁祸首——我那愚蠢的饮食习惯的种种细枝末节。但是写本章的时候，我咨询过Beat组织——英国一家关注进食障碍的慈善机构，我希望你能理解我为什么又决定不公开了。如果你没有进食障碍，很可能你会觉得我的日常饮食习惯和那些关键数据有些怪异和乏味。如果你有进食障碍的问题，一个和你同病相怜的人的饮食或体重的细节对你可能会是个挑战，或者会被你设定为一个目标。就是这样。我们对食物的态度就是如此扭曲。

我家里没有体重秤，也没有全身镜，所以实在无法评估自己有多瘦，只能靠自己现在还可以穿的衣服以及不得不开始系皮带这个事实来判断了。而且，我还得自己在皮带上再往里打孔。我完全没想到事情已经变得这么糟糕了！

但我同时感受到了一丝隐隐的、令人不安的……是什么呢？骄傲？我是不是已经在“变瘦”这场战斗中赢得了胜利？

然而残酷的是，我没赢，我患上了厌食症。

我读了一些进食障碍方面的资料，了解到“我们”——我当时属于的这个群体——通常对自己的要求很苛刻，还会不断把自己不好的一面和别人做比较。可悲的是，在这一点上，我绝对是教科书级别的。

“好胜心强、完美主义、控制欲旺盛和低自尊，具有这些关键特质的人患上进食障碍的风险会增加。”多年以后，

Beat 组织的汤姆·奎恩（Tom Quinn）告诉我。心理学家安娜·巴多内-科恩（Anna Bardone-Cone）和她的同事们曾在《临床心理学评论》（*Clinical Psychology Review*）上发表过一篇文章，探讨进食障碍和完美主义之间的关联，他们引用的研究数据表明，视错误为失败的完美主义倾向与进食障碍密切相关。[1] 完美主义者尤其容易患上进食障碍，这是因为他们"非对即错"的认知。对他们来说，只有纯粹的失败或者纯粹的成功。所以如果完美主义者非常关注身材，那么他们的选择通常不是暴饮暴食，就是吃得少之又少，没有中间的缓冲地带。

奎恩和我谈话的那天，演员克里斯托弗·埃克莱斯顿（Christopher Eccleston）公开宣布了他与厌食症的终生斗争，以及他多年以来为此感到的羞耻。"现在全社会总体上对心理健康的了解越来越多了，但仍然对进食障碍人群存有偏见，尤其如果对方是个男性。"奎恩说。约 25% 的进食障碍者是男性，其中英国进食障碍人群达 125 万。Beat 组织现在确认了七种类型的进食障碍，包括回避型限制性食物摄入障碍（avoidant restrictive food intake disorder，ARFID）、暴食症（binge eating disorder，BED）、贪食症（bulimia）和现在越来越普遍的情绪化进食（emotional eating）。

"对于没有进食障碍的人来说，稍微多吃一点或者偶尔暴饮暴食一次是相当正常的。"奎恩说。通过食物来慰藉自己是一种普遍现象。我在蒂芙尼·瓦特·史密斯（Tiffany Watt Smith）的《心情词典》[2]（*The Book of Human Emotions*）

一书中看过，巴布亚新几内亚的拜宁人用同一个词来表示饥饿和对被抛弃的恐惧（anaingi 或 aisicki），生理上渴望食物和心理上渴望关爱是如此紧密相连。德语里甚至专门有一个词用来形容因情绪化进食而增加的体重——Kummerspeck，翻译过来就是“伤心培根”。“但如果暴饮暴食已经成为一种模式，或者经常发生，那就是一个问题了。”奎恩说。生理上的饥饿感是逐渐产生的，当我们吃饱了，我们也就得到满足了。而情绪化进食的需求是突然出现的，我们会对食物产生渴求，感觉需要立即被满足，然而等到真吃饱了，又不会觉得满足，甚至会产生内疚感、羞愧感或无力感。“换句话说，它是很情绪化的，而且会让你感觉很糟糕。”奎恩说。

还有一种完美食欲症（orthorexia），1997 年，美国科罗拉多的职业医学专家史蒂芬·布拉特曼（Steven Bratman）博士将其定义为：不健康地痴迷于吃健康或干净的食物。虽然目前在临床中，它还没有被认定为一种独立的进食障碍，但完美食欲症越来越广为人知了。

“进食障碍是一种严重的精神疾病，其影响可能是终生的，甚至是致命的，”奎恩说，“所以应该立即对其采取有针对性的治疗。”幸运的是，我及时接受了治疗。感谢英国国家医疗服务体系，我的情况很快被跟进，两周之内我就去见了一位认知行为治疗师，她也是一位持证营养师。

我第一次去见她的那天早上，也得到了我在新闻行业的第一份工作。在去诊所的路上，我接到一个《放轻松》（*Take A Break*）杂志打来的电话，请我去做一名特稿记者。我还没有正式完成研究生学业，但我需要钱，所以最后校方允许我远程完成剩下的课程。《放轻松》和《卫报》的风格大不一样，所以后来在《卫报》工作时，我取的封面标题经常成为同事们的欢乐源泉。

除了作为一份面向大众市场的周刊，有着耸人听闻的封面标题之外，这份杂志也是一个人们可以表达心声的平台——尤其是女性。这就是它数十年来一直是英国最畅销的女性杂志的原因。我采访过许多女性，她们中许多人告诉我，这是她们第一次被倾听。当我听到“煤气灯效应”[①]的时候，这个词还远未进入公众视野。我采访过那些使用或滥用食物或其他物质来试图麻痹自己悲伤情绪的女性，我走近那些拥有对我来说完全陌生的生活方式的人——我学会了倾听。我不想说这本杂志的所有内容都是正确的——不管是过去还是现在——但是在我任职期间，我采访了很多人，她们跟我讲述了自己的人生故事和发生在她们身上最悲伤的事。我对人性了解得更多了——尽管对自己，我尚未完全参透。

我的治疗师是个很可爱的女士，留着波波头短发，她会在听我诉说的时候随手记录，还给我制订了严格的饮食计划，以便让我回到目标体重。这看上去很有挑战性，但是我很配合。她说我应该吃东西，我就照做。我还辞掉了酒吧的工作，还有电影院的工作。自从有了一份全职工作，薪水也

① 煤气灯效应（gaslighting），一种心理操控手段，施害者对受害者施加情感虐待和操控，让受害者逐渐丧失自尊，产生自我怀疑而无法逃脱，如怀疑自己的记忆、感知或理智。——译者注

还可以，我就不再把贫穷当作颓废的借口了：从此刻起，我只是……我自己。所以我开始正常吃饭了。但我仍然感到羞愧，因为没能达到“不吃饭”的扭曲目标。我为又开始享受食物而感到羞愧，似乎我不值得。于是我偷偷地吃。现在回想起来，这种想法似乎很荒谬、很费解——那些从来没有过进食困扰的人一定会这么想。但于当时的我而言，这么想似乎完全合理。我在卫生间里吃蛋糕，在地铁上整罐整罐地吃烤豆子，在晚上 11 点吃室友的麦片（我确实无比幸运，她们中有些人现在依然是我的好朋友）。我终于达到了医生规定的目标体重（听起来很振奋，是不是？），但是她希望我能再重一点。她想让我继续吃。我自然听从了，但转身又花了一大笔刚发的薪水办了健身房的会员。我感觉自己似乎乐在其中：没错，我吃得更多了，但同时也在锻炼！哈哈！

相比每周学习 30 个小时再工作 30 多个小时，这份朝九晚五的工作（在杂志界则是朝十晚六）简直不要太轻松！这让我可以每天花 1 个小时在跑步机上，跑到腿发软，再也无法思考。我运动得更狠了，直到所有女性特征都消失了。这让我感到神清气爽，自由自在。除了健身房赠送的娃娃大小的毛巾，这是我新痴迷上的另一件事。曾经的我缺乏运动，当时的我过度运动。

“过度运动”曾被归类为上瘾或者强迫性行为。如果是上瘾，患者会沉迷于运动所带来的明显快感，因而会越来越多地运动以追求更大的快感。而如果是强迫性行为，患者则不一定喜欢它，但他们觉得这是一种责任——而且他们对这件事到了一个执迷的程度，以至于他们的个人生活会出现功能紊乱。我绝对属于后者。我不是多么热爱运动，我只是需要运动。

我的治疗师可不是傻瓜。我那时又瘦又壮。胸部扁平、肌肉结实、青筋突起，这简直太违反自然规律了！当初那个身材丰满的女孩，那个D罩杯的女孩，怎么发育成这个样子了?！她询问我的运动习惯，我回答了一些真假参半的话，又毫无说服力地补充道:"我真的很喜欢跑步……"她问我是否曾经因为运动而取消过和朋友的约会。"偶尔会吧。"我撒谎了。一个半真半假、毫无意义的谎言。她继续问，如果我不每天运动会不会感到内疚。我耸耸肩。我可不会告诉她，我绝对不允许这种事情发生。我意识到，自己可能确实不大对劲了。

"运动成瘾经常与厌食症有关，"奎恩告诉我，"而且这种关联已经被发现有一段时间了。"早在1991年，佛罗里达大学的心理学家就曾创建一份广为流传的"强制性锻炼问卷调查表"。2004年诺丁汉特伦特大学（Nottingham Trent University）的研究人员对此表进行了更新。"它可能会成为不小的问题，我们需要确保，当我们鼓励人们重新养成健康的饮食习惯的时候，他们不会通过过度运动来矫枉过正。"奎恩说。这个建议很明智，但当时的我还是执迷不悟。我仍然坚持每天锻炼，直到，有一天，我从伦敦地铁的自动扶梯上摔下来。

第五章　过犹不及

当你很小的时候，有没有想过自己也许能飞起来？我记得我就试过一次，那时我从楼梯的第四个台阶往下跳，结果“砰”的一声落在厚实的地毯上（谢天谢地）。好吧，那天下班后的晚高峰时段，我急着赶地铁去健身房，结果忽然从卡姆登镇地铁站的自动扶梯上摔了下来，那也有点算“飞”了。不过只持续了半秒钟左右。然后我就痛得无以复加，又很尴尬，身体还很虚弱。我在医院里缝了几针，伤口处一片乌青，血迹斑斑的。一个护士一直在责备我，还说我“已经很幸运了”，情况本来可能“糟糕很多”。他们给我开了抗生素，因为卡姆登镇地铁站的卫生状况着实堪忧，他们嘱咐我休息一天，然后两周内不能从事剧烈运动。

两周！

这对我来说简直就是灾难！甚至比在地铁站摔伤还糟糕。

我该怎么办呢？要怎么锻炼身体呢？如果两周不能运动，我那些已经习惯积累的神经能量该如何释放呢？

不管怎么样，一天过去了。我感觉一点都不好。喝酒倒有点作用，至少我觉得有用。我就这样一天天熬过来。我回到工作岗位了，大家都对我很好，没有因为我以那么一种戏剧性的狼狈方式摔倒而嘲笑我。我的朋友们一直关心着我，细腻而友善：他们感觉我可能有点不大对劲，所以聊天的时候总是避免触及一些可能会让我敏感的话题，比如食物、体重或健身房。他们也会约我出去，尽管我那时不怎么参加集体活动或家庭聚会了，因为那可能会涉及食物问题，或者因为我一般都是晚上去健身房。我的朋友斯蒂夫告诉我："不管你是不是事业成功，不管你是不是身材苗条，我们都喜欢你！"这句话让我醍醐灌顶，很意外，也很美妙。我的朋友托尼说他会永远支持我——那一刻，我感觉整个世界都在对我微笑。

"'我为你而来，不离不弃'这句话是令进食障碍人群感受最美好的一句话，"奎恩很认同这一点，"因为它告诉对方，诊断结果定义不了你的价值，你是出了些问题，但这并不意味着你就是问题本身。"

我不能运动了，这让我有了更多时间去了解共事的工作伙伴们。我下班以后，不再急着跑去健身房，而是会和同事们聊聊天，我甚至和其中几个人成了好朋友。我开始社交，也有了生活。我努力吃饭，以达到正常人一半的食量，重回医学专业人士公认的健康体重。但是，我的月经还是没有回来，我也没有排卵。丧失生育能力是厌食症的长期影响之一，这让我异常焦虑，因为我已经开始感到一种令人抓心挠肝的渴望：我的身体强烈地渴望着什么东西。这是一种全新的渴求，但我非常确定，我想要孩子。一想到我可能因为一心想瘦身成功而牺牲自己做母亲的机会，我就痛心疾首。我先被转去图庭的圣乔治医院，后来又去了帕丁顿的圣玛丽医院，去看我怎么还没来月经，但没有什么结果。我得到的最好的解释是“也许你的身体已经停止工作了”。有一次我追问一个护士，她那时正在用针扎我的胳膊采血，听到我的提问后她几乎自言自语地说：“也许，是你的心已经死了。”我于是开始借酒浇愁，桑格利亚汽酒就是与我如影随形的新伴侣。

有人告诉我，如果我想要孩子，就应该保持一个健康的体重（“如果你问我的意见的话，那么请谨慎行事，并增加几斤体重吧。”一位医生告诉我），并尽快成家。我那时已经 26 岁了，还是单身。当我下一次因为扁桃体发炎去看全科医生的时候，他给我开了青霉素和氟西汀。他问了我几个问题，[1] 两根手指“哒哒”敲着键盘，并重点标注了“抗抑郁药”这个词，但当我到药房拿药的时候，发现这种药小巧精致——我竟然对这看似无害的小胶囊一见倾心了。

当时，厨房女神娜杰拉·劳森（Nigella Lawson）推出了一系列厨房用具，它们的配色和我的胶囊的配色简直一模一样，都是淡淡的鸭蛋青色和固体奶油色。我有两个朋友也吃过这种药，所以我们把它称为我们的“娜杰拉”。吃“娜杰拉”的时候，我感觉还行，只是有些迟钝和缺乏性欲。但是，其实我是一个有着心理健康问题的年轻人。

我得服用很多年的抗抑郁药：舍曲林、氟西汀、西酞普兰（详见第十四章）。

我吃饭一点胃口都没有，只是机械地把食物咽下去，直到我觉得完成了这个任务。我退掉了健身房的会员，开始多走路。我的身体曲线又回来了，但我并不喜欢它带来的关注。有些人看到我的身材会指指点点、评头论足，我真希望他们从我身边消失，或者直接无视我，就像我很瘦的时候那样。

在我逐渐从厌食症中恢复过来的第一年，大家看到了我的蜕变，自然免不了说："你看起来很好！"

"你可比我上次见你时胖多了！"

"现在抱着有些肉感的你感觉可好多了！"

一位老同学甚至说："开心啊！你又有胸了！"

我只能微笑。但其实很生气，忽然很想号啕大哭。我开始喝龙舌兰酒。我还是深陷苦闷之中，因为我可能……不会有自己的孩子了，而这可能是"我自己的错"。这是我自己犯下的愚蠢错误——一个愚蠢的我因为愚蠢地沉迷于减肥而做出了一个愚蠢的决定，现在这个愚蠢的决定已经酿成了苦果。你简直蠢到家了！

这时，工作再次给我提供了慰藉。我很忙，经常晚上出去，下班后和同事一起去喝酒，还要出席各种可以无限畅饮的新闻发布会。厌食症或者运动成瘾并不会增加你在聚会中的魅力，但喝点酒完全无伤大雅。如果我没有坚持不懈地寻找精神支柱，如果我没有意志坚定地自我毁灭，我就什么都不是。我在各方面都很逊色，但接下来我要开始练习我的酒量了。而且喝酒好像还挺见效的，我经常听到有人说“你喝醉的时候更有趣”。这话很伤人，但我不想让别人失望，所以我开始酗酒（2005 年前后是新闻从业者可以在白天暴饮狂欢的最后年代），那时午餐时间和编辑一起喝酒是常有的事，各家公司的公关部都非常“好客”，手持酒杯应酬几乎是工作的一部分。“我不是在喝酒，我这是在应酬”，我经常这么宽慰自己。

在一次新闻发布会上，我遇到一个足底按摩师，他说我脱水了，应该暂时戒一段时间酒。“哇，你只需要看看我的手就能判断出来吗？”我惊讶地问。

“不，你身上只有酒味，而现在才下午 3 点。”

哦，尴尬了！但是我仍然继续喝酒，凄楚且狂热，因为喝酒的时候我是一个“更有趣”的人。下班后和人组局一起去喝烈性酒有什么坏处呢？如果周五从下午 5 点开始一直喝到酒吧关门，那又怎样呢？如果我喝完酒跑着赶最后一班地铁回家，又有谁在乎呢？有一次，我的朋友苏茜不得不把我从站台边缘拉回来，而地铁马上就要呼啸而过了。要不是她喝完白葡萄酒之后比我清醒，我当时几乎肯定会葬身车轮之下。而地铁司机无疑会因为这个事故受到创伤，没准就得了创伤后应激障碍。我们差点成为另一组伦敦交通局警示海报中的当事人。但无所谓啊！那时我想：这就是生活！过瘾！

2019 年一项全球调查发现，英国人的平均饮酒量排世界第一，平均每周喝醉一次。只有一次？那都是谁在喝酒？我陷入了沉思。美国则排第二。众所周知，酒精会影响神经化学系统，而神经化学系统对调节情绪[2]至关重要。研究证明，酗酒会导致精神抑郁。[3]研究人员也已经证实，减少或停止饮酒可以改善情绪。[4]但我成年以后所处的环境，饮酒文化是无处不在的。

我总是在酗酒，但我的朋友们喝得更严重。我有一个朋友，一开始只是下班后小酌几杯，后来演变为能连续狂饮两天，这让他丢了工作。另一个朋友说，他中午就会用咖啡杯喝伏特加。这两个人现在都还是“匿名戒酒互助会”的成员。

《卫报》记者兼议会速写员约翰·克雷斯曾深陷上瘾行为。他是神父的儿子，他解释说，随这个角色而来的，是极高的期望。他感到自己与这个世界格格不入，他有幽闭恐怖症，总觉得自己时时刻刻活在他人审视的目光中：“我们很不善于沟通，我们的肩上都背负着要快乐成长的沉重压力。”他的父母都曾在第二次世界大战中服役，并在这场巨大的灾难中被严重摧毁。他父亲所在的战舰曾经两次被击沉，他父亲也因此被封为战争英雄。“但他的感觉糟透了。”克雷斯说。他的母亲是英国皇家海军女子服务队成员，曾在朴次茅斯被枪击过。“我觉得他俩现在都有创伤后应激障碍，”他说，“但是当时人们是不了解这种后遗症的。他们认识后，都想结束过去的那段回忆，组建一个幸福的家庭。”于是，当克雷斯 7 岁的时候，他的父亲从海军退役，成为一名神父。“在成长的过程中，我总能感受到一句潜台词，那就是，不快乐是不行的。”他告诉我，但他实在快乐不起来。

心理学家们发现，当我们试图否认或阻止我们的情绪时，我们就会分裂自己。[5] 解离是我们最早发展出来的自我防御机制之一（从出生到 3 岁左右）[6]，并被定义为“缺乏将思想、情感和经历正常地整合到意识流和记忆中的能力”。[7] 如果我们被教导悲伤是不好的，那么我们与它解离也是情有可原的。解离和上瘾之间有着很强的联系。[8] 如果我们将追求幸福看得高于一切，恐惧所有的负面情绪，我们更倾向于通过沉迷于令人上瘾的物质或行为来麻痹自己，来分散自己的注意力。

哲学教授佩格·奥康纳也曾陷入上瘾行为。她用柏拉图的洞穴寓言来阐释上瘾和康复：“人们总是想要去躲藏或者麻痹自己，因为现实生活和人生实在太令人恐惧和痛苦了！我们生活在一个害怕受苦的文化中，没有父母想让他们的孩子受苦。许多父母不知道该如何应对孩子的不开心。”我们许多人从小就被灌输：痛苦是一种问题，所以当它不可避免地发生时，我们就想要解决它，或者让它消失——而不是安然度过它（比如前文讲过的对乙酰氨基酚糖浆）。“我们已经习惯一有不适就吃药，一有问题就去找答案，”奥康纳说，随后她又补充道，“这种现象很普遍，以至于如果有谁没有对什么东西沉溺上瘾过，我反而感到很意外。”

如果你认为，哦，那绝对不是我，那你就再想想吧。上瘾是一个很广的范畴，任何过度的行为都可能是一种毫无益处的应对机制。我现在工作的书桌上方有一块钉板，上面钉着一页我 2017 年从《风尚》（*Stylist*）杂志上撕下来的纸。上面是对喜剧演员、播客主播拉塞尔·布兰德（Russell

Brand）的采访，他说："我酗酒是因为我无法面对自我，那感觉糟透了！这是一种生存策略，我想在任何事上过度沉溺的人都是这么想的——他们无法面对真实的自己，也无法适应这个世界。"

有争议的是，他还将上瘾称为一种"福报"："因为如果你没有很不幸，你就会永远这么活下去。我认识的很多人在临终前一刻才意识到，这不是他们真正想要的一生，但已经要对人世说'再见！'了。但是我呢？因为我已经被生活打击得千疮百孔了，所以对一样东西沉溺上瘾是很自然的事情。上瘾对你来说是一种福报，因为你要活出真实的自我。"

你需要自己去感受。

在这个告诉我们不要悲伤的世界，悲伤是一种耻辱（详见第七章）。"我们内化了这种想法，即我们在某种程度上是'错误的'，"奥康纳说，"而且很多人一直深陷于耻辱之中。当然，我们对一样东西沉溺上瘾有很多原因。但是很多人酗酒或对其他物质上瘾，是因为他们的与众不同或他们在这个世界上的样子令自己感到羞耻或会引来他人的羞辱。然后他们又会为自己的沉溺上瘾而羞耻，并且这种羞耻感会不断累积，累积，再累积。"我们就这样陷入羞愧和自卑的恶性循环中。这就是克雷斯的经历。

"我总是觉得自己很卑微，"克雷斯说，"然后我尝试了海洛因，这是我第一次觉得自己很满足。"他描述了自己吸食海洛因的感觉，有点像"吃完即食燕麦片后的那种神采奕奕"（任何在20世纪70年代和80年代看电视长大的人应该都很熟悉这种食物）的感觉——这是一种很温暖、很超然的状态，他很想这种状态不断重现，于是就一步步沉迷了。接下来的10年，他都在不断寻求这种神采奕奕的状态。

有趣的是，克雷斯在这段时间遇到了他后来的妻子，并且两人结婚了，但是他却因为和一个毒贩躲在厕所里偷偷交易毒品而在自己的婚礼上迟到了很久很久。“我们的关系分成了两个部分，”他说，“我吸毒的时候和我正常的时候。”在一次低谷之后——30岁生日那天，他和一个毒贩在一间肮脏的公寓小房间里交易毒品——1987年3月，他终于开始戒毒了。在妻子的支持下，他决心戒掉毒瘾。“我得付出很大的努力，做出这些改变并不容易，”他说，“我真的很努力，想要从此远离毒品，告别那场噩梦。你也许会说‘戒掉毒瘾不是那么容易的，需要付出很多代价’。在某种程度上，确实是这样。但是当你的生活中出现其他人的时候，你还依然故我，那就太自私了。”

“你妻子对你吸毒有什么反应？”我很想知道。

“她非常愤怒！这完全可以理解。”

他加入了匿名戒毒会，这个组织也给他提供了支持，让他的生活有了出乎意料的新焦点。

“我已经有一个月左右没有吸毒了，然而这一段时间我心神不定，神志涣散，大脑好像不受自己控制了。戒毒花了我不少时间，最近我才刚刚头脑清醒了一点儿。后来戒毒会里有一个工作机会，就是做些端茶、递咖啡、上小饼干之类的活儿，我就主动举手，要求做这份活儿。”

“上小饼干？”

“是的！我想他们其实更希望别人能主动做这个，一个戒毒时间更久一点的人。我猜，他们是怕我揣着别人买茶和咖啡的钱跑路吧。他们肯定是这样想的，至少一开始是这样，那他们就只能在两周内再招一个新人了。对他们来说，给我这份工作是对我很大的信任。最终这份工作我做了一年，它给我带来了满满的责任感和归属感。”

“一天一天地过”这个方法对克雷斯很奏效，部分原因是做长期打算似乎并不现实。“我会和朋友们开玩笑，说我60岁的时候还可能毒瘾复发，因为要熬过接下来没有海洛因的30年，似乎是不可想象的。”而我写这本书的时候，克雷斯已经63岁了，一直没有复吸，可是他说：“那种诱惑一直都在。”

克雷斯知道有些人在康复过程中自杀身亡了。他有患癌症和心脏病的朋友，“而且在康复期内，有更高比例的人会出现与死亡相关的风险”。我问他有没有像许多人一样，寻找一种更健康的癖好来代替。“疯狂地工作，”他毫不犹豫地回答，“过去的20年里，我也疯狂地健身。我有段时间经常长跑，然后膝盖就不行了。”现在，他每天花好几个小时在健身房的交叉训练椭圆机上。“我也沉迷于收藏东西，比如现代工作室的陶瓷、英国近百年来的陶瓷，还有书籍。我会平静一阵子，然后就感到压抑，变得少言寡语，我必须训练自己再次开口说话。”但克雷斯还有家庭——一个儿子和一个女儿，都需要他花时间照顾。所以他必须学会自我调节。

“我的女儿是在我35岁的时候出生的，像大多数初为人父的人一样，我简直一无所知得令人绝望。”他说，“我在想，天哪！我在哪儿？我是谁？我们现在该怎么办？没有一本手册让我们照做。但是，我们知道满足这个小生命的需求是为人父母的天职。”他尽力去做了。克雷斯的成长经历和吸毒经历都对他为人父母产生了影响：“我试着与我的父母不同——我试着弥补我的无知，试着和孩子们保持联结，试着与他们及时沟通。”他对自己的孩子们说，他对他们的爱会永远都在。

“对于小时候的很多事，我终究意难平，”克雷斯说，“这种怨恨没有办法完全烟消云散。”尽管在他父亲去世前，他和父亲和解了。“我们之间总有一种‘父不知子，子不知父’的感觉——但是到最后，我还是爱他的。”这并不是说，他现在已经对童年的事完全释怀了（“我毕竟也只是个凡人”），他仍然患有抑郁症，要定期去见心理治疗师。“我不指望这一切会消失或变好——对我来说，治疗更像是一种透析。它可以让我的生活继续，但会伴随我一生。”

它会伴随我一生。我们都在康复中。还有一个朋友20多岁时染上了赌博的毛病，很大程度上也是因为他不开心，也不知道该怎么办。2019年，美国乔治梅森大学（George Mason University）和东北大学（Northeastern University）的研究发现，[9]那些完整体验并克服自己情绪的人，不太会诉诸不健康的应对机制，或产生焦虑和抑郁情绪。如果我们允许自己去感受更多的情绪，我们就可以应对得更好。但是我的朋友很不开心，而且全世界都告诉他：不开心是不好的。所以他只能将它按下去，埋葬它，并试图分散自己的注意力。赌博一开始只是他暂时的释放方式——本质上就是一种注意力的转移——但很快就升级为赌瘾。最后他只好和家人签字立约，戒掉赌博，回归家庭。他一戒掉赌瘾，就努力让自己在正常生活中避免接触到任何能让他想起与赌博相关的事情。有一次，一个赌友放了一张电影《十一罗汉》[①]的DVD，他差点又赌瘾发作了（“伙计！有没有搞错?!”“什么？哦……”）。

“赌博远比你想象的要普遍得多，”伊恩说，他以前也是一个瘾君子，后来是匿名戒赌会的发言人，“它不像酒精、毒品或食物，你能看出一个人是否对其上瘾，赌博是会让你的钱不知不觉输光的。”伊恩估计，在我们认识的人中赌博的人远远比我们想象的多——甚至你的伴侣可能就有此恶习。赌博文化无处不在，赌博委员会发布的一份报告称，[10] 2016年至2018年间，有赌博问题的青少年数量增加到了原来的4倍。研究发现，45万名11岁至16岁的青少年承认自己经常赌博——比吸毒、抽烟、喝酒的儿童都多。

伊恩初尝赌博是在15岁，后来渐渐上瘾，这让他失去了两段婚姻，失去了工作，最终被判入狱，失去了自由。“这是一种会愈演愈烈的病，”他解释说，疾病、婚姻破裂和

---

①《十一罗汉》（*Ocean's Eleven*），一部犯罪电影，讲述了超级大盗丹尼·奥申为了重新夺回妻子泰丝，一夜之间召集十一位行内好手抢劫情敌赌场的故事。——译者注

经济问题都是常见的导火索，“因为当我们无法袒露自己的感受时，就会转而去沉溺于一件事物。男人尤其不擅长袒露内心的感受。”

我告诉他：“女性在这方面其实也不擅长。”

“确实，”他说，“也许当有什么东西伤害到我们的时候，我们都应该学会如何正视它。”

听听吧。

“我们很多人只会对自己说‘明天又是新的一天’，”伊恩说，“但如果我们今天不有所改变的话，明天就不会有所不同。”他已经有5个朋友死于毒瘾发作（“我给他们抬过棺材，我亲眼看见一个朋友吊死在树上。”）。如今，他热心于推动人们做出改变。“我们必须帮助人们了解自己的感受，即使是那些糟糕的、悲伤的、丑陋的感受。”他说。暂无数据表明有多少比例的上瘾行为是由情绪或焦虑障碍导致的，又有多少比例的上瘾行为是环境导致的——这种恶性循环通过换个环境或者有效地管理情绪本来是可以避免的。乔治梅森大学和东北大学的研究表明，如果能够去感受和处理我们的情绪，就可以减少我们诉诸不健康的应对机制的可能性。科学可以证实的就是：悲伤和上瘾是密不可分的。

最新的《世界幸福报告》（*World Happiness Report*）显示，上瘾行为总是与不开心、情绪和焦虑障碍、幸福感降低、社交孤立和污名化联系在一起。在写《上瘾与不快乐》（“Addiction and Unhappiness”）一文时，著名经济学家杰弗里·萨克斯（Jeffrey Sachs）指出，上瘾也可能导致临床抑郁症——“通过情绪失调或由上瘾引起的急剧压力”。与此同时，抑郁症和其他情绪障碍也可能导致上瘾行为，“因为个人试图通过滥用药物或上瘾行为来治疗他们的病理性心境恶劣”。[11]

社会流行病学家理查德·威尔金森（Richard Wilkinson）教授和凯特·皮克特（Kate Pickett）教授认为，全世界日益严重的不平等正在导致上瘾行为的增加。他们在《收入不平等》[12]（*The Inner Level*）一书中写道：“在一个不那么平等的社会中试图维持自尊和社会地位，其压力是巨大的，这种巨大的压力会增加他们的欲望，驱使他们去做任何能让自己感觉更舒服的事情——酗酒、暴饮暴食、疯狂购物或寻找其他精神支柱。这是一种功能失调的应对方式，只能让你从无休止的焦虑中抽离，暂时喘息一会儿。”

即使那些从未上瘾过的人也可能会自我治疗，或者求助于一种毫无益处的应对机制，来避免面对某一艰难时刻内心的痛苦。我们都曾受过伤害，也都曾努力挣扎过，想知道该如何摆脱困境。吸海洛因可能是其中最极端的一种，不过还有很多其他能被社会接受的上瘾行为可以让你一辈子都安然无事，比如喝酒。在某些方面，我们的文化在进步，谢天谢地！我们不再认为回家时满身都是烤肉味，喝酒喝到想吐，是过了一个“有趣的夜晚”了（想起自己以前的那些荒唐岁月了……）。但我们都有自己的精神支柱——我们那些毫无益处的应对策略。

“我经常发现，伤害我们的不是因失去而带来的痛苦，而是我们为避免痛苦而做出的事情。”心理治疗师朱莉娅·塞缪尔说。我知道这确实很普遍——在失去的时候，人们容易沉溺上瘾，从而沦为其牺牲品，或者做出一些不计后果的愚蠢行为。是不是因为既然我们已经如此受伤了，不如索性自甘堕落，就此沉沦下去？

但是，我还是想知道，为什么我在年仅20多岁的时候就如此彻底地上了酗酒这条贼船？为什么仅仅是被一个不值当的男朋友甩了，就开启了我人生如此荒唐的恶性循环？

塞缪尔说：“新的失去，总是会让旧日的失去浮上心头。”

“即使只是一个男朋友？”我问。

“只是一个男朋友？”她翻了个白眼。我觉得很有趣。“只是一个男朋友，但是他能再次提醒你，如果你不够完美，你就不会被人爱。只是一个男朋友，但是尽管你爱他，他还是离开了你。”

好吧，你赢了……

上瘾的诱因有很多，但对我而言，则是悲伤。如果我知道了感到悲伤是很正常的，我能不能更好地应对悲伤？我是不是不会深深地从心底里自我憎恶了？写本章的时候，我和朋友聊天，听到很多关于匮乏或过度的故事，以及那些短期内分散了我们的注意力但最终并不起作用的应对策略。因为我们必须感受所有的感受。

下一步就是习惯这种感觉，以便把我们的感受分成不同的情绪类型。这种技能被称为“情绪分化”（emotion differentiation）或“情绪粒度”（emotional granularity），可以产生积极的心理健康结果。尽管我们对于情绪分化是如何在我们的大脑中形成的知之甚少，但哈佛大学和华盛顿大学的心理学家们发现，我们在这方面的能力很差，直到 25 岁左右才会稍微好点。[13] 糟透了！

我不知道自己到底是什么感受。但是我知道，我想要一个孩子，而且我意识到自己可能因为曾经过度节食和过度运动而把这个希望给毁了！这个事很严重，很让人痛苦，以至于我难以面对这个残酷的事实（所以我才开始借酒逃避）。我亲手毁了自己的身体，再也无法修复，我没有体力，没有意志，也没有语言来探索它到底意味着什么了。所以我用另外一种不完全理性的应对策略来分散自己的注意力：匆匆忙忙进入另一段感情中。

我去一个朋友家参加新年前夜的派对，音乐放得很大。可能是左派艺术家的作品。几块木头被堆在一起搭成了一个临时舞台，我们一群人在上面跳舞狂欢。好吧，大部分人都在跳。我不断地跌倒在地——因为我已经喝得醉醺醺的了。还有很多人喝得更多，所有人都放荡不羁，地板上有很多玻璃杯的碎片。等等！好像有什么东西刺进我的膝盖了？我想低头看看，但是强劲疯狂的音乐让我继续举起酒杯，于是我就这么做了。我感觉我的鞋应该坏了，但我又喝了一会儿，好像不怎么疼了。终于，我低头向下看，目之所及，都是红色。

我这是……流血了吗？

我被别人扶着，从那个临时舞台上下来，到了消防电梯，我坐在一卷厕纸旁，有人开始给我涂消毒药水。

流血是肯定的。

好像有很多碎玻璃扎进我的膝盖里……

哦，好吧！我想，现在倒是什么都感觉不到了！

一给我包扎好，照顾我的人就跑开了。他们说："她这个样子可不行！她已经够糟糕的了！"是吗？我也不知道。我马上检查了一下自己。我觉得身体好重，所以我只好静静地坐着——或者，更确切地说，不由自主地微微摇晃着。然后这时，我在房间对面看到了一个曾经认识的男孩，他是我大学时的校友。我的朋友托尼后来忍不住哀叹道："难道伦敦就没有别的男孩了吗？为什么你总是和以前认识的人约会？"说得挺对。也许是因为我们平时都喝得很醉，只能看得见自己周围这片小天地。

"你好。"他说。

"你好。"我说。

我们互相对视，我又有了那种久违的心动感觉。

"你看起来很美！"

唔——哦。

我感觉到了什么。一种危险，但同时意味着——只是可能——一切都将朝着好的方向发展。好像我的生活会从此变好，好像我可以被拯救。他穿着朋友的细高跟鞋跳舞，满满的炫耀。他给我拿薯片吃。他说话的声音很轻柔。他是个有趣的灵魂。他帅气、迷人、高大。他开着一辆敞篷车，车里放着菲尔·柯林斯的歌。他喜欢亮闪闪的东西，所以我决定要做他的发光体。我会“赢得”这段感情的。在上一段感情中，我也许只做到了 9 分，但是这次我要做到 10 分。我要做到十全十美。这次不会再出什么差错了吧？

他开始追求我，我接受了。他说他想带我逃离这个地方，我同意了。我心甘情愿、满腔热情地把掌控我幸福的那根缰绳交到他手上。当时我觉得这种想法很棒，很鼓舞人心，绝对行得通。但是，世界上任何一个正派、独立的女性都知道，其实，这有点傻。

第六章　表达你的愤怒

这时画面逐渐变暗，多丽丝·戴（Doris Day）蒙太奇式电影剪辑开始出现。一系列快速转换的镜头讲述着这段感情的故事，每一幅画面慢慢淡出，被下一幅取代。我戴着各式各样的帽子，穿着各式各样的七分运动裤。新认识的高个男友在讲笑话。我头往后仰，放声大笑（男人喜欢女人为他们讲的笑话而大笑，对吧？）。新认识的高个男友拿着花出现在我家门口。我亲吻了他一下，在他脸颊上留下红色的口红印记。我戴着太阳镜，梳着完美的头发，头上系着方巾，坐在一辆复古敞篷车里，那是新认识的高个男友载我一起去公路旅行。车里大声放着菲尔·柯林斯最火的歌曲，我们开着这辆 20 世纪 80 年代的蓝色宝马游遍了欧洲大陆，相当于在地图上画了一个圈。大声放着菲尔·柯林斯的歌。他递给我一张机票，说我们的旅行已经从迷你短途升级为长途，这时的配乐是新潮、躁动的城市音乐。我仰头大笑（因为男人都喜欢这样，不是吗？）。他在香港的海滩上递给我一杯香槟，那天是我们认识一周年的纪念日（一页台历闪过，标记着这重要的一天）。飞机一架接一架地起飞，旋律越来越紧张，是节奏欢快的管弦乐，我们去更多的异国他乡度假。（这些出行都发生在“反抗灭绝”[①]运动和新冠疫情之前，抱歉。）最后，画面定格在其中一次旅行上——我们俩在用吸管吸同一只椰子——但是当镜头向后平移拉远，它变成相框里的一张照片，被挂在一间新公寓的墙壁上。高个男友搂着我的腰，俯下身来亲吻我的脖子：我们要同居了！我为他搬了家，辞了职，在他家附近另找了份工作。我们一起买家具，菲尔·柯林斯的歌再次响起。是不是有点厌烦了（我又提到菲尔·柯林斯了）？

下一幕场景发生在一场婚礼上，在英国温煦的阳光下。这不是我们的婚礼——尽管种种迹象表明，应该也不远了。我们俩正装出席。我做了牙齿美白，染了头发，买了新鞋子。这一次，我一定要闪亮登场，完美亮相。

如果我完美了，他就不会离开我，这就是我的如意算盘。

我的逻辑是，如果我能如愿让他娶我，下一步就可以尽快开始按照医生的指示要孩子了，我太想要个孩子了！这也是我长久以来深思熟虑之后的打算。婚姻对我来说太重要了，妈妈和橙色背包男后来并没有结婚……他离开了。因此我得出的结论是：如果男人真的喜欢你，他会给你戴上婚戒。当然，我竟然轻易忽略了我父母婚姻的事实：他们不也结婚了吗？但是他们有白头偕老吗？不管怎样，在这个不稳

① 反抗灭绝（Extinction Rebellion），近年来席卷西方国家的较激进的气候环保组织，经常采取一些极端抗议活动来呼吁政府采取行动削减排放等。——译者注

定的世界中，婚姻越来越成为稳定的象征——我也想走进这座传说中的围城。

我还没和高个男友说过我这一揽子计划，现在我承认，这对他一点都不公平。但他是个聪明的家伙，他会懂的，我是不是有点自欺欺人？有点像《傲慢与偏见》里的班纳特太太，或者旧时从没听说过女权主义的人，我那时唯一的愿望就是走进婚姻。我故意对我们之间已经存在的隐隐裂痕视而不见，比如一个简单的事实：短短两年，他对我的爱已经烟消云散。

婚礼仪式在按部就班地进行中——我们先是合唱了一曲传统的教堂圣歌《耶路撒冷》（“Jerusalem”），接下来画风一转，是一首激情狂野的《王者之舞》（“Lord of the Dance”）。然后我们都越过草坪，弄掉鞋上沾的带泥土的草，去帐篷里待了一会儿。再然后去吃了点东西，我不记得吃什么了，可能是三文鱼？再再然后是新人发言。

“我只是想说，”新郎结结巴巴地说，紧张得汗流浃背，“我是如此幸运，能遇到这般美好的新娘。她也是我最好的朋友，我已经迫不及待要和她共度余生了。”

听起来很美妙，但这番新人发言我已经听过很多次，耳朵都听起茧了。然后大家开始跳舞，但我的高个男友似乎意兴阑珊。

“你怎么了？”我问。

“我感觉恐怕没戏了。”他说。

“你是说跳舞？”我问他。

“我说的是，我们。”他纠正我。

我的脸开始滚滚发烫，身体却如坠冰海。

又来了！我想：又……开始了！

在过去的3个月里，他还在问我想要什么式样的戒指。他谈到了以后我们的孩子应该去哪里上学。“你甚至还让我留着这份婚礼的流程单，好让我们以后可以参考一下，看在我们自己的婚礼上可以唱些什么歌……”我从手提包里拿出那份流程单，以示证明。

“我想……我那只是想说服自己。”

哦……我的呼吸瞬间停止，羞愧难当。

我们走出帐篷，穿过满是唱着《嘿嚯，一线希望》（“Hi Ho Silver Lining”）的醉酒宾客的舞池，回到我们的卧室吃早餐。已经是前男友的他穿着短裤睡着了。我穿着一件绿色丝绸裙子躺在床上，盯着天花板，呆呆放空了好几个小时，然后爬起来，穿上套头衫，走出房间。外面晨露犹湿，我走在街上，直到最近的一家特易购都会店开始营业，我习惯性地买了1品脱牛奶、1包玛氏巧克力棒和1份报纸。

我喝着牛奶，吃着巧克力，读着一则附近暴发的口蹄疫疫情报道。我在想我会不会也感染上口蹄疫？如果染上了，我会死吗？我竟然还挺期待……如果我真的会死，会多快呢？可不可以就现在？对，就是现在！

那个人伤透了我的心。

我感到胸痛，呼吸困难。芝加哥洛约拉大学（Loyola University）的研究人员称，心碎综合征[1]（broken heart syndrome）通常发生在压力巨大或情绪激动的时期，比如离婚、丧偶、被诊断出大病或经济窘迫，其症状包括胸痛、呼吸困难以及类似于恐慌发作时的那种感觉。对心碎综合征确切的科学解释目前尚不清楚，但通常认为它与肾上腺素和对我们的心脏有害的应激激素的释放有关。研究表明，恋爱分手也会激活产生生理疼痛的大脑区域。爱情，它真的会伤人。它带来的伤痛会慢慢过去（据说是如此。然而怎么12年后听到他已经结婚的消息，我仍然会悲从中来？）。随着时间的推移，疼痛会减轻。但总归是不舒服的。我们这一辈子，每个人至少会心碎一次，然而知道这一点又有什么可安慰的呢？

如果你在想"不，还没发生在我身上呢"，那它只是暂时还没发生。抱歉。

希望这本书能对你有所帮助。

我搬出了和他合租的公寓，搬进了妈妈家的备用房间。那儿离我工作的地方很远——现有的薪水也付不起离我工作很近的地方的房租。于是，我辞职了，每天一边看广告，寻找空缺的职位和合适的房子，一边看电视，百无聊赖。我发现，在我穿好衣服出门之前看的那些电视节目，能很准确地折射出我的悲伤程度。早间《洛林》（*Lorraine*）脱口秀？没问题。换到《今晨》（*This Morning*）访谈？看在过去常看的分上，为什么不呢？电视剧《邻里之间》（*Neighbors*）？电视剧《女作家与谋杀案》（*Murder, She Wrote*）？不错不错，这是我最喜欢的两部剧。我对自己这么说，因为当时确实如此。下午看《邻里之间》的重播，就是为了看看我有没有错过什么剧情。我很烦。

我的脑海里回忆满满，曾经两个人在一起那么快乐，如今却撕心裂肺，痛彻心扉，我感觉我的整个世界都被摧毁了。我不知道是否还能相信自己的记忆、自己的判断，甚至，我自己。我到底是谁？我能感受到那种心痛的感觉在一点点吞噬我——当你意识到某人对你来说重过天，而你在他眼中轻如纸时。

这一次，我没能再重新振作起来，没能再掸掉身上的灰尘，满面微笑，重新出发。这一次，我简直一团糟——“一个成年女人，还回妈妈家住”。妈妈开始像小时候那样管我了，平均每 10 个成年人中只有 1 个回去和父母同住，而我就是那 1/10 吧？一个邻居让我以“违背诺言”的罪名起诉前男友——这还是中世纪的一个古老观念：如果一个绅士悔婚，女孩可以要求某种“因违反契约的索赔”（heart balm）。[2] 这个可爱的邻居固然是好心，却有点误导我，如果在谷歌上搜索一下的话，就会发现最近一次类似案例发生在 1969 年，当时丹麦模特伊娃·哈拉尔斯特德（Eva Haraldsted）起诉足球运动员乔治·贝斯特（George Best）悔婚。而这一普遍的侵权行为显然1970年在英国就被废除了。“那太遗憾了……”好心的邻居叹了口气，摇了摇头。

我知道，从理论上讲，这不是任何人的错。强扭的瓜不甜，你无法勉强别人爱你，也无法勉强自己爱别人。但我还是忍不住愤怒，也许是有生以来第一次。实际上，我崩溃至极，有如跌入地狱深渊。我不知道我的出路在哪里。我该怎么办？我到底是怎么沦落到这一地步的？和许多女性一样，“好女孩从不发怒”是我从来到这个世界就被灌输的一种观念。可是我却经常看到男人们发火，为什么他们就可以免受责备呢？

“通常认为，发怒更适用于男性，所以我们在研究中发现，人们对男性发怒的容忍度要高于女性。”心理学教授纳撒尼尔·赫尔解释道。我们女性最多被允许的就是“情绪不佳”。“女孩和女人被社会要求压抑愤怒——情感上和行为上都是。”他对我说。这就是问题所在：“因为愤怒依旧在那儿，你无法否认它的存在。但是，这种情绪经常被忽视。”

发怒是正常的。愤怒一直都存在——甚至就连耶稣本人也无法免俗。在《约翰福音》第2章第13小节到16小节中，耶稣大发雷霆，把兑换银钱的人赶出圣殿，因为他不喜欢他们在他父亲的房子里交易。然而，同样被认为理所当然的是，女人不应该大发脾气。另一个我上学时记住的《圣经》故事是关于马大和马利亚的，[3]它是一个警诫故事，告诫人们要聆听耶稣的教诲，它的另一层意思则是，如果我们是女性，就不应该发怒。需要我重温一下这个故事吗？这是关于耶稣与他的门徒们外出旅行的时候，马大和马利亚开门招待他们的故事。当马大忙着为他们的到来准备茶点的时候，马利亚只是坐在耶稣的脚边，聆听他的男式说教①。我想，马大

① 这是由“男人”（man）和“解释”（explain）组成的一个新词。它是个贬义词，指男性用过分自信、居高临下的态度对女性讲解某事，而且往往讲得过于简化，甚至错漏百出。——译者注

可能通过一个窗口看到了这一幕，于是有些生气，按照《圣经》上的准确说法是："主啊，我的妹子留下我一个人伺候，你不在意么？请吩咐她来帮助我。"

耶稣回答说："马大，马大，你为许多的事思虑烦扰，但是不可少的只有一件。马利亚已经选择那上好的福分，是不能夺去的。"

所以当马大忙得焦头烂额的时候，马利亚却是得到赞赏的那一个，就因为她在休息的时候听耶稣训导？可真行啊！我们身边都有一个马利亚式的人物吧？（"哦，抱歉，我不能帮忙洗碗了，我在聆听上帝的教诲。"坦白说，我觉得上帝之子在这件事上表现得并不高明。为什么耶稣不能帮忙准备蔬菜沙拉，不能帮忙把热水给烧上呢？为什么他们三个大男人不能一边滔滔不绝一边把薯片放进碗里呢？）不管怎样，这个《圣经》故事传达的信息是明确的：男性的愤怒是可以接受的，女性的愤怒是不太能接受的，所以女性要少发脾气。

著有《如何构建健康大脑》[4]（*How to Build a Healthy Brain*）一书的心理学家金伯莉·威尔逊（Kimberley Wilson）说，控制好我们的愤怒是非常重要的，她将其描述为一种"自尊的情绪"，并解释说："愤怒的能力实际上反映了你对自己的重视水平。"她认为，我们都应该有足够的力量和勇气，知道我们的愤怒是正当的。而愤怒，就像悲伤一样，是有其意义的。

神经学家迪恩·伯内特（Dean Burnett）博士曾经给我

看过一份研究，该研究表明，发怒实际上可以降低皮质醇水平。焦虑和压力会诱发皮质醇的释放，对身体产生不利影响，让压力变得有害，但德国奥斯讷布吕克大学（Universität Osnabrück）的研究人员发现，愤怒会降低皮质醇水平，从而减少压力带来的潜在危害。[5] 愤怒也有助于我们激励自己。在乌得勒支大学（Utrecht University）的一项研究中，研究人员先给其中一些参与者看了愤怒表情照片，另一些则没有，然后给所有参与者展示他们可以赢得的奖品，那些看过愤怒表情照片的参与者会为赢得奖品更加全力以赴。[6] 生气也有助于我们在谈判中表现得更好，研究人员已证实，在一项谈判中，中等程度的愤怒可以令对方做出更大的让步，而毫不生气和高度愤怒的效果都略微逊色。[7] 换句话说，悲伤和适度愤怒，可以让你的目标达成。

北密歇根大学（Northern Michigan University）的哲学教授扎克·科格利（Zac Cogley）对"善良的愤怒"——想想小马丁·路德·金——和"恶毒的愤怒"进行了区分，并认为后者没有任何积极意义。[8] 我们必须承认和接受我们的愤怒，而不是忽略它。但是同时，不要通过暴力行为或发泄来表达愤怒。这些年来，关于愤怒的语言表达对于女性赋权事业并没有任何助益，反而把水搅浑了，让人们忘记了愤怒可能产生的严重后果。多年以来，我们都在潜移默化中接受了这样一个观念：如果没有发泄的渠道，情绪就会像在一个高压锅里一样，不断累积，直到爆发。比如曾经有专家用"情绪的水力理论"来为男性对女性使用暴力辩护，说这是男性沮丧而导致的不可避免的结果。几百年来，在法庭上我们经常听到诸如以下的话语，“这是一起冲动犯罪”“这是她自找的”或者“他只是控制不了自己”。我们有时候甚至会听到这样的说法：卖淫可以起到一个安全阀的作用，防止男性被压抑的欲望爆发，犯下强奸罪行。但其实研究表明，一般而言，购买性服务的男性更有可能偏好冷漠性交（impersonal sex），有着更强的敌视女性的男子气概（hostile masculinity），会自我报告更大可能性的强奸欲望，以及更可能有性侵犯史。[9] 也有证据表明，那种压抑男性性高潮对身体有害的说法并不正确。[10] 除了未使用的精液会堆积在某处（如果你正在边吃早餐边阅读本书，那么抱歉了。尤其如果你正在吃酸奶巴菲的话……），任何被激起性欲而没有达到高潮所产生的不适，都只是会阴周围肌肉紧张的结果。女人如果被激起性欲却没有达到高潮，也会产生同样的结果（这是一个有趣的事实）。生理上液压的释放不是必要的或不可避免的。我们都可以不需要发泄——通过性高潮或打人耳光——来感受事物。愤怒本身就是一种能量。很多男性需要一些帮助来给自己的许多其他情绪贴上标签，这样当他们真正悲伤的时候，就不用用愤怒来表达了，而大多数女性则亟须了解愤怒，因为愤怒是悲伤的一个有益分支。

“女人通常不擅长愤怒，”“眼泪教授”艾德·温格霍茨表示赞同，“尤其在冲突发生的时候。”我记得他告诉过我，研究显示，女性在沮丧和冲突的时候，更有可能哭泣，因为我们感到很无力，难以去表达自己的愤怒。这一理论得到了赫尔在美国所做的研究的证实，他告诉我：“许多女性说，当她们得不到想要的东西时，她们只是感觉沮丧，而不是愤怒。”

遗憾的是，事实确实如此。一天早上，我读了好几例全球不公正事件，然后听到了一则广播，是关于女性刻板印象的，说女孩在学校不愿意当众发言和参与活动。这样的故事通常会让我感到沮丧和难过。但实际上，我不是应该愤怒吗？奥德丽·洛德（Audre Lorde）曾自称为黑人、女同性恋、母亲、斗士和诗人，她在《愤怒的功用》（*The Uses of Anger*）一书中写道：“每个女性都有一个储备充足的愤怒军火库，而这对我们承受的那些压迫——无论是来自个人的还是制度的，而这些压迫也是愤怒形成的原因——都有潜在的帮助。精准地专注于愤怒，它就可以成为一个强大的能量源泉，助力社会进步和变革。”[11]

从罗莎·帕克斯（Rosa Parks）到格洛丽亚·斯泰纳姆（Gloria Steinem）和安德里亚·德沃金（Andrea Dworkin），以及其他曾奋战在废奴运动、选举权运动、劳工运动、民权运动和女权运动中的女同胞们身上可见，当女性表达愤怒时，我们就可以改变世界。赫尔认为，我们需要鼓励未来的女性尽早表达自己的愤怒：“我们要教她们坚定自己的主张，并且身体力行地告诉她们，只有当她们自己去争取想要的东西时，才更有可能得偿所愿。”

当然，长久以来，我们许多女性已经习惯于隐忍我们的愤怒，要扭转这个根深蒂固的观念需要付出相当大的努力。

对女性的愤怒，还有一种文化偏见：这不是“好女孩”应该做的。而如果你是黑人女性，那么这种偏见会更加强烈。

我和记者约米·阿德戈克交谈过（她曾经写文章讨论过关于“愤怒的黑人女性”这个话题），她告诉我，尽管她自己在表达愤怒的时候毫无障碍，但从文化角度而言，表达愤怒对很多黑人女性来说是“非常有障碍的”。“就其本身而言，黑人女性和其他任何人一样有权利愤怒，”她说，“但是我们仍然生活在一个存在种族主义和性别歧视的社会中。黑人女性无法像白人男性那样自由、直率地表达她们的愤怒。”至少，他们不会被贴上“愤怒的白人男性”的标签。这确实是个问题，因为情绪是生活中自然而然的一部分。在她的《玩转主场：黑人女孩圣经》[12]（*Slay In Your Lane: The Black Girl Bible*）一书中，她引用了美国妇女政策研究中心（US Center for Women Policy Studies）的数据，透露21%的有色人种女性在工作中不能自由地做自己。期望任何人都可以隔绝愤怒和压抑愤怒不仅不切实际，而且会产生破坏性影响。在这本书中，黑人英国商业奖联合创始人之一的梅兰妮·尤塞贝（Melanie Eusebe）将愤怒描述为“一种富有激情的驱动力……一种美丽、健康的情绪，它提醒我们：‘注意！我们的界限被跨越了！’”她鼓励女性承认并认可自己的愤怒，并且大声号召：“不要放弃表达你的愤怒，因为有些事情就是女性应该为之愤怒的！”

有太多黑人女性（黑人男性也同样）应该为之愤怒的事了。仅在2020年，美国就发生过多起黑人被随意杀害的事件。46 岁的美国黑人男性乔治·弗洛伊德（George Floyd），被一个白人警察用膝盖抵着脖子长达 8 分 46 秒，最后窒息而死。弗洛伊德曾经对警方说过 20 多次他已经无法呼吸了。艾哈迈德·阿伯里（Ahmaud Arbery），一名 25 岁的非裔美国男性，在慢跑的时候被两个白人开着卡车追着枪杀而死。26 岁的非裔美国女性布伦娜·泰勒（Breonna Taylor）在自己家床上在睡梦中被警察误杀身亡。

“我只是为我的孩子们担心，就像我的祖母为她的孩子们担心一样。”杰德·沙利文说，她是深度参与“黑人的命也是命”运动的活动家、作家和企业家。“情况并没有任何好转。需要改变的事情太多了！在这个（英国）国家，我们甚至没有在学校里正确地教授黑人历史——这个国家是在黑人的背上发展起来的，可是我们从历史书上消失了。”我写这本书的时候，在英国学校，黑人历史依旧不是必修课（这要“谢谢”迈克尔·戈夫①）。这意味着，在学校讲授的官方版本的英国历史中，黑人几乎完全缺席了。《卫报》刊载的数据显示，尽管学校也可以教授黑人历史，但少之又少，只有 1/10 的学生能学到关于黑人的历史，而且只有一个单元，其学习重点还是整个国家。[13] 我在 20 世纪 80 年代和 90 年代上学的时候，没有学到任何关于黑人历史的知识。从小长在一个以白人为主的社区里，我一直模糊地以为种族主义只是发生在美国的事情，而不是在英国。对此，我真的是无知至极。

---

① 迈克尔·戈夫（Michael Gove），2007 年 7 月至 2014 年 7 月，任英国教育大臣，2022 年 10 月开始任英国地方发展、社区及住房大臣。

“英国一直都有黑人，”沙利文说，“早在1万多年前，切达人①（Cheddar）被认为是第一个现代英国人，有着全黑的皮肤、棕色的头发和蓝色的眼睛。”[只要看一看“象牙手镯女士”②，读一读大卫·奥卢索加（David Olusoga）的著作《黑人与英国人：被遗忘的历史》[14]（*Black and British: A Forgotten History*），就可以略知一二了。] 16世纪，英国就已经有黑人社区了，还有一些黑人先驱者、发明家和偶像名人，像奥拉达·艾奎亚诺（Olaudah Equiano）、伊格内修斯·桑丘（Ignatius Sancho）、玛丽·普林斯（Mary Prince）等。“孩子们并不了解黑人在历史上做出的贡献，唯一被提及的就是奴隶制。我们倒是有黑人历史月③。但是黑人的历史其实就是世界的历史，”沙利文说，“比如说，你知道发明红绿黄三色交通灯的人是黑人吗？”我承认，即使是现在，我也不知道[这个人是加勒特·摩根（Garrett Morgan）]。还有很多黑人发明家，我之前也孤陋寡闻，比如弗雷德里克·麦金利·琼斯（Frederick McKinley Jones）发明了冷藏货车，刘易斯·拉蒂默

---

① 1903年，在英国的切达峡谷发现了一具男性人类化石，这是在英国发现的最古老的完整人类骨骼，可以追溯到公元前7100年的中石器时代，该骨骼化石目前由英国自然历史博物馆保存。——译者注

② 象牙手镯女士（Ivory Bangle Lady）是1901年在英国约克郡发现的一具骨架，她是一位地位很高的成年女性，与她的骨架一起发现的还有手镯、吊坠、耳环、珠子、一个玻璃壶和一面镜子。

③ 黑人历史月（Black History Month）的前身由历史学家卡特·伍德森和其他一些杰出黑人于1915年共同发起。自1976年以来，历届美国总统都将每年的2月指定为“黑人历史月”，庆祝美国黑人克服种种困难所取得的成就。后来加拿大、英国也效仿美国指定1个月开展类似的庆祝活动。英国的“黑人历史月”是每年10月。

（Lewis Latimer）发明了碳灯泡灯丝，查尔斯·德鲁（Charles Drew）发明了血库车。我告诫自己：还有许多历史上更加杰出的黑人人物值得我们铭记，他们的名字从未被大多数学校写入教学大纲。“如果你想了解更多黑人历史，去看看简·艾略特（Jane Elliott）所做的那些事吧！”沙利文说。她是一位美国白人反种族主义教育者，从1968年开始，她一直试图唤醒世人在种族主义方面的无知，她在小学三年级学生中进行了“蓝眼睛/棕眼睛”实验，教他们关于种族歧视和偏见的知识。50多年后的今天，我们依旧知之甚少的一些现象仍然每天都在发生，比如种族偏见、种族形象定性[①]和轻度冒犯[②]。

沙利文告诉我，在过去一周，她和家人就有两次被种族歧视的经历。一次是在一家很受欢迎的女装店里，那里的保安一直盯着她，似乎觉得她有偷东西的意图。一次是她丈夫被警察下令在路边停车和接受讯问。“他在皮姆利科区被警察跟踪，警察说他‘看起来迷路了’，但实际上他刚从邮局出来，正在回家的路上。他们甚至询问了我家这边的环卫工人，以确认他确实住在这儿。”她告诉我，然后补充说，“确实，那天他穿了黑色运动鞋和黑色连帽衫——”

“难道这也不允许吗？”我忍不住天真地问。

“按理说应该是允许的啊！”沙利文回答说，“但是这种

---

① 种族形象定性（racial profiling），指警察等基于肤色或种族而不是证据怀疑人犯罪。——译者注

② 指对少数族裔等边缘群体的间接、细微或无意的歧视或偏见。——译者注

事在我们是身上太常发生了！”

沙利文的丈夫今年43岁，是3个孩子的全职父亲。这件事令我非常震惊——但是也许我不应该这样。

在我们谈话的第二天，英国《时尚》（*Vogue*）杂志主编爱德华·艾宁弗（Edward Enninful）在进入他的工作场所时，被一名保安种族歧视，保安对他说：“去卸货区停车吧。”拥有一百万粉丝的他在Instagram上发了一个帖子，写道：“这件事证明，有时候你在人生中取得了什么成就并不重要，有些人评价你的首要标准，依旧是你的肤色。”

“持续的痛苦和悲伤、创伤、创伤后应激障碍，以及世界范围内的种族主义创伤，所有这些都是无法衡量的，”沙利文说，“所以当然会有愤怒。但重要的是，要有尖锐的对话——我们在愤怒的时候就要勇于表达出来。”

我们应该愤怒。

这世上值得愤怒的事情还少吗？

我们都应该被允许表达愤怒——我们不应该为之内疚，或者把这种情绪误认为沮丧或悲伤，我们应该感受它。而且，也许，要处理它。这种情绪可能并不美好，并不令人愉悦，当然也不令人舒适，但它是很重要的。正如心理治疗师朱莉娅·塞缪尔所说：“压抑愤怒可能会导致抑郁，所以最好是让它释放出来。”塞缪尔是一个跆拳道爱好者（“我喜欢它！”），因此她建议，当我们感到愤怒的时候可以去锻炼一下，“愤怒的时候，你会处于战斗或逃跑状态，而诸如跑步或骑自行车之类的运动，可以提高你的心率，缓解你的恐惧感，降低你的压力水平，并释放多巴胺。”她还建议大家放声大笑。当你感到有点沮丧和愤怒的时候，这么做可能有点难。“但是它非常有助于平复你的心情。”塞缪尔坚持说道。心理学家兼教练奥黛丽·唐（Audrey Tang）博士建议我们去体会各种情绪，并试着找出我们身体的哪个部位可以感知到它们。“这是为了让大家与自己的各种情绪和平共处——无论是积极的还是消极的——这样他们才可以学会如何更好地接受它们。所以我可能会让你回想让你感到愤怒的那个时间点，去生动地描述它，然后问自己：‘我是在身体的哪个部位感受到这种情绪的？’”一旦我们知道自己的感觉在哪里，就会开始承认它，意识到它的存在，从而去接受它。并且希望可以跨越它，继续前进。

2008 年的时候，我还对这些一无所知呢！但是我自己想通了一些，在沙发上躺了几个星期后，我几近——原谅我使用这么夸张的词——抓狂。我想，关键还是得行动起来，于是我开始海投简历，得到了几个面试机会。然而我总是在面试的时候忍不住哭起来，最后自然无一通过。

失业一点都不好玩。

失业、情绪低落和心理健康问题之间存在关联：失业人群的抑郁风险更高。其中的因果链条目前尚不明确——有可能是失业导致心理健康状况不佳，也有可能是心理健康状况不佳使人难以继续工作。

葡萄牙的一项研究发现，因失业而导致的抑郁往往对男性的影响更严重，这可能是因为男性一直以来被期待要养家糊口。[15] 但是女性也未能幸免。年轻人虽然也许没有抵押贷款和养家糊口的压力，但仍然会因为失业而降低对自我价值的认可。美国研究人员发现，在 18 岁到 25 岁的人群中，失业和抑郁之间的关联非常紧密，因此他们在《慢性病的预防》（*Preventing Chronic Disease*）杂志上将失业描述为“关乎公众健康的头等大事”。[16]

我们失业的时间越长，就越有可能出现心理健康状况不佳的迹象。一项 2013 年的盖洛普民意调查发现，失业 1 年的美国人被确诊为抑郁症的比例是失业 5 周（或以下）人群的 2 倍。[17] 盖洛普的调查显示，伴随长期失业而来的绝望可能不仅会降低我们的生活质量，还会影响我们寻找自己中意的工作的能力。研究人员发现，长期失业人群的乐观情绪会显著下降，而这会影响求职者的积极性，并增加他们永远退出就业大军的风险。

瑞典 2019 年的一项研究证实，失业会使我们痛苦，并导致与健康相关的生活质量下降 10%。[18] 在瑞典这个居民幸福指数很高、国家对大多数失业人口安排了各种福利的国家都尚且如此，灰头土脸的伦敦郊区就更不用说了！

我感到绝望，感到害怕。我在想，我到底是怎么了。我非常非常难过。但我还是没有让这些不开心停留太久，也没有去感受这些情绪（“我被甩了！我失业了！我没有家了！这些难道还不足以让我难过吗？”），而是再次进入了忙碌模式。在咖啡和恐惧的双重刺激下，我像廉价的烟花一样“砰”的一声爆发了。为了不让自己停下来想太多，我开始参加闪电约会。

我这里说的闪电约会，不是指那种正式的、有组织的活动，而是指快速和尽可能多的人约会。在这个疯狂的时期，我 90 天里赴了 100 次约会。如何？我看到你脸上的震惊加好奇了。好吧！事实证明，当你失业了，孤家寡人一个，也不再看杰西卡·弗莱彻（Jessica Fletcher）的《女作家与谋杀案》了，你会有很多清闲时间。一般来说，我一周会有几天要乘非高峰时段的列车去伦敦参加工作面试。面试之余，我会在喝早间咖啡的时候约会一次，午餐的时候约会一次，下班后再和人约着喝一杯。但我永远不会和约会对象一起吃晚饭，因为那太正式、太亲密了，也会承受太多期望，而且很费钱（我尽量要求 AA 制）。我平均一周从周一到周五约会 9 次。我会把周末时间留给家人和朋友。果不其然！经过了记者这份工作的专业训练，我在 1 个小时内能了解一个人非常多的信息。虽然我意识到，对于毫无戒心的“面试者”来说，这不会是特别令人愉悦的一件事情，但是这种策略貌似增强了我那已然跌入谷底的自尊，让我过得充实了一些，而且——有争议的是——我玩上了约会都会玩的数字游戏。对很多约会对象，我并没有进一步交往的打算，但是我会问他们五花八门的问题：从他们对死刑的看法到对刑罚改革的看法；从他们认为菲尔·柯林斯怎么样，到最喜欢《邻里之间》中的哪一个角色（那绝对是拥有最强大脑的简），再到对最新布克奖入围名单的看法。就像我说的，我觉得约会很有趣。因此，只要一有闲暇时间，我就出去约会。出去！出去！

在那段肆无忌惮的日子里，我以一种前所未有的方式放飞自我。最极端的是，有一次在迈阿密的采访旅行中，我狂欢了一天一夜。那次有点不同寻常，我的工作任务除了报道之外，还有拍照。摄影不是我的强项，但是那时经济衰退，我没有资格拒绝这样的工作邀约，所以我借了一台朋友的高级相机，匆匆熟悉了一下就出发了，感觉自己就像那个可怜的知名女摄影师安妮·莱博维茨（Annie Leibovitz）。记者的收入不高，但是他们偶尔可以因为工作原因，去一些他们永远都去不起的高大上的地方。那次采访旅行我们住的地方就是这样。我们住在詹姆斯·邦德在电影《金手指》（*Goldfinger*）中经常出没的酒店，一天到晚喝着鸡尾酒。除了时差和心情问题之外，我也不习惯这种生活方式。我穿着高跟鞋和短裤，“咔嗒咔嗒”地走来走去（现在是21世纪，这么穿没什么问题了）。我努力不让自己摔倒，对着任何我认为我的编辑可能会喜欢的画面果断地按相机快门。到詹姆斯·邦德晒太阳的地方，按快门！到金手指打牌的地方，按快门！到电影里那个可怜的女人被致命的金属涂料掩埋的地方（令人震惊），按快门！我看到一些人投来奇怪的眼神，但我认为这可能是因为他们不习惯记者拍照吧。

也许他们被我吓到了吧：一个既能拍照又能穿着高跟鞋（几乎）如履平地的记者！

然而，后来的事实证明并非如此。

后来我在飞机上发现真相的时候，强忍着让自己不要呕吐，那可怕的宿醉——别人一直盯着我，原来是因为我

"拍"了数百张照片……而相机镜头盖没有打开!!采访已经结束了，我却拿不出一张照片！我可真是个白痴！我感觉浑身发热，脑袋后来转过弯来，我拿起充气旅行枕，去了飞机尾部的狭小卫生间，在那里大声尖叫，发泄我的愤怒。整整10分钟。虽然不完全像电影《城市英雄》(*Falling Down*)中的迈克尔·道格拉斯，但那是我到那时为止最愤怒的一次表达了。之后，我感觉好多了。

我开始不那么患得患失了。我的心越大，事情就越顺利。我得到了更多的工作邀约。朋友们也开始约我一起出去玩，我已经很久没和他们一起玩了，因为显然他们对我的那个高个男友和菲尔·柯林斯都兴趣寡淡(谁知道呢?)。我开始喜欢穿舒适柔软的衣服——在一个并不舒适柔软的世界里。我减少了约会计划——老实说确实令人疲惫，并决心以后也许再也不见任何约会对象了，就做一个穿着运动裤的世俗修女吧！但是，我的日程本上还有一次约会要赴，对方是我在一个约会网站上认识的，而我在那个网站上的账号是我的朋友托尼非常热心地帮我注册的……(谢谢你，托尼！谢谢，我的单身朋友)。[19] 第100次的约会对象叫"T"，是一个金发的约克郡男人，戴着黑色方框眼镜，食指有点缺失，是参加童子军[①]的时候一次意外事件的结果(上帝保佑，20世纪80年代的健康和安全……)。我喜欢他。我跟他很有共同

---

① 童子军(Scout)即童军活动，是一个国际性的、按照特定方法进行的青少年社会性运动，其目的是通过向青少年提供生理、心理和精神上的支持，以培养出健全的公民，将来为社会做贡献。

语言，和他在一起的时候，我不需要做其他任何人，只需做自己就好。我觉得坦诚是最好的原则，于是告诉T：我真的很想要孩子；我不知道自己是否能拥有孩子；之前我被人耍过，因此现在只接受认真对待恋爱与婚姻的人成为我将来的另一半。他花了一点时间才从这令人震惊的一番话中回过神来，他试着让自己的脸色显得平静一些，然后点了点头说："我知道了。"我们都希望还有下次见面的机会，于是又见了一次。

我仔细审视了这段新感情，觉得似乎还可以。

一年以后，T和我一起用薄泥浆修补了厨房的瓷砖（那次我妈妈见了他，说："这个人靠谱！"）。

又过了一年，我们尝试要个孩子。

这可能需要一些时间。

第二部分

PART TWO

言　悲

第七章　摆脱你的羞耻感

躺在检查台上，腰部以下赤裸，双腿套在脚蹬里，我从未感到如此脆弱。在过去的两年，我每周都有几个上午要摆出这种姿势，但是我一点都没有习惯。这不足为奇——社会习俗告诉我，不能把自己的私密部位暴露给陌生人看。我感到无比尴尬和难堪——既因为这种羞愧的处境，也因为让我不得不来到这里的那些不堪回首的荒唐过往。

“对不起。”我对一名医生说，这时她正拿着一根包着安全套的检查棒，在我的两腿之间操作，然后告诉我她找不到任何卵泡。

“还是没有！”她啧啧嘴。似乎又白忙了一场。

“你这个月还是没有怀孕，”她毫无必要地补充了一句，“也许是你太紧张了。”

“对不起，”我对老板说，因为我在医院看病超时，上班又迟到了。我最终还是找到了一份工作，这对我来说至关重要。之前赶上了最严重的经济衰退时期，其间我还因产假合约停工，因此只能做了一段时间的自由撰稿人。在艰难度过这段辛苦难熬的日子之后，我被任命为《嘉人》

（*Marie Claire*）时尚网站的编辑。这个职位很重要、很光鲜，我可不想搞砸。但是那时我为了治病服用了大量激素，我隐隐怀疑我会把这份工作也给搞砸了。我也感觉很难堪，为我的身体没有像期望的那样怀孕而羞愧，为“怀孕失败”这个说法而痛苦万分。我接受了治疗，但是身体依旧没有起色。

我没有告诉同事们发生了什么，但当朋友们问我为什么不再喝酒了时（“那个‘有趣的海伦’怎么不见了？”），我会试着和他们聊聊这件事。我解释说，我正在服用氯米芬——一种刺激排卵的药物，吃这种药会让我觉得恶心。刺激卵泡的激素会导致呕吐、腹泻、腹胀、骨盆疼痛和痤疮。我家里的冰箱里装满了小瓶药水和预先装好药水的皮下注射针。我随身带着一个装满药品的漂亮小包，以防我在路上需要注射药物。我在各种场所给自己注射：机场卫生间、火车站、办公室，还有一次是在伦敦时装周的后台。

“对不起。”我对T说，当时他已经是我的丈夫了。那时他正帮我往臀部注射能够促进卵泡成熟的人绒毛膜促性腺激素（HCG），以刺激卵子的排放——因为我自己的手抖得厉害，并且由于出汗变得湿滑。[1] 他抚摸着下巴上的胡茬——他一焦虑就会这样——然后卷起袖子，就像詹姆斯·赫里奥特①要给奶牛接生一样。“这是你想象中的幸福婚姻吗？”我

① 詹姆斯·赫里奥特（James Herriot）是詹姆斯·阿尔弗雷德·怀特（James Alfred Wight）的半自传小说及其同名电视剧《万物生灵》（*All Creatures Great and Small*）中男主（一个兽医）的名字，也是该剧原书作者的笔名。

问他。

“不是。”他承认，一边把针扎了进去。

我们身边的人都陆续怀孕了，有些特别迅速。我越来越常听到“蜜月宝宝”这个词了。“恭喜你！”我微笑着送上祝福，却转头暗自哭泣。我很感激那些发短信或邮件通知我他们喜得贵子的人，这样可以让我在见到他们本人之前平复一下自己的情绪。这样，我就可以竭尽全力对他们表现得满心欢喜了。当然，我由衷为他们高兴，只是我希望自己也能有这样的喜讯。

当朋友们谈论 GAP 的哪款童鞋最好，或者如何做儿童彩虹蛋糕的时候，我只能一心关注我的内裤上是否持续有蛋清状分泌物——这是所有尝试怀孕的夫妻们都期待看到的结果，因为这是排卵的良好迹象。上班时，有时会有一条群发的电子邮件过来，说我们办公室的人要一起送礼物给那些本周开始休产假的人，比如慰问卡和克什米尔山羊绒婴儿毛毯。每当这个时候，我都会把椅子往后一推，掐一掐手掌，提醒自己不要哭出来，同时往嘴里塞一块玛莎百货的小零食——这样就有理由不用开口说话了。我越来越擅长痛苦进食了。大家和准妈妈一一拥抱告别的时候，我会争着排在队伍的最前面——这样我就可以尽早了断当时的煎熬。然后，我会跑去三楼卫生间最边上的那个隔间，眼泪下一秒就滚滚而下。吃那些人工激素让我的肚子鼓起来了——所以有时候我看起来像怀孕了 6 个月的样子。但，我并没有。

根据英国国家医疗服务体系的数据，1/7 的英国夫妇受孕困难。我不是个例。但是一想到我可能永远没有机会抱自己的孩子，我还是会打心底里难过。

关于不孕不育对心理健康的影响的研究表明，反复尝试怀孕却又反复失败，对夫妻双方都会造成伤害。密德萨斯大学（Middlesex University）和英国生育网络（Fertility Network UK）的研究表明，90% 的怀孕困难受访者有抑郁情绪，42% 的受访者有自杀倾向。超过 2/3 的受访者表示，不孕不育对夫妻关系有不利影响，15% 的受访者承认，由于生育问题，他们的夫妻关系已经破裂或者变得紧张。哦，在受访者中还有一半的女性和 15% 的男性表示，不孕不育是让他们今生今世感到最困扰的经历。[2]

今生今世。

记者比比·林奇（Bibi Lynch）曾经公开谈论过没有孩子的痛苦，她说："我看着我的爸爸去世，我的妈妈去世，然后是叔叔去世；我也经历过暴力和酗酒——但是不能有孩子，毫无疑问是我人生中最糟糕的事，没有之一。"我第一次在《卫报》上读到林奇谈论她因为没有孩子而悲伤，是在医院的候诊室里，然后我进去就诊的时候，就听医生解释为什么我在这一轮的治疗中还是没有起色。那天发生的其他事我基本忘得一干二净了，但是林奇说的那些话，我依然记得无比清晰。林奇很有勇气，坦陈了她是如何加入非自愿无子女（childfree not by choice，CFNBC）这个群体的，所以我在写本章的时候，很想和她聊一聊。

"我一直想要的，不过是一段圆满的人生——嫁人生子，”她告诉我，“但是我的希望无一成真。他们称之为‘社会不孕症’（social infertility）。”作为家里 7 个兄弟姐妹中的老大，她一直以为她会有一个自己的家庭，以为她会理所当然地成为一名母亲。但是并没有。

她说：“我被那些关于高龄产妇诞下‘奇迹婴儿’的报道给欺骗了，误以为自己还有大把的时间可以怀孕，比如某某好莱坞一线明星 48 岁时才生孩子。所以我想，我也可以做到！”后来林奇的父亲去世了。她说：“悲伤会让你想到生老病死这个生命循环，我真的想了很多。”她决定试着自己生一个孩子，但是那时她已经 42 岁了。“我年纪太大了，英国国家医疗服务体系无法帮助我进行试管授精（in vitro fertilization，IVF），所以我购买了精子，支付了卵泡定期检查——检查排卵，以及做扫描检查和验血——的费用。这些花了几千英镑。”她说。要完成试管授精的最后阶段，即卵泡植入（follicle implantation），需要再花 3000 英镑。“但是那时正好 2008 年经济大衰退来了。我的公寓卖掉了，我的钱不够了，真的很……糟糕。”

她描述的这些悲伤是毁灭性的。“然而更糟糕的是，在我们的社会，你不被允许为你从未有过的孩子和你从未有过的那种未来悲伤，”她说，“这不会被接受。所以就连你的悲伤都不是名正言顺的。”林奇不确定这是为什么（“我不明白为什么一个人的悲伤会对其他人造成困扰”），但是她说，这确实会让人们感到不适。当然她也不希望看到这一点。

“所以当你对孩子求而不得的时候，那种悲伤是痛彻心扉的。而且还有一种悲伤，就是社会告诉你，父母之爱是生而为人的理由，但是你却无法拥有这种爱……然后你就必须找到自己存在的价值。否则，你的角色又是什么呢？当我到了70岁，没有自己的孩子，那我在社会上的位置又在哪里呢？我觉得我们不应该因此而被评头论足。”然而她补充说，“但是我们会。”人们常对没有孩子的夫妻说的那些话，无一不让人痛苦。

呃……没错。

“你为什么不领养一个呢？”“你考虑过代孕吗？”或者“放松一点！”，这些是我在这段时间里得到的几个典型建议。对此，我通常恭恭敬敬地一一答复：“不，因为什么什么原因。”“不，你看，有什么什么原因。”“天哪！哦，好主意。我自己怎么没想到！”我也知道大家都是善意的，但是那些故事并没有让我感觉好点，也不能让我怀孕——比如在月光下吃着西瓜、面朝西方就能怀上神奇婴儿。

“他们会告诉我：‘帮我带一个周末孩子，你就会对养孩子这件事彻底失去兴趣！’”林奇说。“曾有人坚持说，因为他有孩子，他比我累多了，”她说，“我叔叔病危的那段时间，我极度抑郁的时候，我再也没有家人了的时候，我深夜难以入睡的时候，我在想：你们能体会我的万念俱灰吗？”林奇告诉我，在一次葬礼上曾有人问她：“结婚了吗？没有？有孩子吗？没有？哦，好吧！不是每个人都有的……”真是扎心的一击！

别人说这些的时候，她是怎么回应的呢？

"要么我被激怒了，翻翻白眼。要么我会说点什么，那么我这一天就被毁了，因为我'说了点什么'。我必须在忍受悲伤的同时捍卫自己悲伤的权利。但当我这么做的时候，别人会指责我，然后我就只能道歉！"

对孩子求而不得，是一件令人极其痛苦的事情，非常难以接受。林奇现在54岁，2年前停止了继续为她所购买的冷冻精子支付保管费。"这是毁灭性的打击，"她说，"但是我正在努力克服它。"这里她说的"它"指的是悲伤。"生活里也许还有其他东西，"她说，"那是不一样的，但是可能一样有价值，一样有意义。我对生活变得越来越有热情了，我不再会因为我的悲伤而去道歉了。"

任何想要孩子却无法有孩子的人都可能会经历痛彻心扉的悲伤。我和理查德·克洛西尔（Richard Clothier）谈过，他本人无法生育，现在正在为打破因不孕不育带来的羞耻感而大声疾呼。他告诉我："我妻子和我结婚比威廉王子和凯特·米德尔顿（Kate Middleton）晚一天，因此我们开玩笑说，比赛开始了！看我们哪对先怀孕。"但两年以后，什么都没有发生。"我们的医生说我的精子生长速度有点慢，但是只要继续努力，我们可以在圣诞节之前怀孕。"结果，12月如期而至，孩子却没有到来。"最终，我们去看了一个代班医生，他告诉我们：'很抱歉，但是以目前的精子数量来看，你们是没有可能自然怀孕的。'"这个消息无疑让人震惊。克洛西尔开始去了解这个诊断结果意味着什么，发现他自己并不是个例。根据2017年的统计数据，当前男性不育呈上升趋势，在过去的40年中，西方国家男性的精子数量减少了50%。[3] 关于男性不育的研究相对较少，但已有的研究结果表明，这通常被认为是男子气概的缺失——这无疑会让男性感到羞耻，并给他们带来一种孤立无助又痛苦的感觉。[4]“当时我真有种负罪感，”克洛西尔说，“因为无法生育的原因是在我这一方，我能看出没有孩子这个事对我妻子的影响有多大。”他和妻子开始尝试试管婴儿，但第一轮治疗没有奏效（“我们是在母亲节那天发现的”）。他向一位朋友吐露了这个事情，但是不久之后，他朋友的妻子怀孕了。“当我祝贺他的时候，他耸耸肩说：‘很高兴，现在知道我身体功能完全正常了。’”绝对的扎心一击。从那之后，克洛西尔关上了他的心门：“我的悲伤无人可倾诉。我还得安慰妻子，因此我自己的难过情绪就只能默默埋葬于心了。”

那他何以避难呢？待在汽车里。

“去上班的路上有一段路，我经常在那里舔舐我的悲伤。在那段难熬的时期，我真的很难过，会号啕大哭，那时我无法在家里或工作时表达我的悲伤，朋友面前也不行，哪儿哪儿都不行。我记得有一次在雪地里开车，一转方向盘，汽车就打滑。我觉得承认悲伤有点像承认打滑，相当于承认眼前发生的事实。”我喜欢这个把悲伤比作一辆打滑的汽车的比喻。开车的人应该把方向盘转向打滑的方向，因为刹车的话，会锁住车轮，反而让汽车滑得更远（驾驶教练凯文并没有教会我这一点，2000年的冬天却让我领教到了）。就像阻止打滑一样，为了摆脱沮丧，我们必须接受木已成舟的事实，转向那些让我们心生恐惧的事情，去直面惨淡的人生，而不是逃避它、远离它。这么做虽然是违反直觉的，却是必要的。这种态度对克洛西尔很有帮助。在第一轮试管授精失败之后，他所在的当地国家医疗服务体系委员会修改了每对夫妇可以尝试试管婴儿的周期规则，这意味着他和妻子只能通过非官方渠道私下尝试了——花费相当之高昂。

这对夫妇攒了钱，准备做第二轮试管授精，他们计划："如果这次还是不行，我们就只能搬家了。我们住在一个小镇上，如果我们周围人都陆续开始有孩子了，我们会相当难过的。我想我们会重新规划一下人生，和其他同病相怜的夫妇们抱团取暖。这样至少我们知道，我们是在一个安全的群体中。我们周围人不会有谁突然就有了惊喜，有谁突然来了好消息。"这些消息听起来太让人痛苦了，令人难以承受。"我有时候需要把这些情绪吐露在纸上，"他告诉我，"如果情绪一直很低落、糟糕的话，我就会想写点什么。"

最后，他也意识到，他不应该为自己的悲伤感到羞耻或内疚，也不必为之道歉。从此，他不再掩饰悲伤，而选择将之公之于众。"那时我已经受够了——那些治疗、邮编幸运医疗[①]、当地试管授精医疗资金的缩减等。我想，为什么大家不谈论这个事了？所以，我写信给媒体、本区的议员和与这个问题相关的每一个人。"他料到这段疯狂写信的时期能让他得到某种程度的释放。"但我没料到的是，大家对这个事

① 在英国，患者能得到的医保程度或方式取决于所居住的地区，这说明医疗服务的地域差异很大。——译者注

很关注。”克洛西尔被邀请在电视和广播上接受采访——他把这段经历描述为一种情绪上的宣泄和净化。“一个朋友在BBC的广播节目里听到我的故事，给我发短信说：‘我不知道你原来经历了这么多。如果你想去爬山，想去大声叫喊，那我陪你一起去。’我很开心。因为确实，不育症让我手足无措，感觉就像痛失了亲人一样。”

安妮·钱（Anne Chien），不孕不育咨询师，也是英国不孕不育咨询协会（British Infertility Counselling Association）的主席，认为克洛西尔的这些经历非常普遍，这个事实令人不安：“众所周知，接受生育治疗的人群会经历很高程度的精神困扰，从而影响他们与伴侣、家人和朋友的关系。”她主张，心理咨询应该成为生育治疗的一部分。但是，说来容易做来难，很多患者难以获得专业的心理治疗。相反，非自愿无子女人群得到的建议往往来自业余人士——除非他们主动寻求专业人士的帮助，或者其他什么情况。

我感觉自己在吃力地负重前行，一种莫名其妙的羞耻感沉重地压在我的肩上，我就像背着一个非常不舒服的背包，设计很拙劣，一点都不符合人体工程学，也一点都不漂亮。这个背包的牌子是“羞耻”。在写本章的时候，我回顾自省，花了几周的时间深入探究羞耻这个事。我了解到，羞耻虽然令人不快，却也有其作用——至少从进化演变的角度来看。就像所有的负面情绪一样，羞耻自有其意义。在所谓的社会自我保护理论（Social Self Preservation Theory）中，那些威胁到我们的社会价值或社会地位的情况——比如不得不把自己身体的私密部位给陌生人看，或者社会认为我们应该生孩子我们却无法生育——不仅会降低我们的社会价值，而且会降低我们的自尊水平，增加我们的皮质醇水平。[5] 换句话说，它会引发羞耻感。当关于我们的负面消息被别人知道的时候，“社会贬值”（social devaluation）就会发生在我们身上，而羞耻可以帮助我们抵御这个影响。它是通过阻止可能导致社会贬值的行为来做到这一点的，[6] 它可以帮助我们表现得更加得体，比如不要向陌生人展示我们的私密部位。所以当我赤裸着下半身，双腿套在脚蹬里的时候会感到羞耻，因为社会已经给我灌输了不要这么做的重要性。不幸的是，我不得不这么做，因为我正在尝试要一个孩子（社会和我都想要）。困惑吗？我也是（都怪那些治不孕症的药）。不幸的是，这种天然的羞愧冲动可能会使我们很多人思想负担过重。

卡尔·荣格（Carl Jung），瑞士精神病学家、精神分析学家、分析心理学的创始人，称羞耻是一种“吞噬灵魂的情绪”，而内疚源于一种“我做了坏事”的感觉，因此羞耻与“我很糟糕”的感觉有关。羞耻使我们认为自己是有缺陷的或者毫无价值的——正如我们在第三章中发现的那样，羞耻与上瘾和进食障碍有着密切的关联。羞耻与抑郁、暴力、攻击、欺凌和自杀之间也有着高度的关联性。[7] 羞耻感影响着我们所有人，但它进入我们的生活，以及我们最容易受其影响的时间往往因性别而有所不同。

2015 年 7 月，《Elle》杂志发表了那篇《女性一生中最容易感到羞耻的 4 个时期》（“4 Times a Woman Is Mostly

Likely to Experience Shame in Her Life”），我和朋友们看了都频频点头，不时说出“嗯，啊”和“不能再对了”之类的话。记者维多利亚·道森·霍夫（Victoria Dawson Hoff）采访了一组女性心理健康专家，问她们在一个女性的一生中最容易感到羞耻的几个时期有哪些。不出所料，青少年时期排在第一位：“那些蠢蠢欲动的荷尔蒙和原始情绪最集中的时期。”排第二的是进入职场后，在工作中，女性容易因为好胜心太强或者总是感觉自己不够好而羞耻。排第三的是产后，女性因为想做一个“完美母亲”而备感压力，又因为无法做到这一点而羞耻。排最后的是中年阶段，年过 30 却依然单身的女性会面临被催婚和被催生的压力和羞耻感。

如今，读完这篇报道已过 5 年，结合我这段人生阅历，我想再补充一点。尝试怀孕和怀孕失败同样让人感觉不好。感情破裂、家人疏远、家庭暴力也会导致令人不安的羞耻。然后是流产的创伤——近几年来，我的很多朋友都曾默默承受过这样的痛苦。根据英国国家医疗服务体系的估计，1/8 的怀孕会以流产告终，[8] 但其中很少有人感觉自己可以为失去的孩子或者一直期盼到来的那个小生命哀悼。2015 年发表在《中枢神经系统疾病的初级护理伴侣》（*Primary Care Companion for CNS Disorders*）上的一项研究表明，近 20% 经历过流产的女性会出现抑郁或焦虑的症状。[9] 这些症状通常会持续 1 年到 3 年，对生活质量及随后的怀孕都会产生影响。然而，我们却经常对流产避而不谈。“正因为这种沉默，人们才不会意识到它的创伤有多大——直到它发生在自己身上，”记者哈德利·弗里曼（Hadley Freeman）2017年在《卫报》上如此写道，“我以前没有意识到这一点。”[10] 沉默不总是金，它往往是有害的，会导致羞耻。作家克里森·黛珂·凯德赫黛（Christen Decker Kadkhodai）在2016年的《卫报》上也描述过她的流产经历，她说：“身体上确实很痛苦，但更加让我痛苦的是羞耻。我感到羞愧、渺小和无助。”[11] 羞耻无处不在，但是似乎我们体验它的方式取决于我们栖息的身体。

研究员兼作家布琳·布朗（Brené Brown）教授认为，在我们的社会中，关于羞耻的评价往往因性别而异：“对于女性来说，有一整套自相矛盾的期望体系，如果这些期望没有实现的话，就会成为她们羞耻的原因。但是对于男性来说，关于羞耻最重要的信息是，软弱是可耻的。而由于脆弱通常被认为是软弱的一种，因此男性展示自己脆弱的一面，是尤其有风险的。”[12]

美国波士顿学院（Boston College）的詹姆斯·马哈利克（James Mahalik）和他的同事们进行过一项研究，他们问参与者：“女性需要做些什么才能符合社会对女性的规范？”最热门的答案都是关于如何让女性变得“温和友善”“苗条”“谦虚”和“千方百计让自己的外表更加漂亮”的。[13]

天哪……

当马哈利克问道：“那男性呢？”结果答案是：“一定要控制好情绪，事业有成，追名逐利和暴力。”

这些结果令人深感沮丧，但并不令人意外。一个遭受家庭暴力的朋友内心充满了羞耻，担心如果她说出来，如果她不再掩饰那些瘀伤的话，人们会用什么样的眼光看待她。对那些依然选择和伤害自己的男人继续在一起的女人，她以前充满了不解和不屑，如今她担心别人会以同样的眼光看待她。她担心自己会以最苛刻的方式被众人说三道四，因此多年来一直沉浸在羞耻之中，沉默着吞下苦果。羞耻感让她望而却步，正如它让许许多多饱受家庭暴力的受害者们退缩一样。写本书的时候，联合国称，全球范围内家庭暴力的增长，堪比当下的新冠肺炎，都是“如影随形的流行病”。据称，在疫情封控期间，家庭暴力的案件增加了20%，因为这段时间许多人不得不与施暴者一起被困家中。[14] 这太可怕了！暴力不是私事，也不是一种选择。我们全社会都需要重新定义什么是“可耻的行为”。

有一种叫“常规性男性述情障碍”（normative male alexithymia）的东西在影响着典型的男性羞耻感。“述情障碍”被定义为“无法识别、表达或描述自己的感受”[15]，大约有10%的男性患有此病。但是心理学家、美国心理学会（American Psychological Association）前主席罗恩·莱万特（Ron Levant）博士几十年前就发明了这个词语，用来描述一些男性由于社会定位的传统男性角色而无法用言语表达他们的情绪。简而言之，男性身份的形成与男性自我感知到的以及他们认为被允许表达的情绪相互冲突。传统的“男性规范”被认可和遵守——而情绪却没有得到太多关注。所以，当他们真实的情绪不可避免地流露出来的时候（出于自然、正常、人性的原因），羞耻心就随之而来了，而且，是极大的羞耻心。男性的社会化使他们害怕暴露自己的脆弱或软弱之处，这是如此普遍，以至于某种程度的述情障碍现在成为大多数男性的常态（因此变成一种常规性男性述情障碍）。[16]

莱万特研究了男性述情障碍、感情满意度、沟通质量和对亲密关系的恐惧之间的联系。在2012年的一项研究中，他证实，男性述情障碍确实与较低水平的感情满意度、较差的沟通质量和较强的对亲密关系的恐惧有关联。[17]

根据布琳·布朗的研究，这种羞耻的解药是脆弱。她认为，脆弱远非一种弱点，而是一种力量，甚至是一种勇气。我们不应该为自己的情绪感到羞耻，也不应该为自己的脆弱而道歉。永远不要。

如果我们做错了什么，我们应该道歉。但是，我们不应该为自己的感受而道歉。然而，许多人经常如此。

第八章　不必为自己的感受道歉

回到我那段对着陌生人露出身体私密部位的治疗时期（我称之为“脚蹬岁月”），我发现，朋友和熟人们每天都在不停地为自己的感受道歉。那段时间的某一天，我的一个团队成员肿着眼睛来上班。

“你还好吗？”我问。

“还行，”她说，“不，我的姨妈去世了。”

“哦，真抱歉！”

“不不，应该是我说抱歉，”她垂下眼帘，“那是一年之前的事了……”

“啊！”我知道了，悲伤是没有期限的。

但是她继续说道：“我妈妈昨晚才告诉我。”

“你妈妈昨晚才告诉你，你姨妈去世了？”

同事点了点头。

“这样啊。你和你姨妈亲近吗？”

“嗯，”同事迟疑了一下，“我们大约有一年没说过话了。”

“哦，”这就说得通了，“我很抱歉……”

“不不，没什么。应该说抱歉的是我。很抱歉这么情绪化……”

什么？有人去世了！没有人告诉你！你还觉得很抱歉？我们竟然在为有人离世道歉，这让我觉得这个世界何其疯狂，何其荒谬！

另外一个同事告诉我，她的男朋友刚刚被诊断为癌症。我送她回家去见男友。

“谢谢，”她接着对我说，“抱歉！”

你为你的男朋友得了癌症抱歉？还是为今天不能上班道歉？不管怎样，别再道歉了！

还有一个朋友骑自行车的时候，被一辆汽车撞倒了。他的本能反应竟然是说“抱歉”……

“抱歉”这个词从盎格鲁-撒克逊时代就开始在各个场合被使用了。“Sarig”在古英语中是一个形容词，意思是“悲伤的”［可参阅圣安德鲁斯大学（St Andrews University）编纂的《古英语核心词汇》（*Old English Core Vocabulary*）的目录。怎么，还没读过这本书？快去读一下吧！很有趣的一本词典］；所以它是一种存在的状态——甚至是一种情绪——而不仅仅是道歉。在传统意义上，“抱歉”这个词可以用来表示我们对存在的焦虑、不可避免的极度痛苦以及对生命存在的终极虚空的承认。但是今天，它被用来表示对悲伤的懊悔，而不是悲伤本身。

在大多数文化中，人们只有在做错事的时候才会说“对不起”。但舆观调查网（You Gov）的一项调查发现，英国人平均每天会说8次“抱歉”——一年就是2920次，一生则可达23.36万次。[1]

亨利·希金斯（Henry Hitchings）是《抱歉！英国人及其礼仪》[2]（*Sorry! The English and Their Manners*）一书的作者，所以我联系他，问他如何看待人们为自己感到悲伤而道歉，以及为自己的情绪而感到羞愧。他想了一下，说：“我认为在英国，我们对悲伤的容忍度比较低，也不知道该如何应对悲伤。”

“所以呢？”

他深吸了一口气，然后给我举了一个他自己的例子。他的母亲9年前去世了，他告诉我，那是他第一次感到深深的悲痛。

“我意识到，很多人不知道自己该说什么，或者做什么。大家不知道什么是正确的事，担心自己会做一些不能被社会接受的事。”还有一些人遵循着“如果有什么我能帮上忙的，尽管说！”的“慰问公式”。希金斯说：“我对这些话不置可否。但后来，当我失去了一份我喜欢的工作时，我听到了同样的话。当我决定接受他们的好意，真的向他们求助的时候，他们反而被我吓住了，好像我把他们当初的客套话当真了，那一刻，双方都很尴尬。”所以其实，我们表示可以提供帮助，只是一种礼仪姿态，而不是有意付诸行动的关心。而“对你的失去感到遗憾”中的“遗憾”这个词，其实包括了一条隐含的信息：“但是我们别再谈论这件事了。”因为悲伤会令人尴尬，甚至是令人羞耻的。

朱利安·巴恩斯（Julian Barnes）在《生命的层级》[3]（*Levels of Life*）一书中曾写到他故去的妻子帕特·卡瓦纳（Pat Kavanagh），一位文学经纪人，其中描述了当他在谈话中提到她时，朋友们都不接话："他们害怕提到她的名字，三次都回避谈到她，这让我对他们耿耿于怀。"

同样地，在希金斯的母亲去世后，他也从英国朋友那里得到了类似的反应。他告诉我，他收到的最坦率的回应来自非英国人："比方说，一个葡萄牙人——以前也不是很熟——他却给我讲了一些真情实感的话。"

"那你是什么感觉呢？"

"很奇怪，"他承认，"但是没有感觉不舒服。这让我感觉他很有人情味，同时也令人惊讶——因为我们英国人太不擅长应对悲伤了；我们普遍不习惯流露情绪，不喜欢显得脆弱。就好像打板球……"

我实在没想到会聊到板球这个话题，但是，好吧！

"在我的成长过程中，教练总是反复对我说：'千万不要把你的痛苦表现出来。'"

哇！我想：是个狠人！但是他解释说，这不是那种在田间乡野小打小闹的比赛，是在伊顿公学①。但信息是明确的：

① 伊顿公学（Eton College），由亨利六世于1440年创办，以"精英摇篮""绅士文化"闻名世界，也素以军事化的严格管理著称，学生成绩大都优异，被公认是英国最好的中学，是英国王室、政界、经济界精英的培训之地。这里曾造就过20位英国首相，培养出了诗人雪莱、经济学家凯恩斯、演员汤姆·希德勒斯顿、乔治·奥威尔等人。在伊顿公学每年250名左右的毕业生中，70余名会进入牛津、剑桥，70%会进入世界名校。

千万不要示弱。

“这会渗透到生活的方方面面，”他说，“如果你表现出软弱一面，就会削弱自己的心理根基，从而被对方占了上风。”他相信，作为一个体育大国，相当比例的英国人是在这个游戏规则中长大的：“流露出任何脆弱的迹象，会将我们置于劣势，这是流淌在我们血液中的一种信念。”尤其如果这种脆弱是悲伤。

把悲伤视为一种自行加戏的尴尬情绪，也许会让人自尝苦果，因为当悲伤袭来的时候，往往正是我们最需要支持的时候。伤心是正常的。悲伤是正常的。我们不必为自己有这样的情绪而道歉。

“当不幸事件发生的时候，我们会给自己施压，假装一切正常，若无其事地继续生活。”玛丽娜·福格尔（Marina Fogle）说，她是 Bump 课程的产前指导师，也是播客节目《为人父母》（*The Parent Hood*）的主播。“但是毕竟，不幸事件过后，生活不可能再一如从前。我们应该勇于谈论它，而不必为此向他人道歉。”玛丽娜和她的丈夫本·福格尔（Ben Fogle）——一名播客主播兼冒险家——在 2014 年遭遇了一场悲剧，他们的儿子威廉不幸胎死腹中。当医院的工作人员告诉她，她的儿子没有存活，她当场就晕了过去。“这太不真实了：我把他抱在怀里，但只感到……麻木。直到第三天，眼泪才终于流了出来，我哭了，第一次体会到了心碎的感觉。”

在接下来的几天和几周里，玛丽娜发现，她不仅很悲伤，还不得不告诉别人发生了什么，并照顾他们的反应。“我记得有一个女人问我的孩子怎么样了。当我告诉她‘他胎死腹中了’时，她的脸色瞬间苍白，我赶紧扶住她，向她道歉。明明是我自己的孩子死了，可我却要为毁了一个女人的早上而内疚——因为我让她感到不舒服了。还有比这更荒谬的事吗？”玛丽娜经历了一种奇怪的、不通情理的羞愧，这是我们很多人在悲伤和极度伤心的时候都会经历的。玛丽娜很快进入了“行动模式”，回和她姐姐基娅拉·亨特（Chiara Hunt）医生一起创办的产前培训班继续工作了。

“在我认识的人中，没有经历过丧子之痛的。我们也不太会触碰死亡这个话题——即使无意中谈到，他们也会为此道歉。好像谈论任何过于令人沮丧的事情都是不被允许的，好像一旦说出来情况就会变得更糟。但是，实际上并非如此，因为最糟糕的事情已经发生了，不是吗？并不是我在路上走着走着，就可以不去想它。并不是我忘记了我的孩子已经死了这个事实。所以谈论它并不会让我重新想起这件不幸的事——它本来就一直伴随着我。谈论失去只会有帮助。”在心理治疗师朱莉娅·塞缪尔和悲伤咨询师的帮助下，玛丽娜学会了开始谈论自己的不幸，并不再为此道歉，她说：“我意识到，我不必阻止别人为所发生的事感到不安，或者为我的悲伤说‘抱歉’。”

这感觉像是我们都可以理解的事情。当然，失去、痛苦和悲伤是分不同程度的。但是我们都会被失去和悲伤所困扰，当我们需要感到悲伤时，我们无法避免悲伤的感觉。痛苦依然存在，我们对人对己都要有一份同理心。“这会让我们的悲伤变得更加合理，”心理治疗师简·埃尔弗说，“我们不应该为感到悲伤而羞耻。”

在家庭里，往往会有一个悲伤排名（ranking of grief），来确定谁更有权利悲伤，谁又必须推迟他们的悲伤。但是已故心理学家、伯克利学者哈维·佩斯金（Harvey Peskin）认为，虽然这个排名很常见，但它并不合理，因为“悲伤的权利”是一项基本人权。[4] 并不存在一份关于悲伤的真实性的宣誓书——既来之，则感受之，就是这么简单。

能自己想通这一点，得益于我天生的智慧和洞察力。但实际情况是，当时我一直非常疲惫不堪，然后忽然有一天，这一切戛然而止，那时我住在伦敦西北部，那天是一个阴雨绵绵的星期三。

那天，我疲惫地回到家，还是摆脱不了压在内心沉重的羞耻感。关上大门之后，我才松了一口气。我脱下鞋子，在冰箱里找东西，准备做晚餐。那时我正低头看一盒奶酪，这时 T 走了进来，告诉我有人给他提供了一份在丹麦的工作。一家猎头公司之前偶然联系到他，给他提供了一份他梦寐以求的工作——为丹麦的玩具制造商乐高公司工作——不在哥本哈根，而在日德兰半岛①的乡村。

“日德……那里的乡村？”我问道。

他的回答是：“完全正确。”

---

① 欧洲北部的一个半岛，位于北海和波罗的海之间，构成丹麦国土的大部分。

当时我们从未去过丹麦，在地图上也找不到丹麦的这个地方。于是我们利用周末去了一趟，看看那到底是个什么样的地方。结果发现那里满眼绿意葱茏，干净整洁，人口稀少。人们看上去非常放松，他们慢悠悠地在一起吃饭、聊天或者只是……呼吸。这一切给我们留下了非常深刻的印象。T 觉得搬到这里不错，请求我考虑一下。

我在伦敦已经待了 12 年，可谓身心俱疲。经过数月的失望，我的心灵也渴望一个悠长的假期。所以我点头说："好吧！"于是那年冬天，我辞去了那份光鲜亮丽的好工作，我们告别了伦敦的灯红酒绿和喧嚣繁华，来到了日德兰半岛的乡村。在那里，我人生地不熟，也不会说当地的语言，T 早上 7 点半就去上班了，我就自己在家。我给编辑们群发求职邮件，其余大把时间用来闲逛和散步，一走就是几个小时。我穿过森林，那里的景色很像电影《杀戮》（*The Killing*）里的画面。大雪压得树木微微颤抖，偶尔会有大块的积雪落下，掉到我的头上。我在陡峭的陌生河岸上攀爬，寻找小径，却发现自己在冰面上走偏了，一下子摔了个四脚朝天！每天我都会迷路几分钟到几个小时，我感觉自己被一片灰蒙蒙的世界笼罩（欢迎来到斯堪的那维亚半岛）着，抬头可以看到海面上的云层滚滚飘来。闲坐林中，仰望天空，看云卷云舒，直到鼻子被冻得麻木了才回家。路上会经过一家面包店，在丹麦，即使是最小的城镇也会有很多家面包店，里面卖的糕点美味极了！我告诉自己，这是文化融合的重要一环。

我开始为一家英国报纸记录这个美丽的新世界，以及丹麦式生活方式。我的写作态度是全新的，洒脱、坦诚，我不再道歉，摆脱了羞愧，找到了自己的声音。这种随意率真的态度很适合我，找我约稿的越来越多了。我埋头写作，就像有生以来，我的内心世界第一次袒露无余，但我丝毫不觉得羞耻。然后有人找到我，说他们想把我的这些文字变成一本书。

这绝对是我听过的最好的消息。

这本《丹麦一年》（*The Year of Living Danishly*）写到一半的时候，我发现自己的头发变得浓密了，有如狮子王阿斯兰[①]。我还开始觉得有点恶心，胸部也重新丰满起来了，但感觉胸痛。我在网上搜了一下这些症状，它提示我，我可能需要验一下孕。我照做了。而且做了 4 次，因为结果令人难以置信。

我怀孕了。

这简直就像耶稣诞生的故事那般神奇。[②]但我内心的一部分开始为自己"叛逃"到了"有生育能力"这一阵营而内疚，我不再尝试怀孕了，并加入了宝妈俱乐部，对此我也深

---

①《纳尼亚传奇》（*The Chronicles of Narnia*）中的狮子王，它是纳尼亚世界的创造者，充满智慧、仁爱、荣耀、正义与力量，率领孩子们对抗邪恶势力，保卫纳尼亚王国。——译者注

② 据记载，耶稣的母亲是一位叫"玛利亚"的女子，她和一位叫"约瑟夫"的木匠订了婚，但玛利亚怀孕时还是童贞女，上帝派了一位天使托梦给约瑟夫，向他阐释神的旨意，并让他给即将诞生的婴儿取名为"耶稣"。

感歉意。这怎么可能呢？我还记得当我认为与我同病相怜的朋友突然怀上孩子时我的感受，所以我对此很谨慎。

我有点觉得这个事不大行，或者我不太可能怀着这个孩子到足月。因为我那些痛苦的亲身经历告诉我，婴儿是很脆弱的，随时可能会死去，有的甚至还没来得及睁开眼睛好好看看这个世界。我每天都这么提醒自己。但尽管困难重重，我还是一直怀着这个孩子。

第42周，医生给我做催生，颤动升级为撕裂般的疼痛。孩子很难出来，我感觉上半身简直要从我的身体里分离出来，不再属于自己了！疼痛长达18个小时。助产护士甚至在我生产期间织了一顶毛线帽。医学生们都进来围观。最后，终于传来一声柔弱的“喵喵”声，一个软软的小东西被放在了我的胸口，然后很快就被送到特别看护的婴儿保温箱里了。

对不起，对不起，对——不——起……我在身体的疼痛中一个劲儿地自责：我怎么敢认为我可以做到？我怎么敢认为自己可以顺利怀孕，看着胎儿成长，直到顺利生下健康的宝宝？

最后，我坐在轮椅上，被推着去看我的宝宝——是一个男孩。他还活着，状况很好。我很想再跟他说一次，妈妈很抱歉：我把这一切都搞砸了！所有书都强调顺产的重要性，强调孩子生下来后母亲马上与婴儿进行肌肤接触的重要性，但是我甚至还没有抱过自己的宝宝。我知道母乳喂养的所有好处，而他只能通过喂食管进食——同时嘴上还插了一根呼吸管。他抓着的不是我的乳房，而是一个小小的、黄色的……章鱼？我环顾四周。每一个在这里的婴儿手里都抓着一只钩针编织的章鱼。一个护士解释说，抓着章鱼的触须可以让婴儿联想到母亲子宫里的脐带，由此帮助他们平静下来，更顺畅地呼吸。“而且如果我们让他们的小手有点事做，他们就不太会拨拉那些管子了。”护士告诉我们。在我所有那些跃跃欲试的关于做母亲的梦想中，我还从来没有想过，它会和章鱼的触须有关！

终于，我可以抱着我的宝宝了，我的心怦怦直跳。他有着一头火红的头发（没有人知道是遗传谁的），皱成一团的红红小脸，肺活量大得惊人。3 天以后，他脱离了危险期，而我则在医院里住了一星期。这次生产给我带来了永久性创伤，我的身体显然对这次经历很是心有余悸，所以它提前进入了更年期，并停止分泌雌激素。我的身体被插上了输液管、排尿袋和监视器等各种线。最后，一个座椅式马桶也被推进了我的病房。

“那是什么？”T 天真地问。

“是你来告诉他，还是我来呢？”护士扬了一下眉毛。还好我已经对摆脱羞耻感有了一些经验。在过去的 24 小时里，已经有不少人接触过我的下体，此时我还得在他人面前排便。但是，这些都不重要，重要的是，我们有了一个宝宝，不是吗？

第九章　抵达谬误：梦想实现之后的失落

在我们一起过的第一个圣诞节，T 送了我一个定制的礼物：一个圣诞树装饰球，上面写着“书和宝宝”。他为什么送这个呢？理由一，给我选礼物是件很无聊的事（我喜欢的无非是纸质书、购书券和有声书）；理由二，这两者皆我所欲也。书和宝宝，一直是我成年后唯二的愿望。我们都有各自的人生渴求，可能是在职业阶梯上爬到某个位置；或者赚到足够的钱，实现超市自由——不必在购物时还得看一眼商品标价；或者遇到梦中情人，并与之春风一度；又或者名利双收。总有一样东西让我们确信，自己会因此人生圆满。

有一个宝宝，在美妙的书海里遨游，都是我一直渴求的。现在我终于都拥有了！那个圣诞树装饰球上的愿望成真了！我以后再也不会悲伤了！

除非，我会再次悲伤。

因为有时候，我还是会的。

因为生活就是这样阴晴不定，我们都只是懵懵懂懂的凡人。

我很清楚，自己之前一个劲儿地抱怨没有孩子，如今又抱怨有了孩子，这是何等讽刺。由于生产过程很痛苦，我的身体随后进入更年期状态，伤口要3个月后才能愈合，我还得继续去医院，用化学药剂或高温烧灼伤口来止血和消毒。那烧灼皮肤的气味，我永远都忘不了。

我的宝宝动不动就哭，这时他的紫红色小脸就会皱成一团。他的小拳头总是紧紧握成一个球状，他的四肢异常强壮，总是伸胳膊蹬腿的，就好像在做高强度的健身。

“他可真是个暴躁的小家伙！”朋友半开玩笑地说。

“也许是因为红头发！”这是我经常听到的一句话。

“一个这么愤怒的宝宝，你能接受吗？”我问T。

“当然可以啊！”他举起一只手，捂住刚刚被宝宝打中的脸。

“哦。”

我觉得我们都是基因彩票的产物，是天生而随机的存在。也许我的儿子生来就注定是这样的，但是我想这可能是我的错。如果我们的性格是由天生遗传、早年经历和生活方式决定的，那么我想，原生家庭应该是影响最大的因素。

我觉得我的孩子这么暴躁，一定是因为我之前没有做足够的催眠分娩练习，因为我没有做足够的瑜伽，因为我怀孕时压力太大了。伦敦国王学院（King’s College London）的研究人员发现，母亲怀孕前和怀孕期间的压力会影响婴儿的大脑发育，[1] 布里斯托大学（University of Bristol）的一项研究表明，焦虑的母亲的孩子在青春期有多动症的概率是平常孩子的两倍。[2] 听听！

我的健康随访员为了让我走出家门，介绍我加入了一个丹麦宝妈群，我发现这些妈妈们都心宽体胖，温柔平和。他们的宝宝都能心满意足地睡着，只偶尔醒来吃会儿奶，吃得饱饱的之后，又幸福安然地睡去，一切都是那么顺利。我的宝宝很像戈登·盖柯（Gordon Gekko）的信徒，他坚信午餐是弱者的专属，喜欢睡觉的人都是失败者。在他的小脑袋扭来扭去的时候，哄他吃奶简直就像在玩磁力钓鱼游戏：你试图把鱼儿钓上来，而它们却游来游去，机械地旋转，忽然把嘴张开，又忽然闭上。

“怎么会这么难呢？”T 问，“别人家孩子也这样难带吗？”

我摇摇头：我也不知道。

“也许大家带孩子都很痛苦，只是他们不说而已。”他嘟囔说。

几个朋友给我推荐了一个 YouTube 上的恶搞视频，标题是《丹麦宝宝不会哭》[3]（“Danish Babies Don't Cry”），配上火星哥布鲁诺·马尔斯（Bruno Mars）的曲子《城市的狂欢》（“Uptown Funk”）。我知道丹麦是全世界幸福感最高的国家之一，宝宝的幸福指数也很高（小骄傲）。根据发表在《儿科医学杂志》（*Journal of Paediatrics*）上的一份统计学分析报告，丹麦、德国和日本的宝宝哭得最少，而英国和意大利的宝宝哭得最多。研究也显示，丹麦宝宝的腹绞痛程度最轻，而且丹麦母乳喂养的母亲比例高于其他国家。

这是因为丹麦的新手妈妈压力更小，时间更充裕——这得感谢丹麦较为慷慨的产假时长，并且她们普遍与大家庭住得近——这是幸福母子的又一个良好指标。不幸的是，作为一个生活在丹麦的英国自由职业者，我在这里连一个八竿子打不着的远房亲戚都没有，指望一个经常有往来的大家庭的支持更是没可能了。我的宝宝幸福指数也不高，他不吃不睡，还一直对我大喊大叫。后来，我的奶水也没有了。

我又搞砸了！我想。他才 3 个月大，而我又搞砸了！

大约有 1 万篇报纸文章告诉我，母乳喂养应该一直持续到孩子有自主意识的年纪，否则就是不可接受的，所以我也为此自责不已。我的大脑已经习惯于把事情掰开了、揉碎了，反复琢磨，包括剖析我自己。一则利物浦大学（University of Liverpool）的研究结果[4]让我暂时宽慰了些许，上面说，无论母亲是否用母乳喂养宝宝，她们都会产生负面情绪——内疚、羞耻，以及为自己选择的喂养方式辩护——无论是母乳喂养还是非母乳喂养。第一次但绝不是最后一次，我意识到，并不是当了母亲就万事大吉了，我同样难以入睡。

《每日邮报》（*Daily Mail*）曾刊登过一篇标题为《在宝宝出生的 2 年内，他们父母的睡眠时间加起来减少了 6 个月》（"Parents of newborns miss out six months worth of sleep in their child's first two years"）的文章。[5]

根据华威大学（University of Warwick）的研究，在孩子出生之后，新手父母们在长达 6 年的时间内，睡眠都是不足的。[6] 我读过的一些研究文章指出，如果孩子睡眠不好，会波及其他家庭成员，增加他们抑郁的可能性，从而降低家庭的整体运转功能。加州大学伯克利分校的一项研究显示，[7] 睡眠不好的夫妇更有可能吵架。（我是在一个星期五写这篇文章的。自上周六以来，我每晚的睡眠时间不超过 5 小时，那天早上我和 T 大吵了一架。）

其他人的情况更糟。产后抑郁症（postpartum depression，PPD）会影响 7% 到 13% 生产后的女性，[8] 在以下群体的母亲中则更为普遍：单身妈妈、从伴侣和家人中得到较少支持的母亲、生病或早产儿的母亲和缺乏经济来源或亲密的亲友关系的母亲。[9] 著名儿童精神病学家布鲁斯·佩里（Bruce Perry）在他的《爱的教养》[10]（*Born for Love*）一书中写道："根据进化论学者们的看法，产后抑郁症可能是母亲自发形成的一种适应性策略，目的是将母亲与出生在不太可能存活下来的环境中的孩子分离开来，从而让母亲与孩子之间不太依恋彼此，这是母亲的一种自我保护机制。"母亲更容易生下存活力强的孩子，如果她们保存自己的精力以照顾现有的年龄大些的孩子，或者等食物和情感支持更充沛的时候再行生育的话。通过母子分离，母亲可以保护自己免受失去孩子的痛苦——尽管事实是，分离本身几乎肯定会让孩子更加不可能存活下来。是的，确实可能性很低。考虑到我们人类进化史上的儿童高死亡率，这一论断还是可信的。

对于我们这些摆脱了产后抑郁症的人来说，等待我们的是单调、疯狂、新角色赋予的多变和喜悦，以及一种崭新的生活状态。现在我已进入这扇大门，全无回头路可走。T 休完陪护产假之后，就回去上班了。突然间，所有的事一下子都落在我一个人头上了！尽管我是和伴侣一起抚养孩子，他不会因工作而疏忽家庭，也不是一个粗心大意的人，每天丢钥匙、钱包、手机什么的，但家里还是得有一个主要照顾孩子的人，或者一个“父母管理者”（managing parent）。而这个角色就是我。

这些新角色让我们的关系开始变得紧张。我们过去在一起很开心，常常一起出去玩，吃中式点心。但是我怎么能相信，如果我可以和一个人很开心地共进晚餐，那么我也能和他一起顺顺利利地将孩子抚养长大呢？如果我这样想，那我脑子不是锈掉了吗？还是他的脑子锈掉了？这些照顾孩子的事对我们来说都是第一次，让我们倍感压力，每天都辗转反侧，难以入睡。为人父母和我们以前在这个世界上经历的任何一件事都不同，而且抚养孩子是没有终点的。为人父母永远是“进行时”，而不是“完成时”。我真怀疑我们的夫妻关系能否承受住这个巨大的考验。

已故美国精神病学家丹尼尔·斯特恩（Daniel Stern）在《做母亲这件事》[11]（*The Motherhood Constellation*）一书中写道，从二人世界到三口之家的转变，会改变女性对伴侣作为丈夫、父亲和男人的看法（这本书写于 1995 年，因此有着可怕的异性恋限制）。初为人父母，彼此之间容易产生矛盾和冲突，夫妻双方都会有点不知所措，无所适从。斯特恩还指出，在流行文化中，那种用来描述新生儿对夫妻关系产生影响的说法是有问题的。比如，把婴儿称为“婚姻黏合剂”，能够把一对夫妇紧密联结在一起，并暗示要不是有这个软萌可爱的宝宝把父母双方“黏”在一起，夫妻中至少有一方很有可能早就跑了。或者把婴儿描述为妈妈的“掌上明珠”，又或是“她一生的挚爱”，这让父亲情何……以堪呢？他们是“养家糊口的人”“家庭保护者”或者“敌人”？斯特恩说：“许多和我交谈过的男人都告诉我，他们很担心这一点——一旦有了孩子，男人在家里就得不到足够的关注了。”

“就好像男人也是需要照顾的宝宝似的？”一位选择不要孩子的朋友疑问道。我什么也没说。然后朋友提议说，或许你可以一次把一周的饭菜做好，放在冰箱里，或用吸尘器打扫房间，这样“另一个宝宝”就不会觉得自己被忽视到陷入生存危机的境地了，“但其实每个人应该为自己负责”。

这段时期对每个人来说都是艰难的，所以我愿意多体谅一些。但问题在于，除非你足够幸运，有个极度省心的宝宝，还有一对无私、能干又有智慧的父母的帮助，否则你面对的很可能就是一塌糊涂的烂摊子。我对“7 个月大”这一点非常敏感和警惕，因为我妹妹就是在这么大时夭折的——死于婴儿猝死综合征。我对宝宝的体温超级谨慎，还有他床上的用品、他的睡姿，以及关于如何保护他安全的那些细枝末节。T 试着去理解我，但是他怎么能感同身受呢？对我们俩来说，理解对方从来都太难了！为人父母，是考验一段感情的试金石。

保罗 · 多兰（Paul Dolan）教授，伦敦经济学院（London School of Economics）心理与行为科学院院长，写了《叙事改变人生》[12]（*Happy Ever After*）一书来探讨其谬误。多兰指出，虽然我们很多人认为婚姻很重要，但科学证明，实际上结婚并没有给我们带来多少快乐，特别是对于女性而言。在2019年的海伊文化节上，他告诉听众："最健康、最幸福的人群，是从未结婚或从未有过孩子的女性。"[13] 西北大学（Northwestern University）的社会心理学家伊莱·芬克尔（Eli Finkel）认为，越来越多的人对婚姻生活不满，这是因为近十年来，我们对婚姻的期望值大大提高了。"一段在20世纪50年代我们可以接受的婚姻，可能会令今天的我们失望，因为我们的期望值提高了。"2018年，他在美国国家公共广播电台（NPR）做节目时如此断言。[14] 2019年心理健康周的一项研究表明，我们生命中所谓的"里程碑时刻"，比如有了爱情、婚姻和孩子，实际上会让很多人感到沮丧和不安，可能是因为"理想很丰满，现实很骨感"，也可能是受社交媒体煽风点火的影响。[15]

人人都需要爱，但相爱容易相守难，它需要勇气，需要持之以恒。开启一段新的感情包括做爱、抑制自己的自负、在床上吃早餐、假装一个更好的自己——比真实的自己更加优秀、更加聪明。在一段亲密关系中，少不了网飞①剧中的那些情节套路："我再用一分钟"的厕所警告、反复给马桶冲水、发电子邮件说家务活怎么分配……如果再来一个孩子，温馨甜蜜的二人世界立马被打回现实，变成两个人一起努力抚养另一个人，这意味着你的睡眠时间变少，可支配收入也

① 网飞（Netflix），美国奈飞公司，简称网飞，是一家会员订阅制的流媒体播放平台。——译者注

大大减少。这个时候优秀或聪明就没什么用武之地了，两个人每天忙的就是那些让生活一地鸡毛的事儿：给孩子擦屁股，记得买牛奶，然后记得记得要买牛奶这件事儿……疲惫让生活变得如此荒谬，如此可笑。

作为一个情路坎坷的单亲妈妈唯一活下来的孩子，没有一个现成的榜样告诉我，该怎么维系好一段感情，让其天长地久。我拥有的只是一些刹那定格的照片：挂在我们家卧室墙上的一些相框，里面是摆好姿势的各种照片。一张是T和我站在桥上亲密拥吻的照片，还有一张是婚礼那天我们对着镜头咧着嘴笑的照片。那时候我们一定很幸福吧？但是，每个人在婚礼上不都是看起来挺幸福的吗？婚礼就是如此：人人都开心微笑，拍照，定格在那一刻，然后裱起来挂在墙上。多年以后，所有看到这张照片的人都会认为在那过去的美好时光，照片里的人是多么开心幸福！

无论看谁家里墙壁上的照片，或翻他们的相册，里面的人看上去都美满幸福，没有痛苦，没有苦难，没有任何不如意。然而事实显然并非如此。我身边认识的人中，开始有人离婚了，有人复婚了然后又离了。一个我认识的超级无敌大帅哥告诉我，当有了孩子之后，他是如何和他的前妻分手的，“因为生活没什么意思了”，但是他滔滔不绝地一再向我保证，他还是希望再次进入婚姻，“生更多的孩子”，他认为“下次情况就会不一样了”。我的第一反应是——放声大笑。然后我清醒地意识到，确实，他没说错，有了那张天生帅气俊朗的脸，他还会再娶上老婆的，也会再生儿育女。然后当这个家伙觉得这些又“没什么意思了”的时候，会再一次退出游戏。一个朋友告诉我她的理论：热恋中的人不应该急着走入婚姻。“因为他们当时已经被爱情蒙蔽了双眼，”她说，“只有当你经过了热恋阶段，你才会真正看清楚对方是什么样的人。”在新冠疫情期间，我们看了许多距离产生美的故事，一段亲密关系若要长久，双方切勿时时刻刻黏在一起。惊艳一时易，相守一世难。

还记得那些统计数据吗？据估计，42% 的婚姻以离婚告终。[16] 然而一些人还是盲目乐观，犹如走马灯一样步入第二、第三甚至第四段婚姻（坦白说，这不累吗？）。在英国，暂时没有关于第二、第三或更多段婚姻的具体统计数据，但美国的数据显示，在第二段婚姻中，有 60% 的夫妻以离婚告终，在第三段婚姻中，离婚率则高达 70%。[17] 讲到这里，我感觉自己可以躺平熄火了。

显然，在婚姻生活中，浪漫不会持续太久，但我们还是不顾一切，满怀乐观地继续前进。直到我们对婚姻的玫瑰色滤镜被眼前一地鸡毛的苟且现实击得粉碎，直到我们周围开始有人离婚了。我看着那些说他们打算离婚的朋友，心想：说真的，他们的关系和我们的，又有什么不同呢？

我，顿时没了底气。

与此同时，我的新书出版了。一本我的书，10 万字，满纸都是我的心血。这些书在圣艾夫斯① 的印刷厂印刷，然后

---

① 圣艾夫斯（St Ives），位于英格兰西南部的一个小村庄和民间教区。

被套上精美的封面，再被运送到全国的书店。就这样，它们进入了公众视野。我非常确信，这本书也就我妈妈是忠实读者，因为：第一，T 读书一向很慢（如果他能读到这一页，恭喜他！）；第二，我以为我是谁，美国小说家丹妮尔·斯蒂尔（Danielle Steele）？（当然不，尽管我也和她一样，喜欢大耳环。）我认为我的书会和每年印刷的 99.9% 的书一样，被读者打入冷宫。但是在出版那天，我接到一个电话，说首印的书已经卖光了，他们正在准备第二次印刷。第二次印刷后，又是一周售罄，版权也被卖到世界上许多国家。有很多书评出来，大多数都是好评，只有一条是差评，因此我对它印象深刻。

T 的老板读了我的书，他老板的老板也读了。我开始接受各种采访。现在轮到我做被采访对象，我之前做新闻记者的那些经验忽然不灵了（不要自己在那儿说个没完！不要被采访对象牵着鼻子走！），我在采访过程中感到无比煎熬。电视台的工作人员想要来我家录节目，我没有勇气直接说“不”，也没有智慧找个借口婉拒，只能违心同意了。他们人都很友善，但我总是感觉不习惯。不到一个月的时间，我就已经在家里接待了两个日本摄制组和一个奥地利摄制组。现在回想起来，作为一个百分百的讨好型人格，我太容易顺从他人了。在那段时间里，我在屋外大雪纷飞的时候裹着毯子切过西蓝花；假装在烛光下看过书——就像丹麦乡村还没通电一样；他们把我所有的家具都重新摆放了一遍，就为了拍摄出“恰到好处的画面”。我在接受一次现场直播的电视采访时，正好得了胃肠型流感，身边只能放一个垃圾桶，以防呕吐。我学会了在镜头下做出“点头状”——摄影机在我背后，录下我点头的背影。有一次在德国接受采访（我不会说德语），工作人员问我能否“再来一次”——因为刚才主持人问我关于丹麦在第二次世界大战期间被占领的事时，我正面带着微笑。“天啊！上帝上帝！抱歉抱歉！当然可以。”

一天早上，我给孩子穿好衣服，带着他开车去一个地方，接受我后来觉得最令人窒息的一次采访。我出去的时候，看到邻居十几岁的儿子正靠在我的车上，剧烈地呕吐。他的眼睛充满了红血丝，醉醺醺地看着我，然后举起一只手，好像在说：“稍等一会儿……”他最后一次吐完，终于起身站直，用手背擦了擦嘴，还向我点了点头，好像在说“完事了”。我竟然还用蹩脚的丹麦话感谢了他，然后开着我的车穿过他那摊呕吐物。我没法准时赶到电台，只能在一家超市的停车场接受了采访，在我身旁的儿子大便了，拉了很多，臭味透过他穿的防雪衣散了出来，我被粪便的气味熏得头昏脑涨。真是奇怪！我已经得偿所愿了，但是为什么却和事先预想的不一样呢？

我本来以为，有了孩子，出了一本书，我就能从此万事大吉，远离那些悲伤甚至不堪回首的日子了。我本来以为，生活在丹麦这个全世界最幸福的国家，研究研究幸福，就意味着我也许会潜移默化——成为一个从骨子里感到快乐的丹麦人了。[18] 我本来以为，从此以后生活里都是彩虹、《女作家与谋杀案》的重播以及盐醋薯片了。但是，为什么我却有种莫名其妙的失落感？

哈佛大学心理学家泰勒·本-沙哈尔博士对此颇有感触。2006年，作为一名年轻有为的壁球运动员，他在登上事业高峰之后经历了一段低谷期，于是创造出“抵达谬误”（arrival fallacy）这个新词。“我曾梦想成为一名职业运动员，赢得冠军，”他告诉我，“但是这个梦想实现的过程本身并不愉快——一路上充满了各种身体上的痛苦和精神上的挣扎。”尽管如此，他还是以他的信念宽慰自己，一旦“成功了”，一旦“做到了”，这一切苦难都会随之结束的：“努力终究会有回报，新的黎明终将到来！”但是，那一天却从未到来。“当我们如愿以偿、梦想成真之后，我们仍然不开心，甚至感觉更糟糕，”他说，“因为，我们连曾经的梦想都没有了。”

21岁那一年，本-沙哈尔因为伤病，不得不从职业壁球运动中退役，他选择去研究人类行为和思维模式（这是壁球运动的损失，却是我们的幸事）。“我逐渐意识到，不切实际的期望会导致一种失落感，”他说，“无一例外”。

所以，我们为什么不明智一点呢？

“传统的智慧告诉我们，幸福即是目标的实现，”他说，“全世界大抵如此——这是刻在我们骨子里的。我们从小就知道，通往幸福的道路就是‘成功’。我们继承了这样的观念：当我们达成某一件事时，我们就会快乐，我们不会专注于享受朝着目标前进的过程。”这是因为“追逐目标的行为”会刺激大脑的奖励机制，从而给人一种成就感，本-沙哈尔说。人类天生享受追逐的刺激。当我们期待某一个目标时，体内的多巴胺就会上升，而当我们达到目标的时候，多巴胺就会下降。我们在生理上就有追逐的需求。然而，一旦我们得偿所愿之后呢？我们会感到……空虚。

实现目标往往没有我们期待的那么令人兴奋。如果我们追求的是一些外在目标的话，我们更容易有一种失落或抵达谬误的感觉，本-沙哈尔说。所以，追逐金钱、权力、公众的认可、父母的肯定，都可能会以失望告终。

追求内在目标的实现则是一种更加聪明的做法。"这意味着，它是我们基于自己的价值观想要的东西，"本-沙哈尔说，"是一些我们在意的、有意义的事情，而不是父母要求你的样子，或是社会规定你的样子。"所以，让自我感觉良好是内在目标的追求，而看上去很性感或是令人印象深刻则是外在目标的追求。因为热爱而工作＝内在目标驱动；因为名利而工作＝外在目标驱动。

然而，即使有内在目标，我们也需要管理自己的期望。"研究表明，你的期望越高，你的幸福感和自尊就越低，"他说，"如果你的期望总是不切实际，你就会更容易失望。但是，我们中的许多人都会被'成功'的幻想驱使，去追求不切实际的目标。"

"什么，难道做父母这件事也是一样吗？"我略带怀疑地问。难道这件"世界上最自然的事"（据说如此），也属于不切实际的目标吗？

"是的，"他回答道，紧接着又说，"尤其是现在。""在现代社会，生孩子是一个终极的、不现实的目标，"本-沙哈尔说，“对大多数人来说，孩子是非常有意义的。在养孩子的过程中，确实会有很多喜悦的时刻，但是同时，挫折、焦虑、恐慌也会接踵而来。为人父母，你会对孩子抱有很多不切实际的期望。”

“写书也是如此吗？”

“也是如此。”

“结婚呢？”

“一样。”

哦。

我觉得我以后应该在钱包里放一张塑封卡片，上面写着：“我叫‘海伦’，我已抵达谬误——由于对婚姻、对作为母亲和作为职业作家抱有的那些不切实际的期望。”

一旦我学会了“抵达谬误”这个词，这个词就变得随处可见了：在朋友身上，在家人身上，在离婚的帅哥身上，甚至在那些我们被社交媒体和电视节目兜售的梦想里以及我经常对自己说的那些事儿上：

一旦我这样做了，我就可以步入正轨了。

忙过这一周/一月/一年，我就会轻松很多。

做完这个，我就有时间做自己喜欢的事儿了。

很快，我就不会像现在这样忙得团团转了。

…………

但是，传说中的“那一天”从未到来。我错误地认为，达到我的目标，会让我感觉超棒，而这一路上的那些痛苦都是不可避免的附带品。因为目标是值得的。因为“目标”，对吧？不对。

许多研究表明，我们总是高估一件事给我们带来的快乐程度，以及误判一件事对我们可能产生的冲击。2007年，《哈佛商业评论》上的一篇文章甚至描述了那些成功人士是如何因不断地挑战自我而对肾上腺素上瘾的，并称之为“巅峰综合征”（summit syndrome）。[19] 我认识几个肾上腺素重度依赖者——那些渴望极限身体挑战带来快感的男男女女。一些人甚至以此为职业。

比如说桑德斯。

是时候让桑德斯隆重登场了。

第十章　巅峰综合征

本·桑德斯（Ben Saunders）是世界顶尖的极地探险家之一，已经在极地地区徒步超过 7000 千米。他是斯科特探险队的队长，完成了人类历史上最长的极地徒步之旅，也首次击败了斯科特船长（Captain Scott）和欧内斯特·沙克尔顿（Ernest Shackleton）爵士率领的探险队。他也是我朋友托尼的朋友（对，就是我那个单身的朋友托尼，加油……）。

我第一次见桑德斯是在 2004 年，当时他正准备独自前往北极滑雪，而我正打算吃一块冰箱里的巧克力当晚餐（详见第四章）。那时候街头小子（The Streets）麦克·斯金纳（Mike Skinner）的歌还挂在音乐排行榜上，我不得不向我妈妈解释，为什么在 MV 里那些喝着凯利斯奶昔的男孩们一下子都跑到了院子里，不过我记得桑德斯告诉我，最近他听白蛇乐队（Whitesnake）的歌比较多。

“白蛇乐队？”

“对。”他点了点头。大卫·科弗代尔（David Coverdale）的经典摇滚歌曲《再一次，我走我的路》（“Here I Go Again On My Own”）非常棒，曾经让在极地冰天雪地里的他振作起来，不再感到孤独。我自己也是因为听了大卫·科弗代尔的音乐才开始热爱古典摇滚的。实际上，过去15年来，范·海伦乐队（Van Halen band）的那首《跳跃》（“Jump”）一直是我在情绪低谷时的救命歌。

2004年5月11日，桑德斯成为有史以来最年轻的独自滑雪到北极的人，他被TED邀请去做一个演讲（那时候还没有普通人能去TED做演讲）。在媒体上，他无疑是人生赢家。然而，事实呢？并非如此。

“到达北极，等待我的是终极的失落感，”他后来告诉我，“不仅仅是因为那里其实一片空白，什么都没有。连‘极’也没有。”

“什么？北极并没有‘极’？！所以小熊维尼骗了我们？”

他点点头：“实际上，我在那之前已经知道那里不会有什么了，至少在理性认识上是如此；由于海上的冰块不断漂移，北极永远不会存在永恒的东西。但我还是莫名期待能有点……什么。”

“比如说呢？”

“我期待会有不同的感受。”

哦！那倒是，可以理解。

相反，他感到莫名的麻木。环顾四周，一片空旷的荒芜之地，冷冷清清。他坐在雪橇上，拿出卫星电话，拨了三个号码：他妈妈的、女朋友的和赞助商的。

“然后我收到三个回电。”他回到家，希望能得到英雄凯旋般的热烈欢迎。但是在机场，并没有大批围观的群众和扛着长枪短炮的媒体，只有他的妈妈和兄弟在那儿等着他。

“这次旅行曾经是我的目标——我的使命。我本来期待着那一战成名的满足感，”他说，“所以当这一切落空的时候，我的情绪立马陷入低谷。”

他告诉我，他非常认同“抵达谬误”这个概念。

作为一个绝对的乐观主义者，2013年，桑德斯再次启程远征，又一次打破了纪录，这一次是为了重走斯科特船长坎坷崎岖的南极之旅，这是有史以来距离最长的极地徒步之旅。

“这是一项里程碑式的工作：这段旅程成就了沙克尔顿，害死了斯科特。它是人类有史以来面临的最伟大的挑战之一。而我们，成功了！”

“啊，好哇！大家都为此欢呼！然后呢？”

“嗯……然后，在这个耗尽我半生心血、对我的一生都非同凡响的地方——我惊讶于眼前这个真实的南极，它看起来怎么那么平淡无奇、乏善可陈！”101年前，斯科特船长正是站在同一地点，他在日记中写道：“我的神啊！这个地方可真糟糕！”

“虽然斯科特船长这么说过了，”桑德斯现在承认道，“但当我真的身临其境时，还是有一种失落感油然而生。完成这段旅程已经成为我的一种执念，耗尽了我半生的心血。”他期待着那种极度欣喜、兴奋的感觉——他的《烈火战车》[①]时刻——但是，那传说中的时刻从未到来。他说：“事实上，

①《烈火战车》(*Chariots of Fire*)，一部体育题材的英国电影，获得奥斯卡多项大奖。——译者注

生活继续，一切如常。”

带着令人钦佩的诚实和谦逊，他承认，在女王的生日授勋名单和新年授勋名单中，他都搜过自己的名字，“想要寻找一些公众的称赞”。然而一切都是徒劳。“我满怀希望，指望公众对我的事迹有更多的认可，但是落空了。一切的动力、一切的努力以及那些年来一切的……”他的声音越来越低，最后澄清道，“我本来认为，通过雄心壮志、勤奋努力和不屈不挠，我总有一天会找到幸福快乐、内心的平静和他人的认可。然而一切是一场空。相反，每次旅行结束后，我都会陷入探险后抑郁。”

我告诉他，他已经成功抵达谬误，喜获巅峰综合征。其实他渴望成功的动机和我的有相似之处。我对他的童年有一些了解——在我们共同的朋友托尼看来，他喜欢聊天，喜欢柯丝蒂·杨（Kirsty Young），她在2016年BBC广播四台的大热节目《荒岛唱片》[①]中采访过桑德斯。但是现在，他告诉我：“我很小的时候，父母就离婚了，11岁那年，父亲从我的生活中彻底消失。从此，我有父亲等于没父亲——与我同病相怜的还有布拉德利·威金斯、兰斯·阿姆斯特朗、兰努夫·费因斯，以及比例惊人的政治家们。”他现在承认，年轻时候的很多动力都源于“想炫耀”，他试图向缺席的父亲

---

①《荒岛唱片》（*Desert Island Discs*），BBC广播四台历史最为悠久的节目，自1942年开播以来陆续采访过2000多位嘉宾。该节目假设在荒岛上只能选8首歌、一本书和一件奢侈品，被邀请嘉宾会选择什么，并请他们在进行选择时谈谈自己的生活故事与心路历程。——译者注

证明自己："我想不起来失去父亲是什么感受了，但是现在回头看，很明显，我在寻找'如何成为一个男人'的榜样。我觉得我需要证明自己。类似'爸爸！快看看我！'那种感觉。"

马尔科姆·格拉德威尔（Malcolm Gladwell）在他的《逆转：弱者如何反败为胜》[1]（*David and Goliath*）一书中指出，失去父亲或母亲往往会使人长大以后比其他人更有野心。所谓的"杰出的孤儿"是指那些在18岁之前失去父亲或母亲的人。格拉德威尔不是第一个注意到这一点的人——美国临床心理学家J. M. 艾森斯塔特（J. M. Eisenstadt）早在1978年就已发现失去父亲或母亲与成功之间有一定的联系了。[2] 许多著名人物都是在失去双亲中的一方的环境中长大的：马尔科姆·X、玛丽莲·梦露、史蒂夫·乔布斯、杰米·福克斯、安迪·麦克纳、亚里士多德。甚至有更多的名人在失去母亲的环境中长大：蒂娜·特纳、麦当娜、波诺、埃莉诺·罗斯福、玛丽·居里、勒内·笛卡儿、伊丽莎白女王一世——尽管众所周知，这是因为她的父亲亨利八世将她的母亲处死了。在政客这个群体中"杰出的孤儿"似乎尤其普遍，历史学家露西尔·伊雷蒙格（Lucille Iremonger）发现，从19世纪初到第二次世界大战开始，67%的英国首相在16岁以前失去过父亲或母亲。[3] 几乎1/3的美国总统在小时候失去过父亲：乔治·华盛顿、托马斯·杰斐逊、詹姆斯·门罗、安德鲁·杰克逊、安德鲁·约翰逊、拉瑟福德·海斯、詹姆斯·加菲尔德、格罗弗·克利夫兰、赫伯特·胡佛、杰拉尔德·福特和比尔·克林顿。原来这么多人是在父亲缺席的环境中长大的！

桑德斯在30多岁的时候和父亲团聚，发现父亲有一个饼干盒，里面满满都是关于他这个儿子的剪报，自豪地记录着他的每一步成就。

当我听到这个时，鼻子抽动了一下，下一秒热泪盈眶。

我真希望我爸爸也这么做。

我立刻责备自己，怎么居然还想着他，还对他抱有一丝希望。他的离开仍然让我耿耿于怀，我对自己很恼怒。我必须——很努力——才能彻底忘记他。在失去和被拒绝的驱使下，我们努力奋斗。这并不健康，但是被抛弃的感觉肯定会给我们动力，激励我们去有所作为。

难道我们需要痛苦来激励自己追求目标吗？

"不！"当我问本-沙哈尔的时候，他这样回答（他不是一个说话拐弯抹角的人），"最优化主义者更容易成功，完美主义者则反之。而且乐观主义者也不太可能不快乐。"如果我们一直以牺牲平静和满足来追求成功，听到这句话可能会难以接受。那些长年累月卖力工作的人，恐怕难以接受他们原本其实可以更成功，可以少些压力。"但我更愿意称之为'沉没成本'[①]。"本-沙哈尔说，"如果你一生都在追求尽善尽美，现在是时候止损了。人非圣贤，孰能无过？（扔掉麦克

---

① 沉没成本（sunk cost），指以往发生的但是与当前决策无关的费用。人们在决定是否去做一件事情的时候，不仅看这件事对自己有没有好处，而且看自己过去是不是已经在这件事情上有过投入。我们把这些已经发生的、不可收回的支出（如时间、金钱、精力等）称为"沉没成本"。——译者注

风）凡事只要刚刚好即可。”

啊！是的，“刚刚好”是关于……

1953年，英国儿科医生和精神分析学家唐纳德·温尼科特（Donald Winnicot）提出了“刚刚好的母亲”[①]这个说法，在此之前，他研究了成千上万的母亲和婴儿，他观察到，当母亲以可控的方式让孩子失望时，孩子反而会从中受益。相比对养育孩子有着不切实际的崇高理想的母亲，那些“一般奉献的母亲”反而好得多。“他谈论的是母亲，但是你尽可以把‘刚刚好’这个原则应用到生活、事业和感情中去。”本-沙哈尔说，“事实上，我甚至想说‘你应该这样做’。”

他是本周第二个推荐我做温尼科特所倡导的“刚刚好的母亲”的人。第一个是神经学家玛娃·阿扎布（Marwa Azab），我在看过她的关于高度敏感人群的TED演讲之后联系到她。在一次深夜聊天中，我们最后谈到了“抵达谬误”和“德式胜利”（D-Win）（我想知道这个词作为唐纳德·温尼科特的缩写是否会流行起来）。在获得心理学学位和完成硕士课程后，她开始攻读神经科学博士学位，她的第三个孩子就是在她读博期间出生的。“真的很难，一边抚养三个孩子，一边攻读博士学位，我常常崩溃大哭，但是想要拿到博士学位的渴望激励着我熬了过来。”

最后，她终于拿到博士学位了——在2012年12月2

① 刚刚好的母亲（the good enough mother）一般被翻译成“足够好的母亲”，但唐纳德·温尼科特指的是介于对孩子不管不顾的母亲和对孩子无微不至的母亲中间的、做得恰到好处的母亲。

日——然而随后她就患上了轻微的抑郁症。“我一直在想，下一个目标是什么呢？为了实现这一个目标，我真的已经使尽洪荒之力了，”阿扎布说，“我已完全抵达谬误，从神经科学的视角来看，这很说得通。但是基于我所学的，我还有一种‘我该怎么办？’的疑问。”“关于德式胜利？”“没错，”她告诉我，“就是这样，关于‘刚刚好’以及温尼科特的相关理论。”这点对自我来说可能很难，阿扎布说，“尤其是作为一名女性，尤其是在科学领域。我必须在比我的那些男性同事更多的事情上做到‘刚刚好’。”

“比如说呢？”

“我想成为一位贤妻良母，想在事业中成为值得信赖的工作伙伴，但是我不得不经常说‘不’。”她说，“有很多工作机会我不得不婉拒，因为我还得照顾家庭，我还有家庭责任要履行。我知道很多男人可以工作到很晚，可以去外地出差，可以抓住任何机会。但是身为女人，我没那么奢侈。我早出晚归地工作，这些都是要付出代价的。我只能尽量兼顾工作和家庭。可能我未必做到了最好，但是我也基本完成了工作。我必须得考虑我的底线，只要是可以接受的就可以。必须得可以。”

要保持“建设性的悲伤”（constructively sad），而不是被“自我厌恶式的悲伤”（self-loathing sad）包围，我们就必须保持在“刚刚好”的轨道上。本-沙哈尔建议，要确保我们认为自己想要的东西确实是自己真正想要的。“你需要确定你追求的目标是真正有意义的，而不仅仅是你一时心血来潮的想法，”他告诉我，“它应该是一个内在的或自洽的目标——是我们出于深切的个人信念或浓厚的兴趣爱好所追求的目标，而不是随随便便的什么外在目标。”

接下来，就是享受过程的时刻了。

“享受实现目标的过程，”本-沙哈尔说，“这被称为目标达成前的积极效应，当你专注于这个过程并享受它时，你就会从成长历程和当下的氛围中获得乐趣。”他告诉我，他戴了一个手镯来提醒自己关注当下——手镯上面刻了一个字母“N”，代表着“现在”（Now）。

“我还在智能手机上设置了日历通知，提醒我每天冥想。”

呃！冥想。我不擅长冥想。我太容易走神了。

“你真的喜欢冥想吗？”我怀疑地问道。

“我很需要它。”他说。

“你需要设置提醒吗？”

“我们都需要提醒，每时每刻都需要。比如一个运动员，他不会因为现在能赛跑就停止训练了。”有道理。不过如果连哈佛的心理学家都需要提醒，那我们普通人岂不是得花更多功夫了？

桑德斯已经有所领悟了。“慢慢地，我开始有点开窍了——实现目标并不是从此就万事大吉了。”他说，“我当时在南极洲进行我的第12次探险，尽管我很钦佩兰努夫·费因斯，但是我并不想最后像他一样——”

“什么？为什么？我还以为他是你的偶像呢？”

“当然！他是！但我觉得他还是很渴望再来一次更大的探险——现在也是。所以我想，是时候好好想想，要达到那种满足感自己还要付出什么了。我内心纠结了很久，但是现在，我……很快乐。”我相信他说的话，因为他看起来确实很开心。“我已经意识到，把自我价值建立在外界的认可上是徒劳的，因为我们取得的成就越多，我们就越会发现人外有人，天外有天。”

我点点头：确实如此。

总会有人让我们感到自愧不如。嫉妒是一种丑陋的情绪。但是，可不可以避免呢？我问本-沙哈尔，他回答说：“只有两种人不会有内疚或嫉妒等负面情绪，第一种是精神病患者，第二种是死人。”

我问他：“你也会嫉妒他人吗？”

“我既不是死人，也不是精神病患者，所以我内心当然也会有这些阴暗时刻。不同的是，现在我可以成为一名观察者。我可以观察到自己所思所感的方式。哦，这很有趣！我会接受这个事实——尽管它不一定那么令人愉快。但是随着年纪的增长，我对自我的接纳越多，就越允许自己做真实的自己。”

做真实的，自己。

说来容易做来难。

这是我听到过的最不诱人的建议了，但我还是尝试了。我努力接纳自己。我不再看别人写给我的评论，我远离社交媒体一段时间。我花更多的时间陪伴儿子，每天好几个小时和他一起玩儿，给他读书。终于，他不再哭了。然后，我开始努力修复我的婚姻。

情感专家约翰·戈特曼（John Gottman）博士发现，婚姻美满的夫妻之间的正面交流是负面交流的5倍，[4] 所以我试图对丈夫更友好。心理学家还发现，夫妻开始疏远彼此的一个主要的原因是，他们忘记了彼此一路走来相知相恋的历程，忘记了为什么当初他们会对彼此倾心。英属哥伦比亚大学（University of British Columbia）的詹姆斯·庞泽蒂（James Ponzetti）博士研究了124对夫妻，发现那些能够强调他们婚姻的基础和走到一起的所有积极原因的夫妻，总是非常肯定自己的婚姻。[5] 重温恋情可抵岁月漫长，经常回忆一下两人相知相恋的过程，会抵消那些日常的怨恨和漫长婚姻生活中的残酷现实，比如那些让生活一地鸡毛的压力：来自孩子、事业、金钱方面的压力，以及对对方不把脏袜子放进洗衣篮里（只是举个例子而已……）的生气。在我的记忆中，T和我的共同爱好是吃中式点心，可能还有看水獭——当然，在11月寒冷的阳光下看水獭，似乎也不算是维系一桩婚姻的牢固基础……

我们从小到大都认为，恋爱就是一个目标。当我们完成这个目标之后，就会觉得要奔向的下一个目标就是生儿育女。正如比比·林奇观察到的那样，我们许多人从小到大接受的教育是，为人父母是成年人幸福生活的关键所在。我们认为，生孩子的情感回报超出我们付出的情感和经济成本，有个孩子会“让我们的人生变得完整”。但是，现实未必如此简单。

没关系，我想，我不怕“困难”。这条路是我自己选的，是我迫切渴望的。现在依然是。但我不会违心地说，抚养孩子是一点都不困难的，也不会去歪曲这段经历。我会实话实说。

研究明确表明，当家里有个婴儿的时候，生活满意度是会下降的[6]（特别是当墙壁上都是婴儿吐出的药物的痕迹时）。维克森林大学（Wake Forest University）的社会学家发现，不管生活状况如何，有孩子的人总比没有孩子的人更加抑郁。[7]在普林斯顿大学（Princeton University）的一项研究中，父母认为照顾孩子的愉悦度和做家务的愉悦度相似。[8]当然，生孩子也不全都是坏事：德国海德堡大学（Heidelberg University）的研究人员发现[9]，在退休以后，有子女的父母的幸福感略高于没有子女的父母——但前提是他们的子女已经独立生活了。关于这一点，T回答说：“那不是幸福，那是，解脱。”我们俩可能还得等上18年才能迎来这样的解脱。我喜欢做母亲，我很感激我儿子的到来，愿意为他付出我的一生。而且小孩子是很有趣的，就是这样。但是，养孩子依然是个苦差事，而且谁也不能保证，我们或者我们选择的伴侣生下来就有做父母的天赋。

我有三个朋友最终都成了很棒的父母，却是不合格的伴侣。其他朋友虽然婚姻经营得很好，却是不合格的父母。我们可能和一些人在一起，是因为喜欢他们身上的那种孩子般的纯真率性。然而如果换成我们和他们合作，一起运营一个非营利性的托儿所，他们身上的这种品质就不那么吸引人了。我们可能会和一个完美无缺、令人愉悦但在财务管理方面一窍不通的人结合。我们也可能会和一个花钱精打细算，但是对家务很不擅长（比如清理房间）的人在一起。在我周围看到的伴侣组合中，大多数伴侣（无论男女）都远非一身光环。正如一位单身朋友所说："我不知道为什么每个人都歪着头问我'还好吗？'，就好像我因为没结婚，所以只得了人生二等奖一样——我没得二等奖，我得的是一个与众不同的一等奖！要经营好一段婚姻，太难太难了！"她说的没错，还真是这么回事儿。

我们的宝宝过了一岁生日。有气球，有蛋糕。然后我们俩开始争论该轮到谁洗尿布了（绝对该 T 了）！有一天，在一家咖啡店里，我们正在为某件事意见不同而争吵，吵得面红耳赤，然后我就听到坐在我们身后的一对夫妻也开始用丹麦语争吵起来了，那场面简直与我们的大同小异。太好了，现在我们做的事都一样了！

情况如此糟糕，我们也只能自娱自乐了。

最后，T 和我去做婚姻咨询。这应该很有帮助，如果不是心理治疗师坚持叫我丈夫"詹姆斯"的话。他并不叫"詹姆斯"，名字和"詹姆斯"的发音完全不同。我们试着温柔地纠正她——我反复叫他"非詹姆斯"。他自己在讲到一些我们之间的故事的时候，也一直以"非詹姆斯"的第三人称称呼自己。我甚至在发邮件的时候，也署名"海伦和非詹姆斯"。但是这一切都无济于事。每周心理治疗师看到他，还是会问:“詹姆斯，最近怎么样?”

这个叫错名字的“詹姆斯门”事件很好笑，以至于我们都笑得花枝乱颤，只能紧握对方的手，以免失态。结果这个事反而阴差阳错地让我们心意相通了。每次我们告别心理治疗师之后，都会一直牵着彼此的手。下一周同样如此。经过几个月的婚姻咨询，尤其是“詹姆斯门”事件，我们感觉彼此的感情融洽了很多，决定结束咨询。我不确定未来会怎样，但“詹姆斯”和我的感情越来越好了，我们不再分床而睡，越来越和谐美满。难道，这就是那个心理治疗师一直以来处心积虑的狡猾计划?也许她是个特立独行的人，从不按常理出牌，但就是能把工作做好。就像穿着开衫的塔格特[1]，或者电影《比弗利山警探》(*Beverly Hills Cop*)中伪装成一名白人中年妇女的大侦探阿克塞尔·福利。谁能说得清呢。

我们俩都没怎么变。我们还是无法幸免于抵达谬误或巅峰综合征——尽管我们现在已经意识到了这一点。当现实生活出现麻烦的时候，我还是会靠一味地工作来逃避，而我那花钱大手大脚的丈夫还是会一味地追求购物带来的快感，还是不喜欢做家务活儿，尤其是洗衣服。但是，我知道他正在学着成为一名好父亲，想给他的孩子一切，包括再生个弟弟或妹妹。

这次是他先有一种莫名其妙很想再要个孩子的感觉——简直近乎疯狂。我自己倒觉得还好。直到有一天在超市，我

① 塔格特(Taggart)，一部同名电视剧的主人公。——译者注

听到婴儿啼哭的声音，发现自己也在哭。在那之后，我的内心也开始蠢蠢欲动了。几个月过去了，这个想法依然很坚定：我想再要一个孩子。理论上，这个决定并不明智：我们身处异国他乡，在这里人生地不熟；我们的第一次怀孕很漫长、很艰难；以及，我们只是在“詹姆斯门”事件以后，夫妻感情才刚刚好了一点。我们甚至还不确定，这个想法是否可行。但是，人的天性很难说，我们就是很贪心，就是想得寸进尺，再要一个孩子。这一次单纯的休息和放松并不能解决问题——带着一个蹒跚学步的孩子休息或放松是不可能的——奇迹不会再次发生了。所以我们只能又去生殖科做试管婴儿。我们家冰箱的抽屉里堆满了一盒又一盒生育药物。但是这一次，我们的试管婴儿成功了。

一切会很顺利的，我们告诉自己，如果有惩罚，那么我们也坦然接受。这一次我们没有盲目：当然，要孩子确实很难，但是我们知道自己要做什么！我们已经成功过一次了！我们会重装上阵，全力以赴！虽然，还不知道结果如何。

“有一个了，”在我第一次做B超扫描的时候，医生一边说一边把显示器向我这边倾斜了一下，“咦?！这里还有一个。”

是双胞胎！

我要有一对双胞胎了！

第十一章　历史回眸（观英伦）

当碧昂丝在Instagram上发了一张她穿着内衣的照片，官宣她怀有双胞胎的消息时，全网瞬间沸腾了；而我身边人知道我怀双胞胎的消息，是因为我去幼儿园接儿子的时候，忍不住在垃圾桶里呕吐了。

大家的反应各异。“恭喜恭喜！”无疑是人们说得最多的，但随之而来的是“哦！那你准备怎么办呢？”“那你可有的忙了！”和“天哪！我可应付不来双胞胎……”。

我也不确定自己到底能不能应付得过来，但这时，一个站在幼儿园门口的家长告诉我，他有8个兄弟姐妹，而且“我们都在家里上学”。

“那么多孩子怎么照顾得过来呢？”我很震惊。

“要有耐心。”他只回答了这几个字。

那是当然。

“而且，我们的父母很善于化繁为简：他们让我们给每个孩子培养一种兴趣——一件我们热爱的事。这个兴趣可以是一个爱好、一项运动、一种乐器或者交朋友。但是我们必须选一个，然后坚持下去。”嗯，不错，好方法。

一位生了三胞胎的母亲听到我怀双胞胎的消息的时候，用一种好斗的眼神看着我，好像在说："可别想对我抱怨！女人啊，勇敢一点！"所以我得努力。但是，我的身体里长出了两个正常大小的婴儿和两个胎盘，这点我们都知道，可不是一件轻松的事。

我并不想把自己和碧昂丝相提并论（这是我自己的人生目标），但是在我们孕育双胞胎的过程中，我俩肚子里的小生命的发育轨迹颇为相似。一开始是两个独立的细胞群，后来随着发育，我的腹部像电影《查理和巧克力工厂》（*Willy Wonka's Chocolate Factory*）里的维奥莱特·博雷加德一样膨胀起来。我一周比一周圆润，有一次，一个友善的邻居告诉我，他发现我的肚子仅仅一个下午就胖了好几厘米。碧昂丝和我在怀孕期间体重都增加了27公斤——只不过她身高1.69米，犹如亚马逊女神，而我呢，则是一个身高仅1.6米的霍比特人——而且从长达10年的厌食症中恢复过来没几年！

我只能挣扎着呼吸，因为我肺部的空间比以往缩小了很多。在怀孕期间，心脏工作的难度增加了50%，我每时每刻都感到全身发热。我的身体膨胀得像赛米德［内斯比特的《五个孩子和沙精》（*Five Children and It*）一书中的神秘生物］一样，我再也不能平躺着睡觉了，坐着的时候身体也不能保持90度了，因为我的体重早已超出了我的身体通常能承受的那个点。这就导致整个消化过程也变得很艰难（我的体会是：如果你没法坐在马桶上，那么走到卫生间就已经很辛苦了)。我的盆骨变得绵软无力，只能坐轮椅每周去做一次高龄产妇孕期体检，家里的淋浴间也安装了安全扶手。走路的时候，我感觉每走一步就像是有一把刀在割我的腹部，没有人能确定我们母子三人最终能否平安，所以我只能卧床休息两个月。

那时我每天靠在几个支撑成 45 度角的枕头上躺着——这勉强能让腹中的婴儿和内脏器官保持一些距离，以免互相挤压得太厉害——而且一躺就是一整天。很快，我的臀部和尾骨上就长了褥疮——由于长期压力，皮肤和皮下组织出现了溃疡。我上下床都得有人帮忙，隔一会儿就得翻个身，感觉自己像烤架上的猪排一样。这时我能做的只有思考、感受、回忆和……担心。我能顺利生产、母子平安吗？如果我们走了，T 能自己照顾好我们的儿子吗？如果我们平安渡过这一关，精神上会留下阴影吗？我读过《黄色壁纸》(“The Yellow Wallpaper”) 那个短篇小说，[1] 我知道其中的重重煎熬。

我的世界缩小到只有四面墙壁围起来那么大。偶尔会有朋友们来看我，但是大多数时间，只是我自己。我非常了解自己，知道那时的自己正在悬崖边上摇摇欲坠。所以我开始写作，直到写不出来为止，因为疼痛得太厉害了，我疲惫不堪，写出来的字都变成类似这样的乱码：kj8f7g****%0q9rjw/;fu ‘yfw.f(这也太后现代了吧！)。

我提醒自己，这个难关只是暂时的，两个月后我会得到两个宝宝。我提醒自己，在很多方面我已经很幸运了——对整个世界历史而言，我承受的这点痛苦又算什么呢？我提醒自己，世人皆苦，众人皆难。但是，“我”又不太相信“我”自己（“我”是个怀疑主义者）。所以为了自证，我花时间研究了一下悲伤简史。其好处是:（1）经过深入了解我发现，我的情况其实没有那么严峻;（2）这段经历可以帮助我更好地审视事物;（3）我注意到，正如我们在第六章发现的那样，20 世纪 80 年代和 90 年代长大的人从课堂上学到的关于世界历史的知识其实远远不够。

我了解到，早期的埃及和巴比伦文明，把悲伤视为一种恶魔附身，他们用惩罚肉体和饥饿来驱逐恶魔。所以我庆幸，至少没人说我是被魔鬼附身了。“流浪子宫”的说法也出现在古埃及，后来被称为“歇斯底里症”（hysteria），源自“hystera”（希腊语，“子宫”的意思），用来形容女性流露出来的极端情绪。[2] 他们认为，子宫会在身体内“游来荡去”，从而造成堵塞，引起各种各样的疾病和不必要的异常情绪。古希腊和古罗马的情况也好不到哪里去，虽然那里的医生们已经开始怀疑，情绪低落可能既是一个生理问题又是一个心理问题，并可能会促使你去做一套健身操、按摩、开始特殊饮食或者经常洗澡，以减轻症状。在西方医学奠基人希波克拉底的著作中，忧郁症被认为是一种疾病，是由身体体液不平衡导致的。希波克拉底认为，我们的身体由 4 种物质组成：血液、黄胆汁、黑胆汁，还有黏液。任何一种疾病都是体内这几种液体之一过量的结果，而医生的工作就是通过排便或放血来让这几种体液重新恢复平衡（我感觉希波克拉底对儿童的体质并不了解，根据我的经验，儿童体内 80% 的体液都是黏液，但是他们精力仍然非常充沛）。

到了中世纪，如果你感到悲伤，基本上意味着上帝憎恨你。对于中世纪欧洲的神职人员来说，忧郁是一种你有罪的迹象，说明你需要忏悔，大概得念上10遍“万福玛利亚”（Hail Mary）祈祷文。在乔叟写于14世纪的《坎特伯雷故事集》（*Canterbury Tales*）中，绝望和冷漠是与懒惰相提并论的，同属于人类七宗罪之列。如果你极度悲伤或情绪低落，则意味着你无法履行作为一名良善的基督徒的本分，很可能你的归宿是在炼狱中洗涤罪过（为乔叟欢呼）。

到了文艺复兴时期，作家和哲学家看待悲伤的态度就轻松一点了，他们认为悲伤是与创造力相关联的，对“受折磨的艺术家”这个说法非常推崇。在许多文艺复兴时期的男人们看来（让我们面对现实吧，当时女人的话语权还很小），悲伤也意味着你与上帝的距离更加接近。1590年，作家埃德蒙·斯宾塞（Edmund Spenser）甚至认为，悲伤是灵命委身的一种标志。这让我觉得有点讽刺：因为16世纪也是英国开始参与奴隶贸易的时期，英国后来成为大西洋两岸进行人口贸易的主要国家——所以英国人酿造的“悲伤”并不少。与乔叟的理论形成鲜明对比的是，到了16世纪，开始有一种观点认为，如果你觉得快乐，很可能是因为你从一些不那么神圣的东西中获得了快感——比如性或酒精。当你想到在16世纪90年代，1加仑[①]啤酒就像面包一样被认为是一种日

① 加仑分为美制加仑和英制加仑，文中为英制加仑，1英制加仑约合4.5升。

常主食，人人都不离手，你就会觉得这也太糟心了！当时英国海军每人每天会发放 8 品脱啤酒。[3] 换句话说，他们经常喝得酩酊大醉。

不幸的是，我对中世纪历史的研究到此就戛然而止了，那些尘封的旧课本和我家里的藏书也就只能带我读到 17 世纪。但是，回眸历史很有帮助，我想再多了解一些。所以为了能继续和自己对话，我就找了一个专家咨询，他就是托马斯·迪克森（Thomas Dixon），伦敦玛丽女王大学（Queen Mary University of London）情绪历史研究中心的历史学教授。迪克森在他的《哭泣的大不列颠：一个流泪国家的肖像》[4]（*Weeping Britannia: Portrait of a Nation in Tears*）一书中，探索了眼泪的历史和不苟言笑的英国人，并且提倡了解情绪发展历史的重要性。“长久以来，世人的生活都是如此凄惨——比如婴儿死亡——所以关于如何悲伤，我们可从历史中学到很多。”他告诉我。

比如说，在 17 世纪，儿童、妇女和老人被认为是更爱流泪的，但是当时哭泣基本上是一种令人不齿的行为。当时还有一种普遍的观点认为，流汗、哭泣和下雨，其实是同一回事，都是身体或空气中的水蒸气被转化为水的过程。这意味着，流泪不完全是你的错，只是有点不得体，是一种也许可以通过更好的身体自律来避免的行为。

随着启蒙运动时期科学技术的进步，思想家们开始从机械的角度思考我们的身体是如何工作的，他们把悲伤视为人体机器的一种“故障”。但是后来，18 世纪的英国医生乔治·夏恩（George Cheyne）提出一种理论，即忧郁是由机械化带来的那些所有新型舒适和奢侈品导致的。人们做体力活的时候少了，闲坐无事的时候多了，难免开始更多地胡思乱想。为了消除这种可怕的颓废生活带来的负面影响，老乔治开出了素食主义这个药方（当然，他显然觉得这个要坚持做到还是挺难的）。“在18世纪，忧郁症也被称为‘英国病’，”迪克森告诉我，“因为英国阴雨天气多，常年烟雾弥漫，人们很容易出汗。”显然，英国人以爱出汗著称［我的波兰编辑后来告诉我，即使到现在，英国人仍然以爱出汗闻名（“哦，是的，我们认为英国人确实太容易出汗了！”“哦。谢谢……”）］。

然后到了1789年的法国大革命，正如学者雷切尔·休伊特（Rachael Hewitt）在《情绪革命》[5]（*A Revolution of Feeling*）一书中说的那样：“那10年是塑造了现代思想的10年。”她假设，我们如今所说的情绪就是法国人对一切事物愤怒的直接结果，比如蛋糕，比如贫穷（原话并不是这么说的，我只是转述了一下她的大意）。“法国大革命被描述为‘感性的人文主义’，”迪克森解释道，“而英国人对法国大革命的看法是，这种新的‘情绪崇拜’迅速堕落为‘残暴’。”有一种这样的感觉：“如果你太感性，看看会发生什么！”因此，英国人自然而然地反对感性：“我们不是天主教徒。我们没有那么异端……”

这种把悲伤视为“他者”的情况，在英国也一直存在。迪克森给我讲到了一个医学专家，这个专家断言，兴奋性忧郁症（excited melancholia）在凯尔特人和女性群体中更为常见。我告诉他，作为一个有爱尔兰血统的女天主教徒，我随时都有可能出现兴奋性忧郁症。还记得达尔文曾经认为眼泪是“百无一用”的吗？他还评论说：“英国人很少哭，除非是在极度悲痛的情况之下；而在欧洲大陆的某些地方，男人的泪水则来得轻易、随意得多。”[6] 从 19 世纪开始，帝国主义国家的种族主义倾向越来越明显，到处宣扬欧洲人是“优等民族”。“这时的眼泪被认为就像可有可无的阑尾，”迪克森解释道，“无论男女，它都是来自过去的无用残余。”这对男人来说是一种不必要的烦恼，对弱势性别——女性——来说，则是一种令人遗憾的必然。然而，也有很多令人难过的地方，比如当时婴儿的死亡率仍然居高不下，民众的生活依然艰难。

1840 年，查尔斯·狄更斯出版了《老古玩店》（*The Old Curiosity Shop*）一书，全英国的读者都在为小内尔遭遇的困境而哭泣。“在狄更斯生活的那个时代，婴儿死亡率之高，是我们大多数人都难以想象的。”迪克森指出。那时候很多人可能都会失去女儿或儿子、姐妹或兄弟——而且很可能不止一次。到 19 世纪末，英国 1/4 的死亡人口都是婴儿——而且这种死亡是不分贫富的。迪克森知道一个家境殷实、受过良好教育的家庭，家中 7 个孩子有 5 个因患上猩红热而死。这故事如此悲惨，让人不忍听闻。随着人口爆炸和城市化进程的加快，人口居住密度越来越大，并且卫生条件通常很差。

"当教堂墓地再也没有空间的时候，你需要另找一个地方来安放尸体，所以死亡成为公民规划的一部分。"当我想了解英国维多利亚时代的更多相关情况时，我联系到了埃克塞特大学（Exeter University）的约翰·普朗基特（John Plunkett）教授，他这样说道，"死亡无处不在，变成了人们之间永远聊不完的共同话题。"19 世纪 40 年代，在有医学死亡证明之前，当时查验尸体和确认死者身份通常是靠观察尸体和触摸尸体来完成的。面对如此短暂而苦难的生命，许多人只能告诉自己，这是上帝的安排，是基督徒受难的传统，以此接受死者的命运。但是，维多利亚时代的人也会举行一些象征性的仪式来缓解悲伤。研究人员已经证明，无论失去的是什么——工作、感情还是亲人，仪式都可以帮助我们缓解悲伤。2014 年，哈佛大学的一项研究发现，哀悼仪式对我们重拾掌控感至关重要[7]——自 2019 年新冠疫情暴发以来，许多人应该对这一点深有体会，因为禁止公众聚集使得葬礼无法举行。相比之下，维多利亚时代的人尽管可能失去了很多亲人，却可以通过参加哀悼仪式来缓解伤悲。

在一个日益富裕、中产阶级不断壮大的时代，葬礼成了高调隆重的大事件——奥利弗·特威斯特①的第一份工作就是走在灵车前，做出得体的悲痛表情。那时守灵是非常普遍的悼念活动，维多利亚时代的人还有许多其他习俗和传统来纪念亲人的死亡。比如拨停时钟，以纪念逝者离开的那一瞬

① 奥利弗·特威斯特（Oliver Twist），狄更斯小说《雾都孤儿》中的主人公。——译者注

间，并让逝者“继续前行”；比如遮住镜子，这样逝者就不会被困于尘世，其他任何可以反光的表面也都要被盖住，确保在哀悼仪式期间不会唤起家庭成员那虚荣的爱美之心。还有，当遗体被从家里运走时，是头朝外先出去的——以免逝者把其他人一起带往另一个世界。

然后是尸检后的照片。“价格低廉的摄影技术的出现，意味着更多的人可以保存他们家庭成员的影像——这样就有了一个可以永远怀念逝者的信物。”普伦基特说。逝者经常被摆放得好像不是死去了，而只是睡着了——尽管一些遗体被不熟练地支撑起来，或者被摆放得像活着的时候一样。[8] 一张我永远无法忘记的谷歌图像证实了我的直觉：确实有点诡异。

维多利亚时代的情节剧和过度煽情的氛围，让人们可以使用语言来表达自己的情绪，借助一系列手势、行为和仪式来缓解伤痛之情——尽管这些情绪大部分仍然是有性别之分的，被认为是“女性化的”。在狄更斯另一部小说《董贝父子》（*Dombey and Son*，1848）中，主人公董贝先生命运坎坷，他是一位鳏夫，但他似乎并没有怎么感受到丧妻之痛，没过多久就迅速再婚了，当时的习俗就是如此。女性应该为死去的丈夫服丧 2 年，而对男性的要求则宽松得多，丧妻 3 个月之后就可以再娶了［毕竟，他们的生活很忙碌……（翻白眼）］。第一年，寡妇需穿着黑色绉纱素服，材质很是硬挺粗糙，乏味寡淡；一年之后，她们才可以进入“较为轻松”的服丧期，这时候她们的服饰以灰色或淡紫色为主，可以佩戴简单朴素的珠宝首饰。首饰不是佩戴在头发上的，而是用头发制成的，确切来说，是逝者的头发。逝者的头发会被编织成一个花环，或者被镶嵌在一枚金胸针里。这种死亡的记忆（“记住你逝去的丈夫”）也许现在看起来有点奇怪，但这和我们把亲人的骨灰做成钻石又有什么不同呢？

1861 年，维多利亚女王的丈夫阿尔伯特亲王去世后，女王的做法更加无可挑剔。她吩咐建造了一座 54 米高的金色亭子，里面有一座她已故丈夫的雕像（这里现在是伦敦肯辛顿花园的阿尔伯特纪念堂），亭子正对面是拥有 5000 个座位的皇家阿尔伯特音乐厅。维多利亚从此进入了长达 40 年的哀悼期，直至她生命的最后一刻。

“但即使在阿尔伯特去世的时候，文化潮流已经开始有所转向了，”普伦基特说，“新一代年轻人觉得这些浮华的追悼仪式有点老派过时了，再加上当时伦敦正值霍乱暴发之际（仅 1866 年的最后一轮疫情就导致 5000 多人死亡），这意味着再举办如此大规模的哀悼仪式是不可能的。”在美国，南北战争（1861–1865 年）夺去了 62 万人的生命（而当时的美国总人口也只有 3500 万），使其成为美国历史上代价最惨痛的冲突。第一次世界大战（死亡人数介于 1750 万到 4000 万之间）以及其后的 1918 年流感大流行（死亡人数 5000 万）造成了灾难性后果。尽管人们悲痛欲绝，想要举办隆重奢华的葬礼及哀悼仪式来纪念逝者，但是如此大规模的生命逝去使人们不可能再举办这样的哀悼仪式了。

第一次世界大战摧毁了整整一代人的生活，但是战争造成的创伤并没有止步于战场。双方的无数士兵从前线战壕中归来，带回来的是战争给他们留下的恐怖性后果：盲、聋、哑、瘫；还有严重失眠、极度焦虑、面部抽搐、慢性腹部绞痛。有些症状，医生暂时找不到任何身体损伤来解释，所以 1915 年医学期刊《柳叶刀》（*The Lancet*）上的一篇文章就创造了一个新的术语——“炮弹休克”①——来描述士兵们遭受的创伤。其实他们本来也可以使用另外一个术语，德国波鸿鲁尔大学（Ruhr-Universität Bochum）的斯托扬·波普基罗夫（Stoyan Popkirov）在发表于《英国医学杂志》（*British Medical Journal*）上的“不同的炮弹，同样的休克”[9]（“Different Shell, Same Shock”）一文中写道：“炮弹休克的表现被认定为功能性障碍。毋庸置疑，歇斯底里症也会影响男性，而且是为数众多的男性。”但如果把这种原本被认为是专属于女性的一种侮辱（即歇斯底里症）用在描述被战争伤害的男性身上，似乎有些过分，所以就沿用了“炮弹休克”这个词（美国精神病学会出版的《精神障碍诊断与统计手册》在 1980 年才删除“歇斯底里症”这一条）。其中 4/5 的“炮弹休克”患者再也无法回到军队服役，只能无声地与自己的创伤搏斗，因为承认软弱被认为是“没有男子气概的”。悲伤再次成为一种禁忌。而此时英国文化的另一股中坚力量已经整装待发了，它决定了英国人应对（或者干脆

① 炮弹休克（shell shock），又称弹震症，受炮击等战斗刺激而导致军人出现的失能症状。

地说，不应对）悲伤的方式：英国公学①。

在发表于1926年的《论英国人的性格》（“Notes on the English Character”）一文中，E.M.福斯特写道：英国公学培养的年轻人“四肢非常发达，头脑较为发达，但情感欠发达”。[10] 这里普及一条冷知识：公学不是公立学校，相反，它是需要付费的私立寄宿学校，目前在英国仍然存在。虽然只有一小部分人上过公学，但它对整个国家的影响是巨大的——因为很多管理这个国家的人都上过公学。英国寄宿学校是一种独特的文化现象，对英国社会产生了巨大的影响，因此在“悲伤”的历史中，它们值得书写一笔，思考一番。

只有大约7%的英国人上过私立学校，[11] 但是多年以来，这一群体在议会的代表席位比例一直居高不下。[12] 自1721年首次出现“首相”这个角色以来，英国共产生55位首相，其中60%上过寄宿学校，[13] 36%曾独自就读于伊顿公学。在写本书的时候，前伊顿公学的学生鲍里斯·约翰逊（Boris Johnson）正任英国首相一职。他在11岁的时候，就被家里送到寄宿学校上学。[14] 这一点很重要，不是因为这些人享有特权，而是因为在某些关键方面，他们有所欠缺。记者乔治·蒙比尔特（George Monbiot）把寄宿学校称为“一种奇

① 公学（public school），部分与皇室有关，部分由一些较富有的社会人士设立，为他们的子女提供教育。公学最早是为比较贫穷的人家或平民的子弟提供教育的场所，但到18世纪逐渐发展成贵族学校，入读这种学校的基本条件不是学费，而是家庭背景。校方会先衡量申请者的家庭是否合乎学校的校风，即该家庭是否属于中产或贵族，才决定是否招收这位学生。

特的英国式虐待”[15]，在那里，尤其是男孩和男人被教导不要表现出软弱或情绪化（这两者被视为同义词）。2011 年，心理治疗师乔伊·沙维瑞恩（Joy Schaverien）发表在《英国心理治疗期刊》（*British Journal of Psychotherapy*）上的一篇文章创造了“寄宿学校综合征”（boarding school syndrome）一词，[16] 用来描述在一组成年人身上长期存在的心理问题，他们的共性是，都在很小的时候被家长送到寄宿学校就读。她说，孩子很小的时候就送他们去上寄宿学校，固然有其好处，但是更有父母想不到的问题，是家长付钱自找麻烦。沙维瑞恩认为，孩子过早与父母分开，会导致其在成长过程中遭受严重的伤害，在成年后容易压抑自己的情绪，甚至患上创伤后应激障碍。传统上，许多父母认为这种分离是一种“伤口和伤疤”，从长远来看可以让孩子变得更加坚强。但实际上，如果让一个孩子在“一座昂贵的监狱”（一位前寄宿学生曾经这么说）中度过他的性格形成期，是会影响孩子一生的。

我以前曾和几个小时候上过寄宿学校的男性交往过，现在回想起来，沙维瑞恩所描述的种种影响在他们身上都有体现。我感觉，他们的成长环境和我的完全是不同的。[17] 被我的口音蒙蔽，有些镀金之门曾为我打开过一条缝，以评估我是否与之相配（结果发现我不配），所以我借此机会窥视了“另一边”的生活是什么样子的。在离开《放轻松》杂志之后不久，我有了一份工作面试的机会，来自一家一直走在时尚前沿的杂志（我的职业生涯还算比较顺风顺水）。那是一个派头十足的编辑，说话语速快得令人咂舌，他问了我以下两个问题：

1.“你上的是哪所学校？”

2.“你父亲上的是哪所学校？”

我回答“一所有修女的教会学校”和“不知道”，他听了相当不满意。最后，我没有得到那份工作，因为我没有上到“对的”学校，没有加入那些自信满满的男孩女孩的行列——他们彼此流露出友情却又保持一定的距离。

当然，并非所有在寄宿学校的经历都是一样的，也不是所有在寄宿学校上过学的人都会压抑自己的情绪。亨利·希金斯——之前和我聊过我们的道歉习惯的那位作家——他以前也是伊顿公学的寄宿生，他坚称：“我并没有因此而情绪发育不良！”他向我保证说：“每一所学校肯定都是不同的——拥有不同的文化和价值观。当我想流露情绪的时候，可没人告诉我千万别这样。”

“除了在打板球的时候？”我确认道，回想起他以前说过在球场上不要显示出软弱的重要性。

“除了板球，”他承认，“但我认为上寄宿学校的人都是有个体差异的。他们可能来自那些不赞成轻易表露情绪的家庭，我认识的一些人在寄宿学校不开心，但是他们无论在哪儿，都属于开心不起来的那种人。”

我同意他的观点。但我还是觉得……潜在的紧张氛围、

情绪压抑的家庭 + 军事化管理的、单一性别的住宿学校（通常如此）= 需要多年的治疗。

1882 年，在阿斯科特的圣乔治学校（St George's School），一个 8 岁的男孩因为弄坏了校长的帽子和从储藏室里偷拿糖果而遭到鞭打。这个男孩后来写道："按照圣乔治学校的校规，用桦树枝条抽打犯错的学生是当时课程的一大特色。"[18] 这个男孩的名字叫"温斯顿·丘吉尔"，一个在英国流行文化中已经成为不苟言笑的代言人的男人。

在我目前为止做过的访谈中，很多采访对象认为自己太过于压抑情绪是因为丘吉尔。作为一个历史伟人，他绝不是没有问题的——相信种族优劣论、人种优生学，并且正如传记作家理查德·托伊（Richard Toye）在《丘吉尔的帝国》（*Churchill's Empire*）一书中所描述的那样，他代表了"大英帝国野蛮残暴的一面"。[19] 一些心理学家也把矛头指向了这位前首相，认为他在战争期间发表的一些演讲和讲话向大众宣扬要压抑情绪，暗示他对英国文化的影响是相当巨大的（在一定程度上对美国文化也是）。为了在二战期间赢取胜利，丘吉尔敦促英国人勇敢起来，保持沉着冷静，继续战斗（不是他的原话，而是他不可磨灭的精神内核）。由于自己忧郁阴沉的性格，丘吉尔引导的英国国民性格也倾向于沉默内敛，这对英国社会产生了连锁反应，其影响持续至今——一如文学作品中展现出来的。但是，正如迪克森提醒我的那样："丘吉尔是喜欢哭的。"

1940 年 5 月 13 日，当丘吉尔成为首相的那一天，他对内阁成员说：“吾所能奉献者，无他，唯热血、辛劳、泪水及汗水耳。”丘吉尔在私下和公开场合都曾经哭过。“当他下令摧毁一艘在非洲的法国舰队时，他哭了。”迪克森说，“当他看电影《汉密尔顿夫人》（*Lady Hamilton*）的时候，他也哭了。”显然，丘吉尔很喜欢这个艾玛·汉密尔顿哀悼已故的纳尔逊将军的故事。“这部电影他看过八九遍，还会推荐给他身边的人，让他们每一个人也都看看。”迪克森说。但是，当然，为艺术而哭泣，从古至今一直都是更容易被接受的。

为艺术而哭泣，意味着我们不是为自己而哭泣，而是为他人的苦难而哭泣。这种行为更加“高贵”，而且可以缓解我们低落的情绪，正如我们从“眼泪教授”艾德·温格霍茨那里了解到的那样。在我们平日的大部分时间里，我们可以“控制住自己的情绪”，但当我们欣赏艺术作品的时候，可以被它们瞬间感染，自由自在地表达我们的情绪。而且，这种情绪表达是可以随时抑制的，因为我们可以随时停止欣赏艺术，继续做其他事情。还有“战争”在等着我们，我们无论如何都得想办法熬过去。压抑情绪还有其他情有可原的动机。一开始，人们的悲伤几乎没有宣泄的出口，也几乎没有人愿意倾听，因为其他人也都在承受着痛苦。更重要的是，他们还得继续工作，继续生活。因此，一代人都是这样长大的，他们认为“继续生活下去”就是最好的选择——认为如果我们避而不谈一件事，它就不会伤害到我们。

因此，我们的民族自豪感与不轻易表露情绪紧密相连起来了，我们自我界定的形象与其他欧洲国家完全不同——有点像法国大革命时期的法国。迪克森写道："这种英国人的坚忍与战地记者所报道的德国和日本指挥官向同盟军投降时泪流满面、痛哭流涕的'可悲场面'形成了鲜明对比。"[20] 听闻欧洲战场的胜利，人们顿时欣喜地哭泣，随后这些身心俱损的参战人员返回家中——我的祖父也是其中一员，此前他已经在战俘营里被关了好几年。但是他从来没有提过这件事，坚强、乐观地度过了余生。

到了20世纪中期，神经科学的进步使精神病学家和心理学家可以深入了解我们的大脑是如何运作的——而不是仅凭"猜测"和"魔鬼的操纵"。科学家证实，化学物质和电流共同构成了我们的大脑活动，大脑的不同部位负责不同的行为和情绪。所以到了20世纪下半叶，至少我们可以悲伤了，但可能在公众场合还不可以。

到了20世纪70年代，人们的态度又发生了变化。婴儿潮期间出生的一代长大成人了，他们是更能体会自己情绪的一代：他们的内心更柔软，比经历过战争、情绪压抑的父母一代更加叛逆。迪克森指出，在英国这10年里，有一些先驱者，尤其是"男人中的男人"鲍勃·斯托科（Bob Stokoe），作为纽卡斯尔联队的球员，他在赢得足总杯冠军后流下了喜悦的泪水。"20世纪70年代，成年男性也曾经被琼·贝兹①感动得掉泪，或者因为用割草机除草的时候不小心弄死了一只刺猬而落泪。"迪克森跟我提到了我现在第二喜欢的菲利

① 琼·贝兹（Joan Baez），美国民谣歌手、作曲家。——译者注

普·拉金（Philip Larkin）的一首诗——《割草机》（“The Mower”）。[21] 人们现在又可以去感受自己的情绪了，但也并不是全无问题。

“婴儿潮一代”是指出生于1946年至1964年的那一代人，他们通常教育自己的孩子要更加开放，更强调自尊。“这时候大家开始强调要自我保护，”心理学教授纳撒尼尔·赫尔解释道，“我们开始努力追求快乐，把它作为头等大事。”我们现在被允许感受自己的情绪了，但最好还是感受快乐。

到了20世纪80年代，美国心理学家保罗·埃克曼（Paul Ekman）将悲伤列入人类的6大基本情绪之一，其余分别为愤怒、恐惧、快乐、惊讶和厌恶（尽管现在这已经被证实是我们可以学习的东西）。所以悲伤不再是道德上的失败，但是让孩子悲伤越来越被认为是为人父母的失败。

被万千爱戴的女神戴安娜王妃香消玉殒，举国哀痛，据说英国人认为她的仙逝将这个国家带入了一个全新的时代，一个更加注重表达伤感情绪的感性时代。[22] 21世纪的第一个10年，掀起了电视真人秀的综艺热潮，其中包括注重展现嘉宾的情感故事的真人秀。像在《X音素》（*The X Factor*）或《英国达人秀》（*British Got Talent*）等节目中，评委们被要求流露真情实感，甚至要哭出来。比如歌手谢丽尔·科尔（Cheryl Cole），迪克森在他那本很理性的书中放了一张她的照片，整整占了半页篇幅，并对她进行了细致入微的剖析，认为她是一个“教科书级别的哭泣型评委”[23] 及一个令人羡慕的“美丽的哭泣者”。

“关键是，”迪克森解释说，“我们现在开始学会哭泣了。而在过去，我们只会觉得那些事情太微不足道了，不值一哭。”

但是，基于“眼泪教授”的研究和我自己的研究，我觉得有必要在下面提示一句：“不适用于每个人。”因为，不是每个人都会哭泣的，现在依然如此。但学会哭泣是件好事。或者至少，比对什么都完全无动于衷要好。

“嗯……”迪克森犹豫了一下。“为每件事哭，是个巨大的奢侈，”他最后说，“地缘政治形势很可能会发生变化，那我们就不会拥有这种奢侈了。”哦，上帝！这也可能意味着在20世纪，我们就已经忘记怎么处理大事件了。在追求幸福的过程中，随着表达悲伤的传统仪式的消失，我们比以往任何一个时候都更难以识别、接受和感受日常生活的痛苦和煎熬，至少在很多西方国家都是如此，因为整个大环境的问题。“眼泪是由我们对世界的信念产生的，所以很重要的一点是，要认识到人们对情绪的看法是因文化而异的，它并非放之四海而皆准，”迪克森说，“世界上有很多文化相对主义。”

我们的做法并非所有人的做法，所以为了更好地了解和应对悲伤，我们需要跨越自己的边界，摘掉那副名为“文化偏见”的眼罩。

我们出发吧……

第十二章　历史回眸（看世界）

离开英国后，我花了数年时间研究世界各国的幸福观。我写了《幸福地图集》[1]（*The Atlas of Happiness*）一书，探讨世界各地关于“幸福”的独特文化观。但我也可以轻松地写出一本关于悲伤的书，讨论其他国家如何处理悲伤。因为我们的行为方式是如此不同，因为其他国家有许许多多能帮助他们更好地悲伤的仪式可供我们学习——它们是如此有趣且富于启发性。

以希腊为例，这个国家近年来发展得不是很顺利，但他们的文化传统是表达情绪而不是压抑情绪，这有助于他们渡过难关。哀悼逝者在希腊是一项重大的公共事件，希腊人传统上认为，大家一起哭泣可以建立人们之间的情感纽带。就像一个希腊朋友喜欢提醒我的那样：“当悲伤被分担时，它的程度会减半。”在不丹，火葬场位于城市的中心位置，这样孩子们从小就知道失去和死亡是不可避免的。西班牙的传统主义者会隔着一块玻璃凝视逝者的遗体，与他们共度生命的最后时光，思考生死与得失。如果选择加泰罗尼亚风格的送别仪式，遗体会被摆放在房间中央的一个陈列柜里，这样家人就可以与逝者再待一整天。在犹太教中，有“坐七”（sitting shiva）的哀悼习俗——直系亲属会待在家里守丧7天，以示对逝者的尊敬。① 印度教徒则会哀悼13天，最后以一种被称为“祖灵祭”（sraddha）的仪式告终，以后每年逝者忌日那天也会进行这种仪式。

许多文化的哀悼仪式都相互矛盾，甚至南辕北辙，但是哈佛大学的研究人员发现，最重要的不是我们做了什么，而是我们在做一些事情。2014年的一项研究还发现，我们甚至不一定需要相信或认可那些五花八门的仪式的作用，它们就能帮助我们哀悼逝者，重获对人生的掌控感。正如法国社会学家埃米尔·杜尔凯姆（Émile Durkheim）在1912年所说的那样：“感谢哀悼，它可以让我们忘掉哀悼。”[2] 任何形式的仪式都是有助益的，而这正是现在许多西方文化所欠缺的。

我们从未有过这种哀悼文化，所拥有的仪式也少得可怜。但我们需要这些集体仪式来帮助我们表达情绪。在其他国家，不仅仅是死亡会让人们以一种有助益的方式来哀悼它，别的东西也会。比如，巴西人设立了一个专门的全国性节日来“saudade”②——这是葡萄牙人对曾经拥有的幸福的一种悲伤和怀念，又或者是他们对可望而不可即的幸福的一种渴望。闭上眼睛，想象一下，如果我们有一整天时间为生

① 丧礼结束后，家属会按传统穿着刻意被撕破的衣服，待在家中7天。——译者注

② 这个词被用来描述一个人的怀旧、乡愁情绪，或被用来表达对已经失去的喜爱之物或喜爱之人的渴望。它经常带有一种宿命论的口吻和被压抑的情绪，而渴望的事物可能永远不会真正归来。——译者注

活的不如意而悲伤，那会是什么感觉。在韩国，一些公司为了帮助员工感恩生命，鼓励他们体验死亡，参加自己的葬礼。[3] 员工们会观看比他们处境更糟糕的人（比如身患绝症的人或战争的受害者）的视频，然后给自己的亲人写信，最后躺在木质棺材里思索人生，感恩自己所拥有的一切。

对于澳大利亚土著和托雷斯海峡群岛的居民来说，人们对情绪的构建和理解是基于一种传统的“Kurunpa”精神——一种土著居民生命的力量和本质。“Kurunpa”非常容易受到创伤、伤痛、失去、社会动荡、悲伤与绝望的影响；[4] 与全世界3.7亿多遭受虐待的土著人一样，悲伤对他们来说并不罕见。澳大利亚土著和托雷斯海峡群岛的居民因精神健康障碍住院或因自杀而亡的概率是其他人的2倍——其中15岁到19岁这个年龄段的人自杀的可能性是其他人的5倍。[5] 但是自2019年以来，医生开始使用一种新的文化专属工具来筛查澳大利亚土著和托雷斯海峡群岛居民的抑郁症（这种工具叫“aPHQ-9”，是现有PHQ-9的改编版本，它对一些问题进行了相应调整），希望它有助于人们（尤其是澳大利亚土著和托雷斯海峡群岛居民）消除对心理健康问题挥之不去的羞耻感，学会把负面情绪表达出来。这是一种非常强大的看世界的方式（你现在感到悲伤吗？）。

在毛利文化中，对情绪的压抑，无论好坏，都会与他们大名鼎鼎的哈卡舞（haka）形成鲜明的对比——这是一种仪式性的团体舞蹈，伴随着各种动作（典型的动作如跺脚）、喊叫和有力的手势——这种哈卡舞尤其因新西兰的“全黑队”[①]而为全世界所知。但是哈卡舞并不是侵略性的。对毛利人来说，力量和表现情绪是一回事。哈卡舞旨在让身体、思想和精神重新融为一体。我遇到的一个毛利老师形容哈卡舞是“一种精心编排的方式——很多人根本意识不到自己身上拥有的能量，而哈卡舞可以将他们身上散落四处的能量整合起来，然后以一种他们能理解的方式将这些能量重新注入他们体内”。传统上，哈卡舞仅存在于毛利文化中，但今天大多数新西兰人从小就开始在学校学习哈卡舞，不管他们是不是毛利人。2019 年，当新西兰为克赖斯特彻奇清真寺枪击案的遇难者哀悼时，毛利人委员会受委托推出了一种新的哈卡舞，通过表明反对仇恨的立场来纪念枪击案的受害者（详见本书的注释），[6] 在新西兰全国各地，这种新式哈卡舞都被表演过。

悲伤是无从逃脱的，当我们经历悲伤时，我们能做的最好的事情就是，与身边的人站在一起，齐心协力地共同应对，而不是分崩离析或假装一切正常。

这就是南非的“班图”（ubuntu）精神[②]所蕴含的内容，它相信人与人之间普遍存在着纽带，并认为“因为有你，我才是我”。著名的大主教德斯蒙德·图图将“班图”作为

---

① 全黑队（All Blacks）是新西兰国家男子橄榄球队。全黑队有名，不仅在于其长期以来都是全球顶尖的男子橄榄球队，也由于他们习惯在每场比赛前跳这种从气势上就能压倒对方的、颇具毛利文化风情的哈卡舞。——译者注

②“班图”精神是南非的一种传统价值观和人际关系哲学，主张社群关爱，生活在集体中，大家必须分享物品并互相关心。——译者注

一个神学概念大力宣扬，现在他的外孙女农普梅莱洛·孟吉·格美恩（Nompumelelo Mungi Ngomane），《每日一班图》[7]（*Everyday Ubuntu*）的作者，继承了他的工作，致力于向世人推广“班图”精神。“我感觉世界上很多地方都在拒绝悲伤，尤其是美国和英国。”她说，她在美国长大，现在经常往返于美国、南非和英国三地。“如果你对比一下美国和南非的哀悼仪式，就会发现这一点特别明显，”见面时她告诉我，“在美国，如果你参加完一个葬礼，然后回去工作，你的悲伤就被认为是已经结束了。”但是，正如图图所说：“痛苦是不可选择的，不是你说结束就能结束的。”世人皆苦，所以我们必须学会如何应对。“在南非，我们更擅长与悲伤和平共处，”格美恩说，“我们也互相支持，这就是‘班图’精神。同理心是其关键，所以我们会因他人的悲伤而悲伤。我们并不会一直去尝试修复悲伤，我们只是去感受它。有时候，这就是我们需要的。”

生活并不总是有趣的，但是在一些文化中，有仪式和途径来帮助我们解决这个问题。中文中的“幸福”，在英语中经常被译为“happiness”，但实际上它指的并不是好心情，而是美好的生活——一种充实、长久、有意义的生活。这并不一定是一种轻松、愉快的生存状态（事实上，中文中的“幸”字的意思是“折磨”）；生活也许很艰难，但它应该有某种意义。

人类学家凯瑟琳·卢茨（Catherine Lutz）研究了西太平洋地区的伊法鲁克人，他们的文化强调不侵略、合作与分享精神。[8]岛屿生活的限制性需要人们同情和关爱同伴——这一点在他们独特的"fago"精神中得到了体现，fago意即同情、爱和悲伤兼而有之。

你可以从一门语言中了解一种文化，就像英语中有很多表达尴尬的词（如mortification、shame、discomfiture、awkwardness）。威尔士语中有更多用来描述令人心惊肉跳的感情以及随之而来的痛苦的词，"Hwyl"指的是一种令人激情澎湃的情感，而"hiraeth"指的是一种古老的思乡之情。在波兰语中，"Zal"指融合了多种情感的复杂体（根据我的波兰出版商的解释），是爱、失去、悲伤、哀戚、遗憾、仇恨、忧郁和愤怒的结合。据说这个词也指波兰苦难、混乱的历史。捷克语中的"Litost"指的是一种因突然看到自己的悲苦而产生的痛苦状态——就像日本歌舞伎佩戴的绝望面具（关于这个概念，任何一个膝下曾围着哭闹孩子的父母都能体会；很多孩子只需在一个反光表面瞥一眼自己的样子，就会放肆地大声哭嚎）。"Litost"这个概念对捷克的国民性格如此之重要，以至于捷克作家米兰·昆德拉说："如果没有这个概念，我难以想象我们何以理解人类的灵魂。"[9]

然后是日本。我曾经在日本工作多年，"侘寂"①原则——欣赏残缺之美与生命的短暂易逝——极大地帮我度

---

①"侘寂"（Wabi-sabi）源自佛法中的三法印：诸行无常、诸法无我，涅槃寂静。它描绘的是残缺之美，包括不完善、不圆满、不恒久，现今也指朴素、寂静、谦逊、自然等。广义上它是一种生存方式，狭义上是一种审美概念。——译者注

过了许多艰难时光。还有“物哀”①意识，它被用来描述对所有生命的感伤与悲悯、人生之无常和我们内在的不确定性。“物哀”包含哀伤与随遇而安，平静地接受一切人和事都有结束的那一天这个事实——这是一个在英语中极度缺乏对应词语的复杂概念。

斯坦福大学文化与情绪实验室的心理学家珍妮·蔡认为，我们可以从东方文化中学到很多东西，东方文化认为，同时感受到积极情绪和消极情绪，是一件再正常不过的事情。她告诉我，有一项研究表明，当日本学生获得成功的时候，他们的内心是五味杂陈的。“一方面，自己成功了，他们感到很开心，但是另一方面，他们也会有些害怕，害怕因此而让他人感到不安。”她说，“这与他们认为自己在多大程度上影响到了他人的感受有关。”作为群居社会的一分子，我们每个人都身处其中。近年来，日本更是开始流行一种新事物，即“寻泪”②，比如一群人聚在一起观看一部悲伤的催泪电影，然后一起好好抱头痛哭一场；[10] 他们也有“ikemeso danshi”，意为“擦泪师”或者“英俊的哭泣小哥”，女性会花钱雇他们给自己擦眼泪；[11] ……

东西方文化对待悲伤的方式有明显的区别。然而，要想真正理解世界各地的悲伤文化，我必须提名一个横跨东西方

① “物哀”（mono no aware）指主体接触外界事物时，自然而然或情不自禁产生的一种优美和谐、细腻沉静、幽深玄静的情感。——译者注

② “寻泪”（rui-katsu）是一项为人们提供安全的哭泣空间的服务，据称可以减轻压力，帮助那些出于文化上的束缚而羞于表露情绪的人。——译者注

的特别国家：俄罗斯。

这个为我们贡献了契诃夫、屠格涅夫、托尔斯泰、果戈里、高尔基、纳博科夫、陀思妥耶夫斯基和普希金等众多大文豪的国度非常擅长悲伤这件事，这一点都不令人意外。俄语中有“Tocka”（巨大的精神痛苦）[12] 和“Душа нараспашку”（一颗不羁的灵魂）这样的词。乔治敦大学（Georgetown University）心理学系副教授尤利娅·钦索娃·达顿（Yulia Chentsova Dutton）博士说：“在俄罗斯，有一种观点认为，学会悲伤可以让你变成一个更好的人。”出生在俄罗斯的达顿目前正在研究情绪是如何从普遍倾向、文化脚本与情境线索的相互作用中产生的。我们在 Skype 上聊天，她告诉我，悲伤在俄罗斯不仅仅是被允许的，而且还被大为珍视：“我们相信，你可以在悲伤中成长。”她把这归结为东正教和将悲伤、痛苦与美德关联在一起的文化传统：“有一种观点强烈认为，因为耶稣基督受难了，所以苦难一定会让你更加接近上帝。”

“即使你不信教？”

“是的，”她告诉我，“这种文化占主导地位，以至于这种观点基本上是根深蒂固的。”

“在研究过程中，俄罗斯成年人说他们‘重视悲伤’，家长们也说‘希望自己的孩子经历悲伤’。”钦索娃说，“他们同意以下这类说法——‘悲伤有助于人际交往’或‘悲伤能让你欣赏到生活的丰富多彩’。”

在这一方面，俄罗斯家长乐于给孩子们读关于悲伤的书来帮助他们，钦索娃给我讲了几个俄罗斯人耳熟能详的小故事——这些是陪伴俄罗斯孩子们长大的故事。故事1：一个小姑娘在哭，因为她的球不小心掉到河里漂走了；故事2：有一首小诗，诗里的玩具兔子被滞留在大雨中，变成了全身湿漉漉的“落汤兔”；[13] 故事3：一只玩具熊从窗口掉了下去。我们开心地笑了！

“孩子们知道，这些角色值得我们同情，”钦索娃说，“虽然知道这一点不能帮助身处困境中的他们缓解悲伤，但可以给他们的生活增添一些乐趣。”她又讲了一个小故事：“一个小男孩的父亲去参加第二次世界大战。最后，士兵们从战场上凯旋，举行了一场盛大的聚会。但是，这个小男孩的父亲已经战死了，所以没能回来。[14] 故事以这种痛彻心扉的方式结束，第一次读到这个故事的那年我5岁。”

我想起了儿子的睡前故事。大多数书中最大的危险，就是类似于小猪佩奇不小心掉进了一个泥泞的水坑里，但最后还是每个人都其乐融融的大团圆结局。不错，最终每个人都是幸福快乐的。但是，如果我们只给他们讲这种结局和和美美的故事，我们是否会给他们带来伤害呢？我们是否有让他们好好看清现实生活的本来面目呢？这一点，钦索娃也在思考。

“在英国和美国，人们对悲伤的态度几乎是敌对的。如果儿童读物涉及悲伤话题，那就需要立即修改。而在俄罗斯，你可以和悲伤成为朋友。”她告诉我，有一次她想给一个新老师留下好印象，“想来想去，我觉得最好的方式就是表现得很忧郁。这会让我看起来像一个非常喜欢思考的好学生。11 岁的时候，我就知道我能做得最糟糕的事情就是微笑。”

我听说俄罗斯人从小就被教导要不苟言笑。但微笑真的会让人感到不悦吗？

“是的，”她说，这时候她的脸上就一丝笑容都不见，“在俄罗斯，对孩子最常见的一种训诫就是‘不要笑’。”因为俄罗斯人很重视悲伤和随之而来的自省与反思。“在美国，如果你问人们在开始一项工作之前，是会选择感到‘开心’‘悲伤’还是‘无所谓’，我们发现他们通常回答的是‘开心’或‘无所谓’。但在俄罗斯，人们希望感到悲伤，因为他们知道悲伤可以帮助他们集中注意力。这些观点很难验证，但是许多研究都证实：悲伤有助于集中注意力，并且总体上对人际交往也有好处。”此外，当我们伤心的时候，我们会显得更有亲和力，甚至更容易让人心生好感。

钦索娃有一个在美国长大的女儿。“我试图在她身上培养俄罗斯这个战斗民族的勇气，”她对我说，“但这一点可能很难做到。在美国，整个社会都反对让孩子感到不适、无聊、悲伤或痛苦。”钦索娃回忆起，有一次她女儿在回家的路上和几个邻居的孩子们去森林里玩，结果被荨麻刺蛰到了。“我女儿当时就大哭着跑回家了，她极为伤心，因为她的腿受伤了。”她说，“但俄罗斯孩子的反应简直令人难以置信：‘你的腿当然有被蜇到的可能啊，那是冒险的一部分！你会吃点苦头！你会感到痛苦和悲伤！但这一切都会帮助你成长！’”

于是我终于明白，悲伤，在俄罗斯文化中是一件好事。它可以教会我们一些东西，即使它会让我们受伤。我们不应该让孩子们远离痛苦，或在他们面前淡化死亡，因为当苦难不可避免地到来的时候，这些并不会帮助他们很好地应对。我很感谢钦索娃，挂断电话之后，我的决心更加坚定了。

好吧！我想，我能行。我们的痛苦能帮助我们成长，我自己不就是这样吗？悲伤自有其价值和意义。所以，我集中我的注意力。

我在酝酿。

我在等待。

我逐渐有了……一种奇怪的新感觉，有点类似……等待？还是，耐心？

在第38周的时候，我的双胞胎情况稳定，要待产了，我被推进了产室。一位接产医生接生出第一个婴儿，我发现我又可以顺畅呼吸了——这可是几个月以来的第一次！我如释重负，哭了起来。T晕倒了，只能被扶出产室。但我想，一切都会好起来的。

第二个婴儿也出来了，我轻松了很多。

就这样，我人生的一个阶段结束了，两个新生命的旅程开始了。

第十三章　引爆点

简直一片混乱！很长一段时间，每天都是如此。T和我始终处于极度紧张的状态，手心捏着一把汗，丝毫不敢懈怠：没有任何容许出错的空间。两个婴儿在尖叫，那个大点的蹒跚学步的孩子也在尖叫。我抱起一个婴儿哄哄，另外两个马上就尖叫得更厉害了。轮流反复，反复轮流。如果我们两个协同作战，犹如军事化那么精准，就能让每个孩子都吃上饭，穿好衣服，偶尔还能洗个澡，也不让谁得上什么传染病，那么我们就算安然度过了一天。很好很好！他们三个我都喜欢，但他们并不一定爱着对方，至少现在还没有。大点的红头发三岁孩子经常疑惑地看着那两个婴儿，好几次问我可不可以“把他们还回去”。当我告诉他“永远不会”时，他立马就心烦意乱了。

一位新加坡朋友告诉我，我很幸运，拥有一对龙凤胎。我也觉得自己很幸运——三年半以前，我还以为自己永远不会有孩子，而现在我竟然有了三个孩子！深呼吸。有时候当我看着这三个小生命的时候，内心充满敬畏，连我自己都忍不住惊叹：一个活泼闹腾的蹒跚学步的孩子和两个新来的小家伙，他们彼此靠得那么近，有时还会互相吮吸对方的拇指。但等他们醒来，马上又会陷入一片混乱……

双胞胎中的男孩简直和我小时候一模一样：他的双颊让你忍不住想亲上一口，大腿上肉嘟嘟的，就像一个迷你版的米其林轮胎先生[①]。双胞胎中的女孩则是个小小可人儿：一双眼睛大大的，圆圆的；有着金色头发；是个小话痨；在某种程度上，让我们觉得很熟悉。最后一点是我妈妈指出来的，也是我们彼此心照不宣的：她长得像我妹妹。我妈妈发现这种相似之处时很是伤感，这完全可以理解：看着我的女儿，就仿佛看到她死去的小女儿。我也同样伤感：看着自己女儿的脸，就想到了妹妹。她去世的那一天是我最早的记忆，尽管当时我也只有两岁多。这让人感觉很奇怪，也很难过。更奇怪的是，看着我女儿和她哥哥坐在一起——她哥哥和我小时候长得很像。

我妈妈叫双胞胎中的女孩为“我的小天使”，这让我们大家都觉得不舒服（“就好像她去了天堂一样！”）。所以我赶紧让她别这么叫，她同意了，于是我们都轻轻松了一口气。

当双胞胎婴儿过了 7 个月大的时候，我们所有人绷紧的神经才终于松弛了一点——因为我妹妹就是在 7 个月大的时

① 其构思源于 1894 年里昂举办的“万国博览会”的展台入口处那由许多不同直径的轮胎堆成的小山，它启发了爱德华 · 米其林：“如果有了手臂和腿脚，它就是一个人了！”于是在 1898 年，一个由许多轮胎做成的人物造型出现了。——译者注

候夭折的。另一个不言而喻的里程碑是他们到学步期[1]的时候——那是我渐渐有了认知的年纪。我敏锐地意识到，他们从此就可能记住所发生的事情了。但我们还好，能搞得定。当然，在每天结束的时候我们都筋疲力尽，但是至少在情感上，我觉得我还能搞定。我的孩子当然不是我妈妈的孩子，但是我总有种奇怪的感觉——好像看着小时候的自己牵着妹妹的小手在房子里跌跌撞撞地四处走来走去。

双胞胎中的男孩要做一个全身麻醉的小手术。那个早晨对我们来说真的很艰难，因为我既要对男孩说手术前是不能进食和喝水的，又要跟女孩解释为什么她的双胞胎哥哥今天不能和她在一起玩了——因为这是从来没有过的情况。虽然难，但我还是千方百计把女儿从我的腿上扯下来，再哄小儿子上了车。到了医院，医生给他进行术前准备。我被要求戴上手术帽进入手术室，小儿子马上就害怕起来。

“不要戴帽子！妈妈！”他皱起了鼻子大喊道。

“妈妈必须戴这顶帽子——”

“不要不要！不要戴帽子！”他这次更加强硬了。这不是建议，而是一个命令。

“医生说我必须戴——”

“不要戴帽子！妈妈！”

接下来，他看到了可以释放麻醉气的面罩。

“我不想戴这个！”

---

① 一般指 1 岁到 3 岁期间，尤其是 2 岁左右，这个时期是儿童生理、心理各方面发展的关键时期。——译者注

我试着解释。

他开始大哭起来。麻醉气开关打开了。医生让我紧紧地把他抱在大腿上，把他的双手牢牢固定在身体两侧，不让他拉扯那些管子。

“我不想戴这个臭臭的面罩！”他又开始大声尖叫起来，我抱得越紧，他挣扎得越厉害。一名麻醉师和三名护士不得不帮忙按住他。

“妈妈！放开我！”面罩释放着麻醉气，他一脸惊恐地看着我。

你为什么要这样对我？

“对不起……”

在这之后，他不再向我求助了。

妈妈不好，妈妈没有保护我。

他用尽最后一丝力气试图逃跑：我要狂奔着跑出这家医院，如果我必须得……医护人员制住了他。他慢慢停止了挣扎，他的抽泣声越来越小，和那根正在向他喷麻醉气的管子的“呲呲”声两两呼应。过了一会儿，他的哭声渐渐微弱，四肢不再挣扎。直到最后，他完全瘫软不动了。在我怀里的，是一个沉沉的足足16公斤的小天使（是的，他很瓷实）。

4个医护人员把他从我怀中抱走，我的心脏刹那间停止跳动。

“我不能抱着他吗？我可以把他抱到手术台上吗？我能陪着他一起手术吗？”

“不能，”他们回答，“放心，他在这里很安全。”

他们让我离开，但我很难迈出手术室一步，而是站在那里一动不动，内心满是挥之不去的无助。理智上，我知道，这只是个低风险的小手术，小儿子需要进行全身麻醉。但是我的史前原始大脑告诉我，刚才我简直是在眼睁睁地看着他死！更糟的是，我还伸了一把手，推波助澜……我刚刚旁观了一个长得极其像我的孩子变得毫无生气。我的史前原始大脑已经支离破碎、一片混沌了。

我想起演员罗里·金尼尔（Rory Kinnear）曾在一次采访中说，扮演哈姆雷特让他感到筋疲力尽，因为“我的身体并不知道它在表演”。同理，我的本我不知道什么是麻醉，它只是认为我的孩子死了。

在等待小儿子苏醒的过程中，我体会到了我妈妈当时的感受。但我很快就停止不去想了，因为……那太痛苦了！

当小儿子醒来时，他对我和这个世界充满了警惕。他变得很害怕睡觉，晚上常常会哭着醒来——所以我们其他人也会醒来。

每天晚上都是如此，每天。

清晨的时候，起床之后我就开始煮粥，加了维他麦麦片，做成了孩子们最喜欢的早餐——维他麦麦片粥。我们逐一给孩子们穿上鞋子、上衣和袜子，过了一个白天，晚上又逐一给他们洗澡、刷牙（又刷牙了！）、换睡衣、讲睡前故事、哄他们睡觉。每天如此。后来 T 去上班了，只剩下我一个人照顾孩子们。

每天清晨 4 点半到 6 点之间，我随时都有可能醒来，是被小家伙们说“我刚刚尿尿了！”的声音吵醒的。我先喂两个小的吃几口粥，然后把桌子、地板、椅子、他们小脸上的食物残渣清理干净，然后选好三套小衣服，然后轮流给他们刷牙，然后开始跟三个孩子谈判。“是的，好吧，亲爱的，你可以拿着小铲子。还有乐高。不，该轮到你们的小哥哥背那个小猪佩奇背包了。哦不，宝贝，你不能拿小锤子！因为你老师说这不行。哦不，亲爱的，泰迪可不‘喜欢危险’……”我把他们送到托儿所，自己去工作，在办公桌旁吃饭，再把他们都接回家来，到家又做饭、拿各种儿童玩具给他们玩、清理他们的大小便（“我刚才需要尿尿！”“听到了，来了！等等，你说‘刚才需要’？好吧，我去拿拖把！”）。

我现在的工作状态完全不同了。“你可以做一个瑞典炸弹案的报道吗？”一天下午有人问我。“哦不！我正在烤箱里烤一个牧羊人派①呢。”我发现自己竟然对一家外国大媒体的编辑这么回复。我和以往一样努力工作，但换了一家公司，薪水比以往少很多。我读过一项研究，让我略感安慰，研究说，职场妈妈的压力要比其他人大 18%，[1] 而有两个孩子的职场妈妈的压力比其他人大 40%。至于单亲妈妈或有三个或三个以上孩子的妈妈，她们的压力无疑更大。这些结果一点也不让我感到惊讶，于是我继续咬牙坚持。

在《国际疾病分类指南 11》（the 11th Revision of the International Classification of Diseases, ICD-11）中，“疲劳过度”

① 又称农舍派，是英国的一种传统料理，用土豆、肉类和蔬菜做的不含面粉的派，被当作主食。——译者注

(burnout)被列为一种职业现象[2]，其特征是：感觉筋疲力尽，对工作越来越缺乏兴趣，或对工作持怀疑否定或愤世嫉俗的态度，工作效率也会下降。疲劳过度的官方定义是指职场中的压力，“不应该被用于描述生活其他方面的经历”。但是，养育子女也是一项工作，不是吗？如果我们把它当作一项有偿雇佣的工作，那么它引发疲劳过度的可能性是巨大的。只是，通常人们不会用这个比较男性化的词去形容职场妈妈，用在我们身上的词是“拼命女人综合征”。

有人邀请我写一篇关于这个新型疾病的评论文章，这个词是营养生物化学家利比·韦弗(Libby Weaver)博士发明的，他声称疯狂的忙碌让现代女性痛苦不堪，也让她们生病和激素失调。我接连两次拒绝写这篇文章——因为我太忙了，没时间写这篇关于“太忙了”的文章。但编辑还是一再坚持要我写。我问他：“为什么偏偏找我呢？”电话里传来一阵低沉的咳嗽声。我明白了，那就开始动笔吧！

为了工作，我偶尔会和一些有趣的人一起出去吃晚饭。第二天清晨，我在恐惧中醒来，因为又要给孩子们清理麦片粥残渣——这是一项西西弗斯①式任务。我多么希望自己从来没有进行过那些有趣的对话：关于可持续发展，关于政治，关于经济……因为那样我可能就不会如此怀念它们了！

---

① 西西弗斯触犯了众神，诸神为了惩罚他，便要求他把一块巨石推上山顶。由于那巨石太重了，每每未上山顶就又滚下山去，前功尽弃，于是他就不断重复、永无止境地做这件事——诸神认为再也没有比进行这种无效又无望的劳动更为严厉的惩罚了。西西弗斯的生命就在这样一件无效又无望的劳作当中慢慢消耗殆尽。——译者注

我阅读了许许多多书籍和文章，如“节省时间的生活锦囊”或者“如何过一种更理性的生活”，我看的时候多么希望这些书能拯救我于苦海。这些书的作者都是男性，都只在最后的致谢部分提及“如果没有（这里插入他妻子的名字）的大力支持，这本书就无法问世”或者“这就是爸爸缺席的那些周末所做的事”。没有一本书是带小孩的妈妈写的。大概是因为她们每天得围着锅台转，忙于操持各种家务吧。据说，我们这一代人“拥有一切”，既有眼前的苟且（孩子），又有诗和远方（知性生活）。所以我是不是太过贪婪了？是不是过于野心勃勃了？鱼和熊掌可以兼得吗？也许吧！然而……我对做家务活儿的标准很低：我只做最简单的家常菜，我打扫房间的口头禅一向是“只要不乱得招来老鼠就行”，照顾孩子们我也是本着方便省事的原则。但光是每天让家里的一切顺利运转，似乎就是一项犹如赫拉克勒斯[①]承担的艰巨任务。

孩子们打架。老大一直不喜欢两个弟弟妹妹把他的玩具/房间/生活搞乱。两个双胞胎过去还乐于互相分享，现在却只想把一切据为己有。每天都有他们几个吵来吵去的声音在我耳边嗡嗡作响。从小到大，我从来没有在大声吵闹的环境中待过。我的家人——妈妈、我自己以及偶尔会来的妈妈的橙色背包男友——我们几个都是轻声细语、心平气和地说话的，从不大声讲话。但是现在呢？家里时时刻刻、分分秒

① 古希腊神话中的英雄，天生力大无穷。——译者注

秒都是一片喧嚣与骚动。总有人在大喊大叫，或是讲着脏话抗议。

又一天过去了，我也许有时间洗澡，也许没时间。我有一种如鲠在喉、抓心挠肝的感觉，这感觉像是一首歌中的小调音符，让我莫名烦躁不安、心乱如麻。我感觉自己整个人都被掏空了。每天那些一地鸡毛的琐事真是烦人，让我想找人干上一架：交通堵塞，交电费账单和各种税，还有洗衣服……我晚上难以入睡，因为得轮流照顾每个醒来的孩子，每次照顾完醒来的孩子就好长时间睡不着觉，只能一直呆呆地盯着天花板看。我每天凌晨 3 点都会醒来，凌晨 4 点也经常醒来。到了早上 5 点，因为知道几个孩子会在 1 小时后醒来，所以即使躺着也睡不着了。到了早晨，我感到全身疼痛，但也只能伸展四肢，极不情愿地一点点挪下床，又开始新的累死累活的一天。

罗素·福斯特（Russell Foster）是牛津大学的昼夜节律神经科学教授及睡眠与昼夜节律神经科学研究中心（Sleep and Circadian Neuroscience Institute）的主任。在 2019 年 12 月 8 日做客《荒岛唱片》节目时，他告诉劳伦·拉维恩（Lauren Laverne），即使是短期的睡眠中断，也会造成严重的大脑功能障碍："我们失去了储存记忆和处理信息的能力，难以想出新办法来解决复杂的问题。我们失去了同理心。我们变得过于冲动，所以我们会做一些愚蠢和不假思索的事情。"他还补充道："疲劳的大脑会记住消极的东西，遗忘积极的东西。"这感觉很熟悉，难怪我会感觉如此糟糕。

“睡眠还可以清理我们大脑中的垃圾，”神经学家迪恩·伯内特说，“神经过程中释放的自由基、化学分解产生的分子碎片、大脑需要新陈代谢掉的东西和大脑运转的化学副产品……所有这些都可以在睡眠中被清除。所以如果你不睡觉，这一切除旧换新的过程就不会发生。那么垃圾就会不断堆积起来，然后在你的大脑内部形成堵塞，那你还能继续正常工作吗？”

我确实无法正常工作。我开始感到非常、非常沮丧。

我的睡眠不足变得非常严重，严重到我开始产生幻觉。起初是眼前出现各种各样的颜色。然后是家具，感觉它们在动来动去。再然后是看到汽车不断地变换车道。但事实并非如此。幻觉通常发生在服用迷幻药的人身上，或者那些精神分裂症患者和精神错乱患者身上。但令人意外的是，它在长期睡眠不足的群体中也非常普遍。[3] 其中的具体原因尚不清楚，但是学者们通常认为是因为大脑中负责视觉功能的部分受到了干扰，或者是因为多巴胺水平受到了影响，甚至是因为大脑变疲惫后进入了一种奇怪的意识状态。为了避免因疲劳产生幻觉，我们需要认识睡眠不足的早期迹象——从情绪变化，到失去耐心，越来越烦躁易怒和难以集中注意力。当这些迹象出现的时候，你就应该重视你的睡眠，马上去床上睡觉。[4] 我倒是想这样，但我的生活不容许我这么做。所以，慢慢地，它失去了五彩缤纷的色彩，就像童话故事《绿野仙踪》（*The Wizard of Oz*）的反面——我被困在了在堪萨斯州，没有小狗的陪伴。

我再也不想继续下去了，再也不想这样了，我想。终于有一天，在我的世界里，鸟儿停止了歌唱，太阳变得黯淡，我的世界一片苍白灰暗。

T 回到家，告诉我他认为我应该去看医生了。我不太情愿，原因有三个。第一，我是英国人，所以对疾病天生不愿意“大惊小怪”；第二，现在我虽然住在丹麦，但是丹麦语还没有说得很好，丹麦医生们对此往往很喜欢说三道四（我实在不想去体验那种被审视的、令人不安的感觉）；第三，唯一一个不介意我丹麦语不好的全科医生被正式分配做了我的家庭医生，但……很遗憾，他非常帅气，而且很亲切。每当听我倾诉的时候，他都会因为对我感同身受而眼睛微微湿润。在过去的 4 年里，我几乎爱上了他。因此，我现在不想去找我的这位人间理想医生。

但 T 还是坚持我应该去就医。

我还是会出现那些幻觉，幻觉中的汽车还是会不停地变换车道。

所以，我去了医院。

我希望也许我得的是一种迄今尚未找出原因的热带疾病，只需吃一个疗程的抗生素就会快速痊愈。我希望我的身心能被修复，毫无疑问，那就是我期待的生活的结果。我坐在异常闷热的候诊室里，舌头沉重而无力，喉咙发紧。我只能双手抱头，滚烫的热泪流出，大滴大滴，直掉到地毯上，化成一圈圈深灰色的圆圈图案。然后医生叫到了我的名字。

我的人间理想医生看着我，好像他也要哭出来似的。然后，他让我做了一遍大家都很熟悉的那套抑郁症调查问卷。共涉及9种关键症状，有些人需要连续两周表现出其中的5种症状，才会被确诊为抑郁症。但是有些人则可能只表现出其中一种症状，再加上其他4种不同的症状，就会被确诊。很费解，是不是？原因如下：1974年，哥伦比亚大学的一位年轻教师罗伯特·斯皮策（Robert Spitzer）拿到了一本150页的螺旋装订手册（即《精神障碍诊断与统计手册2》，该手册上次更新是在1962年），并被要求对手册内容进行更新。这将是这本手册的第三版，它将在未来几十年里被全球数以百万计的心理健康从业者参考使用。无可否认，这是一项艰巨的挑战，但斯皮策对这项工作充满了热情。2007年，美国精神病学家、医学博士丹尼尔·J. 卡拉特（Daniel J. Carlat）采访了斯皮策，问他为何决定将5条标准定为抑郁症诊断的最低门槛，斯皮策回答说："这只是一种业内共识。我们会问临床医生和研究人员：'在诊断一名患者患有抑郁症之前，你通常认为他应该表现出多少种症状？'然后我们就武断地将这个数字定为'5'。"

请注意：是"武断地"。

卡拉特接着问斯皮策，为什么选择了5，而不是4或6？他这样描述自己与斯皮策的眼神接触："他略带顽皮地微笑着，直视我的眼睛：'因为……4个似乎不够，6个又似乎太多了……'"[5] 因为每个人的大脑都是不同的，而精神病学又是一门不完美的科学。

"我们对大脑生物学几乎一无所知。"纳尔逊·弗雷默

（Nelson Freimer）博士承认道，他是加州大学洛杉矶分校一名精神病学教授，也是该校神经行为遗传学中心的主任，“确实，关于抑郁症的具体理论，目前尚无有力证据支撑。”

“即使有那些现代科技和花里胡哨的手段？”我问，“即使有核磁共振扫描仪？”

“没有，”他说，“它们并不能给我们任何确凿的结论。我们仍然没有很多线索。我认为任何持相反观点的人都太过于乐观了。”目前从业者们只能利用手头现有的资源开展工作。

2013 年更新的《精神障碍诊断与统计手册 5》包含的障碍数是 1952 年最初版本的 3 倍，篇幅是第一版的 7 倍。考虑到精神障碍的范围不断扩大，难怪美国国家心理健康研究所（National Institute for Mental Health）声称，每年有 1/4 的美国成年人被诊断为精神障碍，[6] 而世界卫生组织估计的全球每年被诊断为精神障碍的成年人比例与此大致相同。[7] 2018 年，英国国家医疗服务体系的数字化平台发布了一份广为流传的报告，是关于儿童和年轻人心理健康的。该报告称，在 5 岁到 19 岁之间的儿童和年轻人群体中，有 1/8 至少符合一种精神疾病的诊断标准，如抑郁症或焦虑症。

但是，请记住：诊断是武断的。

人人都有障碍（A Disorder for Everyone）和安全存放空间（Safely Held Spaces）两家精神卫生组织指出，目前少有证据表明，这些主要由化学失衡或基因引起的非常真实和困难的经历应被理解为障碍和疾病。相反，他们认为，这些经历可能只与生活事件有关，比如创伤、失去、被忽视和被虐待，以及与更加广泛的社会因素有关，如失业、歧视、贫穷和不平等。露西·约翰斯通（Lucy Johnstone）博士是一名社会活动家，主张应给悲伤去掉“疾病”的标签，她说：“问题的关键在于，当遇到一个有精神困扰或情绪悲伤的人时，我们不应该问‘你哪里不对劲？’，而应该问‘你发生什么事了？’。”如果把“发生在我们身上的一些事”转变为“我们生病了”，我们就是在否认它是生活的一个正常部分。

生为凡人，活于尘世，终其一生，试问我们谁又没有“发生了一些事”的时候呢？

我的人间理想医生告诉我，我可能有抑郁症（“你确实符合那些标准！”“呃，谢谢……”）。“但话又说回来，这可能只是因为你现在的生活比较艰难。”而这恰恰是我不希望听他从口中说出的话。因为我又能对生活做些什么呢？甩手不干了？仓皇逃跑吗？或者从我那“超级无敌幸运”的人生中躲起来？

我想到了我所认识的那些没有办法要到孩子的男男女女，为了成为父母，他们不惜一切代价。而我，却在这里矫情至此，无病呻吟。我的内心被沉重的负罪感压垮，感觉难以呼吸。我，怎么就走到这一步了呢？

1975 年，一项由社会学家乔治·W. 布朗（George W. Brown）、蒂里尔·哈里斯（Tirril Harris）和梅尔·妮·布罗尔钦（Maire Ni Bhrolchain）共同进行的研究发现，女性患抑郁症的最大危险因素之一是照顾 3 个 5 岁以下的孩子。[8]

所以如果我不是唯一一个有这种经历和感受的人，也许我们应该探讨一下这件事。因为如果当做女人和做父母都变得很困难的时候，这就成了一个问题。看着这项关于妈妈照顾 3 个 5 岁以下的孩子的研究，我不禁想到，其中一些妈妈可能并没有抑郁症，他们也许只是长期疲惫不堪——“第二轮班”带来的身心负担、家庭生活和照看孩子的情绪劳动，以及准备午餐便当、做医疗保健和打扫房间等家务劳动使她们筋疲力尽。这份“工作”没有福利，没有薪水，也没有晋升机会。自 20 世纪 80 年代以来，这份工作一直被社会学家讨论，但到了今天，依然难以定论，这实在令人惊讶。我们危险地低估了要兼顾工作和育儿这件事的需求和难度，因此当它们被系统性地低估时，我们会对这一事实感到惊讶：核心家庭[①]一次又一次地被证明在独力养育子女方面是举步维艰的。

我的人间理想医生既没有提议在我去参加静修瑜伽时帮我照看孩子，也没有对我说：“要不，我们私奔吧？去某个世外桃源。”他只是噙着泪水告诉我，目前我只有两个选择：治疗或服药。

① 即小家庭，只包括父母和未婚子女两代人。——译者注

第十四章　求医问药

“治疗”或“服药”？仅此而已吗？不用去世外桃源？不用参加静修瑜伽？我多么希望他能再看看他的电脑屏幕，也许还有第三种选择，比如“睡一个好觉”，或者“拥有一个智能家务机器人”，又或者“把我介绍给《粉雄救兵》① 团队”。但不，他给出的方案只是：治疗或服药。

我住在丹麦，目前丹麦抗抑郁药的消费量在 28 个经合组织国家中排名第 7。[1] 在这个国家 560 万人口中，有将近 50 万人服用抗抑郁药 [2] ——所以我在这里不愁没伴儿了！英国国家医疗服务体系数字平台的数据显示：2018 年英国开出了 7090 万张抗抑郁药处方（2008 年这一数字为 3600 万）。[3] 而在美国，自 1986 年以来，抗抑郁药的使用量已经增加了 2 倍。

服用抗抑郁药的人比以往任何时候都多，所以我们真的更加抑郁了吗？还是我们在做出诊断时更轻率了？我们更热衷于依赖药物来解决问题了？或者以上原因都有？难道不

① 《粉雄救兵》（*Queer Eye*），美国一档真人秀节目，由 5 位靓男亲自从衣着、家居、饮食、谈吐等方面全方位调教邋遢男人，将他们改造成帅哥的节目。——译者注

是因为现代社会的生活太艰难了，把我们每个人都搞得疲惫不堪？

“很多人深信，我们现在正在做的事情在20年、30年、40年、50年之后会被认为是可笑的，”神经学家迪恩·伯内特说，“有些人认为，抑郁和焦虑情绪实际上是一种健康的心理表达，在现代社会，我们的大脑每天都被巨大的压力和各种新奇事物轮番轰炸，这能不出状况吗？”精神分析学家亚当·菲利普斯（Adam Phillips）告诉《卫报》记者：“为什么现在有这么多人抑郁？因为生活让我们许多人感到非常压抑！”[4] 自动化和互联网时代按理说解放了我们的生活，让我们可以享受更多的闲暇时光。但是在大多数情况下，我们现在要做的事比我们父母那一代更多！数字世界及其所带来的自由意味着，我们需要随时待命。我们在网上购物如果出现问题的话，得和客服机器人交流。我们去超市购物，得在自助收银台自己扫码结账。我们要自己查找攻略，规划假期，自己预订机票和酒店，自己办理登机手续，自己打印行李标签和登机牌。现在，数不清的日常工作都得我们自己上阵了——以前这些活儿可都是由专门人员做的：导购、送奶工、超市收银员、旅行社职员和机场地勤人员……社会因素会导致精神健康问题，这一点是毋庸置疑的。正如快乐行动（Action for Happiness）组织的马克·威廉姆森（Mark Williamson）博士所说：“在很多情况下，焦虑和抑郁都是你对自己所处的现实环境的一种完全自然的和可以理解的反应。”我的一个朋友觉得现代生活难以忍受，于是减少看电子屏幕的时间，并戴着耳塞和眼罩以减少周围环境带来的刺激。我很想加入他，每天和他一起待上几个小时，来对抗我已经习以为常的日常压力，降低自己对其他事物的日常需求。

医生给我开了最常见的抗抑郁药：选择性5-羟色胺再摄取抑制药（selective serotonin reuptake inhibitor，SSRI）。神经递质或化学信使在大脑的神经元之间进行交流，其中最重要的便是5-羟色胺。通常情况下，当5-羟色胺被释放出来的时候，它会作用于大脑中的受体。如果5-羟色胺被释放得过多，就会被带回神经末梢进行循环。但是当我们感到沮丧的时候，5-羟色胺的水平会降低。而选择性5-羟色胺再摄取抑制药则可以阻止这个过程，这样5-羟色胺就不会被带回神经末梢进行循环了，而是可以与大脑的受体进行更长时间的接触，从而对我们的情绪产生更多的积极影响。

“曾有一段时间，抗抑郁药理论的核心原则是单胺假说。”伯内特告诉我，“这种假说的大意是，抑郁症的产生是由于缺乏或较低水平的特定类型的神经递质化学物质，比如5-羟色胺。”但是近些年来，单胺假说已经过时了。“它还不够充分，”伯内特说，“因为事实远不止如此。也许抑郁症确实是因为缺乏神经递质化学物质导致的，但是为什么呢？为什么这些神经递质化学物质会如此缺乏？是什么导致了它的缺乏？导致它缺乏的原因又是由什么造成的呢？单胺假说并不能真正解释这些。”精神病遗传学家肯尼斯·肯德勒（Kenneth Kendler）进一步说：“单胺假说基本上是胡扯。这方面的直接证据非常有限。”

选择性5-羟色胺再摄取抑制药也能立即提高5-羟色胺的水平，但这对我们情绪的积极影响需要数周时间才能感受到。为什么呢？

（科学此时耸了耸肩。）

如果选择性5-羟色胺再摄取抑制药能增加我们大脑中5-羟色胺的活性，而5-羟色胺会让我们感觉良好，那么如果我们都服用这种药物，岂不是所有人都能感觉良好了吗？

“完全不会。”伯内特斩钉截铁地向我保证。

在非抑郁人群中，已发现选择性5-羟色胺再摄取抑制药对情绪改善并无效果。如果我们并不抑郁，也没有任何抑郁症病史，那么即使降低5-羟色胺的水平，我们的情绪也会保持不变。也就是说，只有当我们有过抑郁症病史或正在经历抑郁症时，选择性5-羟色胺再摄取抑制药才会对我们的情绪有效。牛津大学的精神药理学家菲尔·考恩（Phil Cowen）用我们大脑的“伤疤”[5]来解释这一看似残酷的不一致：如果我们以前不幸有过抑郁症，那么我们大脑中的通路就会被打乱，从而让我们在未来更容易再度患上抑郁症。

所以我的大脑基本上注定一辈子都要伤痕累累，无法修复了？

谢谢了，科学……

“很多研究表明，选择性5-羟色胺再摄取抑制药并不是最好的抗抑郁药，但它们对大多数人而言耐受性最好，副作用最小。”伯内特说。因此，它们是医生最常开的处方药，但是也有其他同类处方药。“有些药效强劲的同类药物虽然对抑郁症和抑郁症状有着最显著的效果，但它们也会引发最严重的副作用。”他说，“它们的药效太强劲了，所以通常被用于治疗那些一般药物无法见效的抑郁症，或者被用在那些已被抑郁症严重摧残的患者身上，他们会说：‘嗯，我宁愿有副作用，也不想再抑郁了！’”

但抗抑郁药的另一个问题是，它们可能很难戒断。戒断期间可能会出现严重的症状，而且戒断持续的时间会很长，有些人认为抑郁症是由于5-羟色胺缺乏导致的，这是抗抑郁药有效的原因，也使得终身服用此类药物的理念变得正常——因为，可以理解的是，我们害怕一个缺乏 5-羟色胺的未来。[6]

正如 2019 年一位被随机抽取参加选择性 5-羟色胺再摄取抑制药药物测试的女性所说：“我只是很需要它。对我来说，抑郁症不是心理疾病，而是生理疾病。因为我的身体自身不能产生足够的 5-羟色胺，所以我需要服用这种药去补充它。”[7]

在 2019 年的一项研究中，只有半数的参与者愿意主动尝试停止服用抗抑郁药。这和我的经历相符。我太害怕那些痛苦的戒断症状了，所以过去我服用抗抑郁药的时间远远超过了规定的必需时间，因为我害怕没有 5-羟色胺的未来。

因此，如果 5-羟色胺缺乏不是抑郁症的成因，如果单胺假说不成立，如果大脑伤疤理论太令人沮丧了，那我们还有什么其他方法吗？有，吹响号角，铺开红地毯，等着它闪亮登场吧！（锣鼓喧天！）因为接下来我要隆重介绍的是神经可塑性[①]！不，我说的不是阿德曼公司[②]最新的动画，而是在神经元之间形成新的物理连接的能力，它就像我们大脑内部一个巨大、巧妙的蜘蛛网。

伯内特解释说，当我们感到抑郁的时候，大脑的某些部分基本上会变得筋疲力尽。“它们对周遭环境中发生的事情失去了适应和应变能力。”他说，“而我们要知道，当我们抑郁时，我们的神经可塑性会下降。”这意味着我们的思维会变得更加固定，“大脑无法做出相应的改变或调整，抑郁症就会一直持续下去”。这一直以来可能都是一种保护机制，但是当我们被抑郁情绪控制的时候，大脑没法帮助我们走出阴霾。而抗抑郁药在增加神经递质的同时，通常也会增强神经可塑性，所以这可能就是它们为什么在神经递质水平提高很久之后仍能继续发挥作用的原因。

然而对我来说一个有趣和新鲜的消息是，虽然抗抑郁药可以帮助神经元之间形成新的物理连接，一种不吃药的方法也可以达到同样的效果。“正如抗抑郁药可以对神经可塑性产生效果一样，心理治疗也可能通过鼓励和引导你使用大脑的不同部位起到同样的作用。”伯内特说，“整个系统、整个网络都被发生的事情抑制住了，但你可以通过接受心理治疗

① 神经可塑性（neuroplasticity），指大脑在外界环境和经验的作用下不断塑造其结构和功能的能力。——译者注

② 阿德曼公司（Aardman Animation），英国动画公司，世界顶尖的定格动画制作商。——译者注

让它们重新启动，比如使用认知行为疗法，它可以提供一种科学构建的框架。这种方法并不是对每个人都起作用，但对很多人来说确实很有效。”他告诉我，不少论文引用了很多人的证言，说他们本来认为认知行为疗法愚蠢且无用，但当他们尝试之后，他们喜欢上了它。

还有一种是精神分析的方法，可以用它来挖掘创伤的根源。“深入潜意识中，问自己：‘为什么偏偏是我？为什么是现在？是什么原因造成了现在这种情况？’”伯内特说，但对这几个问题，他持怀疑态度，“每个人的情况不同，但在很多案例中，一个人的心理疾病并不是源于特定的创伤：他们的人生中不一定有某个重大事件。所以如果这个大事件根本不存在的话，你试图去寻找它，基本上是徒劳无功的。”

“至少心理治疗是没有任何副作用的。”我反驳说。

“那错误记忆综合征呢？”一针见血。“确实有这种情况，”伯内特告诉我，“比如你去见一个合格的心理治疗师，他告诉你，你的人生中有过一次创伤，那次创伤就是如今这一切的罪魁祸首，你一定要竭尽全力地抑制它——大脑可是很有创造力的。你最终可能会说：‘哦，好吧！可能就是那件事……’然后你就会制造更多的问题出来。”

当我们情绪低落的时候，我们甚至不应该去想那些自助咒语或积极的自我鼓励。根据2009年的一项研究，[8] 自卑的人在重复对自己说几遍积极的自我鼓励之后，反而会感觉更糟！关于这一点，我咨询了一个研究员，她是来自安大略省滑铁卢大学（University of Waterloo）的心理学家乔安妮·伍德（Joanne Wood）。我问她为什么很多人不知道这一点，为什么还是有许多人每天一大早对自己说一句鼓励的话，比如“你是最棒的！”，她告诉我：“首先，一些主张积极思维的人强烈反对我的发现。其次，人们非常想要相信这些积极的自我鼓励是有作用的。他们很想要相信，一些所谓的专家也告诉他们，这是有效的。这就让大家直觉上认为，积极的话语应该起作用，而大多数人却并没有意识到科学证据的重要性。”所以，当我们难过的时候，我们不能只是简单地告诉自己要快乐，也许这只会让我们的情绪愈发低迷。

抑郁症本身具有间歇性。“你的状况会时好时坏。”精神病遗传学家肯德勒如此说道。早在19世纪90年代就有研究表明，如果不及时治疗，抑郁发作通常会持续6个月左右。“但如果有人生活出了什么差错，我个人觉得我们不应该对他们说：‘先等6个月吧。’”加州大学洛杉矶分校神经行为遗传学中心的纳尔逊·弗雷默说，“我认为这导致了抑郁症的污名化。它暗示，你应该振作起来。”对许多人来说，长达6个月的抑郁发作是难以忍受的。弗雷默告诉我，他是如何在35年前接受精神病学培训的，以及他在职业生涯早期是如何经历伴随着抑郁症而来的绝望的：“我有一个特别的患者，他不是终身抑郁患者——他是参加过两次世界大战的退伍老兵。在医院接受我的治疗时，他和他的家人都理所当然地认为他在医院是安全的。但是，他最后还是设法结束了自己的生命。”中国有一项随访2年的研究发现，未经治疗的抑郁症会以更加严重的程度复发。[9]

关于心理疾病应该使用药物治疗还是非药物治疗，有着激烈的争论。但无论选择哪一种，患者都可能会感到懊悔，他们会觉得自己错过了另一种更好的治疗方法。正如肯德勒所说："抑郁症是所有疾病中最难以治疗的——抑郁症的诊断也同样困难。"如果连专家都不确定我们为什么会得抑郁症，以及到底该如何对其进行治疗，那我们这些患有抑郁症的人无论通过何种方式寻求帮助都完全不必感到懊悔。我们并不会因为没有服用或者服用了抗抑郁药而比别人更好。相比那些需要药物治疗的人们，采用非药物治疗的人们的焦虑并不会更少，他们的优越感也不会更强。至少在这一方面，心理疾病对每个人都是一视同仁的。

这就是为什么伯内特更相信医学与心理学相结合的抑郁症治疗法——服用抗抑郁药+心理治疗。"我不否认人们对抗抑郁药的过度依赖，但如果你是某资源稀缺的医疗服务机构的一名全科医生，你有两个选择：一、让患者去找一个训练有素的专业人士，在他的指导下进行数月的认知行为治疗；二、服用一盒药——那么你通常会选择哪个呢？第二个。这是一个实际问题，而不是思想意识问题。"他认为目前的心理健康服务状况"很像由委员会设计出来的一匹马。但是，你知道，如果你想要一匹马，而他们给了你一头骆驼，你仍然可以用它来做很多事情。你可以用它来拉东西。你得到的也是一只四条腿的动物"。我对此无法反驳，也很欣赏这种对现状的灵活变通。可能我们太轻易地使用药物治疗了。很多人无法接受心理治疗，这是极其不公平的。但是这种治疗作为一种解决方案也并不是万能的。“即使钱不是问题，我们也不可能为所有人提供心理治疗。”弗雷默说，“在世界上任何一个地方，我们都无法提供足够训练有素的治疗师来为患者提供服务。”有鉴于此，弗雷默正在寻找其他解决方案。他是加州大学洛杉矶分校“抑郁症大挑战”项目的负责人——这是一个长达10年的研究项目，涉及10万名患者，其研究目标是：到2050年，这些抑郁症患者的人数减少一半，到21世纪末，剩余的一半患者也实现康复。

“这个项目着实了不起。”我说。

“我知道，”他回答我，听起来有种异常的自信，“我们的研究人员来自各个相关领域——神经科学、遗传学、心理学、经济学、工程学。我们正在努力识别基因和环境风险因素——它们在诱发抑郁症中起着重要作用——然后设计更好的疗法。”他想更深入地研究电休克疗法（electroconvulsive therapy，ECT）和抗抑郁药是如何起作用的，以及如何使用高科技手段来进行抑郁症的筛查、监测和治疗，以阻止抑郁症进一步恶化。这样，正常的悲伤就不会发展成更加严重的状况，抑郁症状也不会发展成临床抑郁症。所以，他关注的是生活方式的干预（更多内容参见本书第三部分），以及其他治疗抑郁症的不同选择，而不仅仅是目前服用抗抑郁药或坐在房间里与治疗师谈话这两种选择。弗雷默举了一个例子，这是一个里程碑式事件：美国食品药品监督管理局（FDA）最近批准了艾氯胺酮上市——这是一种鼻吸入剂，是从麻醉剂和能振奋情绪的药物氯胺酮中提取出来的。“这是近 30 年以来第一种真正意义上用于治疗抑郁症的新药。”

氯胺酮又杀回来了？这是千真万确的吗？就像十几年前那些年少轻狂、放荡不羁的时光又回来了一样——和几个记者一起出去玩，疯狂减肥……

又一次，我想到那句话：着实了不起。

“此外，现在有充分的证据表明，通过互联网提供的心理治疗是有效的。”弗雷默说，“这就是我们所需要的：采用那些可扩展的治疗方法，治疗那些以前苦于没有途径接受治疗的患者。”很不错，这是我有生以来听到的最崇高的一个目标。

对我来说，心理治疗是这次的一个选项，为此我心存感激。但是预约心理治疗师需要排很长时间的队（惊讶），所以短期内我选择服用抗抑郁药。它们还是有些效果的。我觉得在开始接受心理治疗之前，我至少要做一些事情——尽管对心理治疗我并非百分百期待，因为我以前接受过糟糕的心理治疗，当然也接受过不错的心理治疗。此外，心理治疗费用高昂，且会耗费大量的时间和情绪。

你可能会遇到一个你第一次去看诊就喜欢上的心理治疗师——那很好，好好珍惜吧！但也有可能，你和你的心理治疗师每周都不得不在一个闷热的房间里待上一小时，那简直就是地狱般的感觉！那种感觉就像你坐在一间弥漫着汤味的工作室里，痛苦地和咨询师沉默以对，不安地跟他（她）大眼瞪小眼，并且你还得为此支付每小时 80 多英镑的治疗费。我只是举个例子而已。或者你遇到的是一个几乎全身被丝巾包裹的女治疗师，她的头远远地向后仰，给人一种高高在上的感觉。或者你遇到的治疗师会把你的名字叫错（嗨，“詹姆斯”！）。或者你遇到的是一个男治疗师，他坚持说你上一段感情的破裂是因为你的前任性冷淡，对一切都没兴趣（“他完事后就直接去洗澡了，是不是？他迫不及待地要把身上的东西洗掉，对吧？”而我只能回答：“呃，这难道不应该吗？”）。

我应该说，我从来没有斜靠在治疗室的沙发上说过话。当预感到可能要在治疗室哭泣的时候，我就不会涂睫毛膏了——即使是防水的，因为如果你哭的时间很长，它会让你的眼睛发痒。你也不需要带纸巾，因为治疗师会大量囤货的。日程安排也很关键，在见完治疗师之后，千万不要安排任何重要的面试或会议，如果那天是艳阳高照的日子，记得戴上太阳镜，遮住你哭泣后的双眼。

詹姆斯·霍利斯（James Hollis）是一位荣格派心理分析师，著有《寻找后半生的意义：如何学会真正长大》（*Finding Meaning in the Second Half of Life: How to Finally, Really Grow Up*）一书，他在书中写道：“很少有人把心理治疗作为首选项。”[10] 他观察到，通常人们会先否认自己患上了抑郁症。我们试图像往常一样继续生活，做着跟往常同样的事情，希望有奇迹发生，能看到不同的结果。然后我们千方百计试图分散注意力——通过各种容易让人上瘾的行为，如工作、性、购物等。不到最终承认自己可能患有抑郁症，我们不会去找附近 5 英里[①]范围内的心理医生。向陌生人敞开心扉实在是个冒险的事儿，而我现在决心要冒这个险了。

我发现玛丽娜·福格尔很推崇心理治疗。她告诉我，在她儿子威廉去世后，她发现心理治疗对她很有帮助。“心理咨询可以揭示许多我自己永远不会发现的事情，”她说，“比如不能在孩子们面前哭。如果你自己不哭，那就是在告诉他们，他们也不能哭。这是一种非常重要的言传身教。”如果操作得当，心理治疗是一个没有评判的、私密的谈话空间，但也会让你袒露自己的脆弱之处。喜剧演员兼 BBC 广播四台的主持人罗宾·因斯（Robin Ince）也觉得心理治疗很有益处，他 3 岁的时候遭受过一场车祸，他的母亲在车祸中当场昏迷，从那以后，他患上了冒名顶替综合征[②]，也变得过度警觉。“我与很多神经学家和心理治疗师谈过，他们都说：‘如果你在那个年龄经历了一场大灾难，它是会影响你很长时间的。’我当时想：天哪，又是老一套，把我现在的心情低落归因于我的童年，那太简单粗暴了！我无意贬低别人的痛苦——那些经历了重重磨难的人们。”这番话听起来很熟悉。但是因斯问过的所有治疗师都认为，他已经在接受心理治疗了，所以最后他接受了这个暗示，并预约了一个心理治疗师。“当然，这个过程让我感觉非常不舒服。”他说。但

---

① 1 英里约 1.6 千米。

② 冒名顶替综合征（Impostor Syndrome），又称替身综合征、冒充者综合征，这是一种自我能力否定倾向，冒名顶替综合征患者总是对自己的成功做出不同的解释，并在获得赏识时感觉像在欺骗别人。

是，他还是坚持了下来。“我和他人说话最少的时候，就是在治疗的过程中，”他告诉我，“我并不担心自己说的话是否有趣。我会沉默15分钟，然后用5分钟的时间说出我想说的话。我的治疗师很高明，她能判断出我是不是在表演，这是不能容忍的。我担心自己会重复说到同样的内容，但是我后来才了解到，这才是心理治疗的关键。”“一些在旁观者看来似乎微不足道的事情，恰恰塑造了你，”他说，“我们不应该为自己表达为什么我们会是现在这个样子而感到羞耻。”

正如心理治疗师朱莉娅·塞缪尔在《悲伤有用》一书中所写的那样：“心理治疗师是一个你在他面前无须掩饰自己糟糕情绪的人，你大可以放心地和他一起反复探讨同样的问题。”[11]

我终于被说服了，于是去见了一个男人。我们姑且称呼他为“鬼马小精灵”①医生吧！我们进入他的诊室。准备好大哭一场吧！我想大喊大叫，我的眼泪已经迫不及待，蓄势待发了！

在诊室的墙上，贴了一幅罗伯特·曼考夫（Robert Mankoff）发表在《纽约客》（*New Yorker*）上的漫画，画里一位心理治疗师正在对他的来访者说：“看，让你快乐起来是不可能的！但我可以用一个故事来解释你的痛苦，绝对让你心悦诚服！”

我想，也许我们能合得来。我后来在网上搜了一下这幅漫画，发现如果我愿意的话，我可以定制一个有这幅画的浴

① 鬼马小精灵（Casper），一部美国同名电影里的超自然小精灵，天真且善良，与人类建立起了真挚的友谊。——译者注

帘。这样它就可以每天提醒我：生活的本质就是凌乱，就是痛苦——嗯，这个挺有用的嘛！

“好吧！告诉我，关于你的一切。”我一坐下来，治疗师就说。

“一切？”

“嗯，从头开始，一五一十。”

所以，我照做了。说到我妈妈，说到我妹妹。我告诉他我这辈子最初的记忆就是关于“那次不幸”发生的清晨。谁都没告诉我妹妹到底去了哪儿，但她就是再也不在那儿了，家里人都悲痛欲绝。我还说到了我爸爸，他不是一个坏人，甚至算不上一个坏爸爸，他只是当不了我的爸爸。说到他的离开的时候，我竟然神经质地笑了起来。

“有什么好笑的吗？一点都不有趣。”

“确实是。”我说。是啊，他说的没错。

他问起我做母亲的经历——在尝试了那么久，也失败了那么多次之后。我也一五一十和他说了。

他告诉我，他认为我喜欢有掌控感——言下之意就是我想要的太多了。我极力辩解，试图说服他，我绝对不是一个控制狂：“我只是希望不要失控。”可是他不买我的账。

他猜测厌食症是我自己选择的上瘾行为，而不是任何身体原因导致的：“因为这是一件你想要更擅长的事情。你，是个完美主义者。”

他问起我的工作，我告诉他独自一人在房间里写作的经历，一写就是连续几个月。他怀疑我觉得书本和文字比人更容易打交道："写一段对话比亲身参与其中更容易；描写生活比亲身投入生活更容易。"他告诉我一件我自己已经发觉但之前似乎没有人注意到的事情：我把工作当作一个避难所。我通过工作来拉开我与自己的距离，避免直面自己。他注意到我喜欢说"很有趣"这个词，他很想知道我是否也经常对朋友和家人们说这个词。

"当然了……？"

他委婉地暗示，我倾向于理性思考和分析，而不是去感受。他认为我通过让自己忙碌起来，制造了我与自己的情绪距离，并通过这种自我疏离来麻醉自己。他还说我害怕与他人的亲密关系。

接下来是一阵令人不安的长时间沉默。远处某个地方传来一只狗的叫声。

"也许我只是有着正常的边界感？"我弱弱地反驳道。

"你就像在一家老式银行工作的人，银行里安了紧急救援按钮，如果有人靠得太近，你就会按一下这个按钮，然后一个铁网就会降下来。"

一针见血。

我品尝过被拒绝的苦涩滋味。"来年陌生的，是昨日最亲的某某。"我不喜欢这样，而对面这个"鬼马小精灵"医生看透了这一切。

"你父亲的离开告诉你，他人是不可信的，被抛弃影响了你的自信。所以现在你害怕信任别人，害怕和别人走得太近。"

我回想起以前的那些感情经历，回味着当时的感受。我甚至仔细地审视它，然后感到非常紧张不安。当你即将爱上一个人的时候，那种眩晕感往往比什么都令人害怕。当我第一次听到别人说出“我爱你”这几个字的时候，我感到的是恶心。更糟糕的是，我感觉自己不知道感恩：对方向我表白，竟然没有让我更快乐。或者说，我不能大大方方地接受他人的表白。

“但是，为什么呢？”几个月后，我问“鬼马小精灵”医生，“为什么我会这样呢？”

“因为你让自己活得太累了。因为你从小到大都认为，你必须表现得完美才能被别人爱。因为现在你有孩子了，他们哪怕表现得很糟糕，也仍然有人爱，这对你来说很难接受。”他解释说，本质上，我内心深处的那个4岁孩子对此很是嫉妒。我感到很羞愧，很难过。我竟然嫉妒自己的孩子？这是一种终极禁忌，但它实实在在地发生了，尽管我不愿去深想。心理学家菲利帕·佩里（Philippa Perry）在《真希望我父母读过这本书》（*The Book You Wish Your Parents Had Read*）中写道：“父母嫉妒自己的孩子，是常有的事。”[12] 佩里认为，对父母来说，问题的解决办法就是，当发现孩子不那么好管教的时候，想想自己在同样的年龄阶段是什么鬼样子。

那就是了，我想。这些都是我还没有处理好的一切，是所有我强行压抑下去的和默默埋葬于心的悲伤。好吧，就是这些了。

能被人看见、听到和认可，我感到如释重负。从此我就可以名正言顺地哀悼和悲伤了。希望我能做到，这样在我把自己的孩子照顾得一团糟之前（我还会犯其他错误的！），我就可以用上它了。我不会假装这个治疗过程是有趣的，它并不有趣，但它确实对我很有帮助。

那天晚上我睡得很好。第二天早上，我蹒跚学步的女儿爬到我的床上，把她的小脑袋靠在我的脸上——这是她那时最喜欢的姿势。如果可以，她喜欢一直这样靠着我睡觉，最好是握住我的双手。我觉得不太舒服，但我一动不动。此刻，我不想有任何改变。

几次治疗之后，“鬼马小精灵”医生告诉我，他认为我现在没有他也可以过得很好了。就像电影《欢乐满人间》（*Mary Poppins*）里那个穿着圆领美利奴羊毛衫的仙女保姆玛丽·波平斯一样，他结束了对我的心理治疗。我害怕——在没有他的情况下——去生活，但我别无他法。

我做到了。

这就是一个厉害的心理治疗师所能做到的：迅速了解我们——并且在某些情况下，比我们自己更了解我们。他们找出我们的创伤。他们举起一面镜子，然后给我们工具，让我们自己去应对我们所看到的。

我们都要打开自己的困难盒子。如果我们足够幸运，能得到帮助的话，我们应该接受它，而不是因接受帮助而感到内疚，即使有人境况比我们的还糟糕（总有比我们处境更糟糕的人）。如果我们觉得自己可能抑郁了，我们应该去看医生。如果我们认为自己可能需要持续的帮助，但暂时无法接受心理治疗的话，我们仍然可以寻求一些支持。我们仍然需要谈论自己的悲伤。如果我们暂时无法寻求到专业人士的帮助，那我们就需要一个“吉尔”——一个暖心的伙伴。如果我们已经停在那该死的沮丧频道好几天了，这个人会伸手帮我们把这个频道关掉。请听我细细道来……

第十五章　伙伴互助计划

一个星期二，早上 9 点，聊天内容是这样的：

我：我已经停在那该死的“沮丧频道”两天了。

吉尔：要不要来点咖啡？

我：喝个 20 分钟？

吉尔：[发了一个“竖起大拇指”的点赞表情，后面好像又加了一个“跳舞的女人”的表情（呃，什么情况？）] 拉伸一下，喝杯咖啡，放松放松。

我把手机放进包里，心里顿时踏实了不少，因为知道 20 分钟后，我那可恶的“沮丧频道”就会被切走。

“沮丧频道”是我和朋友们现在用来指代我们内心独白的一个词，我们头脑中那个毫无益处的电台一直在喋喋不休地告诉我们：每件事——和每个人——都是垃圾，包括我们自己！“沮丧频道”有着一长串杂七杂八的播放列表，从郁郁寡欢到挑剔不满，再到那些让你浑身颤抖、让你懊恼抓狂到想拉扯自己的头发（此时可以响起泰克诺音乐[1]）的焦虑问题。我们每个人都会偶尔调到“沮丧频道”，但是如果你的调频盘卡住了，或者调谐按钮坏掉了，你就会比以往更多地调到这个可恶的“沮丧频道”。这时候，你就可以寻求情绪工程师的帮助了。这个工程师或许是你身边的一个朋友。

在“沮丧频道”发出呼叫之后，接下来我们边喝咖啡边进行的“帕瓦讨论会”[2]，我们讨论各种人间苦难，或者更确切地说，是我们自己的苦难。当她讲话的时候，我侧耳倾听；当我讲话的时候，她侧耳倾听。我们都不去试图修复对方，我们只是把各自内心的感受大声讲出来——对我们信任的人，之后我们都觉得轻松了很多。令我们悲伤的事并没有消失，但是它已经在电台播出了，就像一件沉重的旧外套被脱掉了。自从仙女保姆玛丽·波平斯和“鬼马小精灵”医生不再是我日记本中的常驻嘉宾之后，我发现这个办法越来越管用。这一次，我终于知道，我真的不用再去独自应对未来的任何悲伤了。所以我说服了几个朋友，邀请他们加入我的“学会悲伤伙伴互助计划”。

根据《韦氏大词典》，“伙伴互助计划”（Buddy System）最早起源于美国军队，目的是在执行高难度的军事演习时，保障作战人员的安全，这个词首次被使用是在20世纪20年

---

① 泰克诺（techno）音乐是一种利用电子技术演奏的节奏鲜明的舞曲，“Techno”即“Technology”（技术）的缩写。

② 帕瓦讨论会（Powwow），美洲土著的一种带有盛宴和舞蹈的仪式或议事会。——译者注

代。[1] 在水肺潜水中，团队成员一起工作，互助合作，两人一组，进行结伴潜水，这样万一出现紧急情况，两人就可以互相帮助或者救援。除了有趣的潜水鞋、被海水冲刷得凌乱的头发之外，这是水肺潜水员另一张令我们心驰神往的王牌。这项运动有一个广为人知的规则，即"永远不要独自潜水"——这个规则同样适用于生活，只需要稍微转换一下说法，改成"永远不要独自生活"即可。水肺潜水中的"完美伙伴"是我们可以放心托付生命的那个人，也是我们在生活中可以终生信任的朋友——瞧，这个主意不错吧？

"伙伴互助计划"也被用于其他高强度的生死竞技场，比如童子军。世界各地的幼年童子军、女童子军和男童子军都在用"伙伴互助计划"帮助孩子们学习合作、生火、卖饼干或者避免在森林里迷路。因为，正如芭芭拉·史翠珊[①]深知的那样，人和人之间，是需要互相扶持，彼此支撑的。

"多年以来，心理健康专家告诉我们，即使没有社会支持，我们也可以保持心理健康——'除非你爱自己，否则没有人会爱你'。"美国精神病学家布鲁斯·佩里在《登天之梯：一个儿童精神科医师的诊疗笔记》[2]（*The Boy Who Was Raised as a Dog: And Other Stories from a Child Psychiatrist's Notebook*）一书中这样写道。但事实是，佩里认为："除非你被爱过，并且正被爱着，否则你无法爱自己。爱的能力不是

① 芭芭拉·史翠珊（Barbra Streisand），美国著名女歌手、演员、导演、制片人，多项大奖加身，既拿过奥斯卡最佳女主角奖，也拿过格莱美终身成就奖，还是总统自由勋章获得者。

建立在孤立的基础上的。”

柏拉图和亚里士多德都认为：生而为人，友谊是最基本的必需品。事实证明，我不是一块石头，也不是一座孤岛。你也不是。我们都需要吐露心声，尤其在我们感到悲伤的时候。就连心理治疗师朱莉娅·塞缪尔也认为，谈论悲伤不一定要找治疗师。她说：“最重要的是，与那些不会打断你讲话的人交谈。”这有助于我们不受干扰地描述自己的现状，而且正如塞缪尔解释的那样：“在一字一句把自己的心声讲出来的时候，我们的情绪就平复下来了。”

如果我们有什么心事，就应该与人分享。最好不要在社交媒体上发长文，或者神秘兮兮地更新仅自己可见的动态，而是要去和一个真实的人交谈。一个好友，一个我们会定期联系的朋友。虽然，对我们很多人来说，这一点说来容易做来难。

与他人实时交谈比在社交媒体上发表评论或者在手机上发送信息更让人感到害怕，社交焦虑症（social anxiety）已成为一个日益严重的问题。美国焦虑与抑郁协会（Anxiety and Depression Association of America）估计，有1500万美国人患有社交焦虑症。[3] 电话恐惧症（telephone phobia 或 telephobia）是指不情愿或害怕打电话或接电话，尽管这种情况自有电话以来就一直存在［诗人罗伯特·格雷夫斯（Robert Graves）早在1929年就描写过关于使用电话的恐惧］，[4] 这个人群的官方统计数字一直呈上升趋势。2019年一项对英国上班族的调查发现，40%的婴儿潮一代和70%的千禧一代[①]在听到电话铃声响起的时候会产生焦虑情绪。[5]

我们对谈话的焦虑与日俱增，因为我们从过去的口头交流转向短信、电子邮件和社交媒体评论这类文字交流。写电子邮件的时候，我们有时间去思考、编辑和完善，而面对面的谈话是实时的。我经常被这个想法困扰，即如果我在对话中犯了一个“错误”，那它就会一直在那里，我做什么都无法撤回它。

当我在 2019 年开始写本书的时候，许多专家担心与科技的更多接触可能会进一步加剧社交焦虑，尤其是在智能手机、平板电脑和电脑变得越来越无所不在的情况下。然后新冠疫情席卷全球，针对疫情的封控也随之而来，我们所有人都不得不学会通过网络联系。我们也确实这么做了。Zoom、Houseparty 和 Microsoft Teams 等视频软件之前都只是技术人员或者年轻人喜欢玩的东西，现在即使是祖父母那一辈的人也不得不学着使用了。我在 Zoom 会议上用菲尔·柯林斯的纪念马克杯喝过酒；我吃着薯片和鳄梨酱参加过 Houseparty 的疯狂问答游戏；我也在 WhatsApp 的线上化装舞会上扮过草莓——后两者都曾风靡一时，又很快过时了。长久以来，我们都是靠虚拟的网络进行联系，如果线下见面，我觉得我依然会害羞——这似乎有点奇怪。但我们可以成功克服这一点。因为就像肌肉一样，我们可以把自己训练得在社交场合更有适应力，我们可以通过任何现有的方式和他人沟通交流。

---

① 通常指 1982 年至 2000 年出生的一代人，这代人的成长时期几乎与互联网 / 计算机科学的形成与高速发展时期相吻合。

大多数心理治疗师推荐暴露疗法（exposure therapy）——先让自己稍微经历一点令自己害怕的事情，然后逐步增加强度，直到我们面对它们的时候感觉依旧良好。所以如果我们害怕打电话，我们可以先试着打个 30 秒的电话，然后将时长增加到 1 分钟，再到 2 分钟，这样逐渐将通话时长增加到一个令我们可以接受的长度。我们也应该从这样一个事实中感到振奋：我们高估了自己在社交场合中把事情搞砸的程度。根据一项由康奈尔大学托马斯·吉洛维奇（Thomas Gilovich）教授领导的研究，我们严重地高估了我们的尴尬行为对他人的影响，[6] 也低估了我们的谈话对象喜欢我们以及我们的陪伴的程度——这种错觉被他们称为“喜爱差距”（the liking gap）。[7] 在我们和他人交谈之后，我们会比自己想象的更受对方喜爱。如果社交媒体给我们这样的印象——每个人都在过着一种光鲜亮丽的生活，那么记住这一点：社交媒体带给我们的只是一种印象，而不是事实。

写本书的时候，没有人确切知道新冠疫情导致的隔离状态会如何对我们产生长期影响，但有人预测，下一个大流行病可能是孤独。一份来自国家科学院（National Academies of Sciences）的报告显示，社交孤立、抑郁和焦虑之间存在着一致性关系，[8] 而圣路易斯华盛顿大学（Washington University in St Louis）的研究人员发现，孤独可能是心理健康问题的先兆。[9] 缺乏强大的社交联系与不良饮食、大量饮酒 [10] 和高血压有关——甚至可能和吸烟一样对我们的健康有害。[11] 疫情封控开始的时候，一套表情包（自己任选一个吧：

“大口吃饭”“大瓶喝酒”或“大块腹肌”）在网上流传，这说明在隔离的时候，我们倾向于把食物、酒精或者锻炼当作精神支柱。以前我对这三项都沉迷过，所以现在我很谨慎。正如哲学家佩格·奥康纳教授所说：“在成瘾的情况下，或在恢复期或适度管理期，社交联系是很重要的。”她在谈到大流行时说：“由于孤独、恐惧、恐慌、焦虑和忧郁——所有这些——我认为，我们会看到上瘾的人群猛增，我敢打赌，旧瘾复发的人数也会猛增。”

我发现在这段时间里唯一能帮助我的就是，每天在WhatsApp上与朋友聊天，定期和朋友们在FaceTime上视频通话。它并不是十全十美的——没有因拥抱带来的催产素，也没有面对面交流的愉悦。但，这就是我们所拥有的，每次聊完天后，我都感觉更好了。

我们无法让时间倒流，智能手机现在已成为我们生活的一部分（在某些情况下，甚至是我们双手的延伸）。虽然不利于现实生活中的实时谈话，但科学技术可以作为一种工具，让我们进行更有意义的沟通交流。就像那个阴雨绵绵的星期二，我的心情又切到“沮丧频道”，于是给朋友发出一条信息，这就好比向空中发射一道虚拟的“蝙蝠之光”，让重要的人知道我们需要他们；也像我们有麻烦的时候，按下一个按钮，通知我们最亲密的朋友。

这就是notOK这款应用背后的逻辑——这是一款免费的心理健康呼救应用，由美国佐治亚州的一对十几岁的姐弟汉娜·卢卡斯（Hannah Lucas）和查理·卢卡斯（Hannah

Lucas）共同开发。当时15岁的汉娜·卢卡斯患有体位性心动过速综合征①，容易晕倒，因此很害怕独自一个人待着。她担心如果她忽然晕倒了，周围没有人在场，那就糟糕了。她越来越恐惧，并且这种恐惧逐渐演变成焦虑、抑郁和自残。在一次自杀未遂后，她告诉她妈妈："我希望有一个按钮，我一按就有人知道我的状况不妙。"[12] 于是，那时她那从7岁起就开始学习编程（简直是个天才儿童）的11岁弟弟着手设计一款应用的底层框架。他们一起上编程课，还写了一份15页的企划书给父母，希望他们出钱帮他们招募程序开发人员（"我们甚至还在最后留了10分钟用来答疑"）。他们的母亲罗宾·卢卡斯（Robyn Lucas）帮助孩子们找到了程序开发人员，并制订了付款计划，于是6个月后，这款应用诞生了。当用户感到自己需要一些外部支持时，只要按一下notOK这款应用的按钮，就可以提醒5个可靠的联系人——5个伙伴。

"为什么是5个？"我问道。

"我们认为5个足够了，即使这5个人中有人当时很忙，你仍然可以得到所需的帮助。"查理在Skype上告诉我，"但这个数字又不会让你因为没有那么多朋友可去设置而产生社交焦虑。"呃，这就是Z世代②！

---

① 体位性心动过速综合征（postural orthostatic tachycardia syndrome，POTS），又名"直立性心动过速综合征"，这种病的患者站立（尤其是从躺平换成站立姿势）时会感到头晕、晕厥、心跳加速。——译者注

② Z世代也称"网生代""互联网世代""数媒土著"，通常指1995年至2009年出生的一代人，他们一出生就与网络信息时代无缝对接，受数字信息技术、即时通信设备、智能手机产品等影响比较大。

notOK 这款应用的工作原理是，向 5 个事先设置并约定好的朋友发送短信："你好！我现在情况不太妙。请给我打电话、发短信或者来找我。"同时附上用户 GPS 定位的链接。"这款应用很有用，"汉娜说，"当我需要的时候，我真的通过它得到了帮助。"这款应用让她更有安全感了，也让她感受到了他人的支持。"这款应用让我很安心。"汉娜说，她觉得其他人也能从中受益。

2018 年，这款应用在 Google Play 和 Apple Store 应用商店上线，受到了进食障碍、焦虑和上瘾患者的欢迎，现在已拥有 8.7 万名用户。目前，姐弟俩正致力于 notOK 升级版的完善，并已获得资助，向全球用户推广（可访问 notokapp.com/donate 寻求帮助）。"到目前为止，我们得到的反馈都是很积极的。"汉娜说，"有些人在状况不佳的时候不愿意告诉别人，但他们仍然需要一种途径去寻求他人的支持。所以我们想做到的就是让这个过程更加便利一些。"因为我们都需要伙伴，根据美国心理卫生协会（Mental Health America）统计的数据，同伴的支持已经被证实可以提高生活质量和我们的健康状况。[13] 始于 1939 年一直延续至今的哈佛大学成人发展研究明确表示："良好的人际关系会让我们更快乐、更健康。"而弟弟查理的直觉也很准确，"5"简直就是个魔法数字！

牛津大学进化心理学家罗宾·邓巴（Robin Dunbar）教授在社交联系方面进行了多年研究，他发现，我们需要 5 个亲密的朋友，15 个好朋友，以及 150 个普通朋友。"其中每一层都对应着特定水平的情感亲密程度以及特定水平的接触频率，分别是至少每周一次，每月一次，每年一次，”邓巴告诉我，“这可能是由于创造一个特定水平的情感亲密程度的联结需要相当多的时间投入。只要低于这个值，这段关系就会很快——可能短短数月——滑落到下一个情感亲密层级。”建立有意义的社交联系的一大障碍是距离，根据社会学家巴里·威尔曼（Barry Wellman）和斯考特·沃特利（Scot Wortley）的说法，30 分钟是我们能花在去和一个朋友见面的路上的最长时间。[14]“步行、骑自行车或开车，都不重要，路上花 30 分钟是极限。”邓巴说。这项研究是在 2019 年新冠疫情全球流行之前进行的，虽然我们的目标是和 5 个离我们 30 分钟距离的亲密好友一周见一次面，但在任何全球或个人危机中，一般给出的建议都是“尽你所能”。

每周见 5 个朋友，听起来相对简单，容易做到，但在我们繁忙的现代生活中，其实这个要求很有挑战性。我们很多人都做不到这一点。在英国，超过 900 万的人口（将近全英国人口的 1/5）说他们总是或经常感到孤独，[15] 3/4 的人不知道去哪里寻求帮助。承认孤独似乎是一种耻辱，这使得我们很难在最需要的时候去寻求支持。2018 年的一项研究显示，1/3 的 45 岁以上的美国人说他们“长期感到孤独”。[16] 加州大学洛杉矶分校甚至还制作了“孤独量表”——一个包含 20 个条款的评估量表，用以测评人们的主观孤独感和社交孤立感。[17] 关键性的人生大事——即使是表面上令人快乐的事情——似乎也会产生刺激，使孤独感猛增。在英国，32% 的新手父母表示他们总是或经常感到孤独。我还清楚地记得初为人母时的那种孤独感。一段感情的结束往往标志着一个新的孤独感高峰的到来——这个倒不意外，33% 刚刚离婚或分居的夫妻说他们总是或经常感到孤独，超过一半刚刚失去亲人的人们报告说他们不知道去哪里求助。我们中的很多人都深陷孤独，不知道该如何是好。因为要形成新的纽带来取代我们可能失去的或缺少的纽带，其实并非易事。

如果我们成年后因为某些原因搬家，可能很难在新的地方找到新朋友。我母亲 60 多岁时搬了家，所有社会关系必须从头开始建立。为了建立一个新的社交圈，她不得不付出精力和努力，这让她筋疲力尽：从志愿活动到每周的酒吧组队竞猜游戏[①]，再到羽毛球俱乐部的活动，再到和她的女子健走圈（鉴于人数不多，更确切地说，不是“圈”而是“队”）里的十几个北欧老太一起拄着手杖健走。我母亲是一个善于交际的人，但她依然觉得这个很难。偏内向的人可能在遇到第一道障碍时就退却了，但她坚持了下来，最终在一座新的城市建立了新的友谊。

传统上，我们很多人在成年以后可能会在工作场所被迫结交新朋友。但是现在的零工经济[②]、办公桌轮用制甚至是开

---

① 一种游戏，主持人问问题，各队互相竞答，获胜的通常会有酒喝。——译者注

② 零工经济（gig economy），指的是用短时、灵活的工作形式，取代传统的朝九晚五的工作形式。它利用互联网和移动技术快速匹配供需方，主要包括群体工作和经应用程序接洽的按需工作两种形式。零工经济使个人可以利用自己的空余时间帮别人解决问题从而获取报酬，也使得一些企业可以选择弹性的用工方式从而节约自己的人力成本。——译者注

放式办公室意味着，在工作场所建立有意义的关系——交朋友——比以往任何时候都更加具有挑战性。一些新的住宅开发项目虽然最大化地保护了个人隐私，但也意味着我们不再与邻居抬头不见低头见了。很多澳大利亚肥皂剧的忠实粉丝都知道这样一句台词——“每天早上友好地挥挥手，会让我们开启更美好的一天”，因为这可以让我们的好邻居变成我们的好朋友。[18] 当我们失去这些的时候，我们失去的不仅仅是自家花园的篱笆或者公共围墙之外的那些家长里短的琐碎八卦。

我有几个好朋友，但最近都没怎么见面了，“鬼马小精灵”医生、布鲁斯·佩里和芭芭拉·史翠珊都提醒过我：我需要和人打交道。我需要伙伴。我想，我的伙伴们也需要我，因为他们中的许多人已经开始举止反常了。就在新冠疫情封控之前，我和朋友们过了一个里程碑式的生日……然后我们生活的方方面面都开始土崩瓦解，不复往日了。

2012 年的电影《四十而惑》（*This is 40*）给我留下了深刻的印象：虽然步入中年可能意味着要为金钱发愁，要面临子女的青春期叛逆和意外怀孕的风险，但我们还是可以拥有一头富有光泽的浓密秀发（像保罗·路德和莱斯利·曼恩一样），漫步在加州的灿烂阳光下。

然而现实是，我认识的要为金钱和意外怀孕而担忧的人中没有谁有那么一头令人艳羡的秀发，并且我们这里的降雨一向很多。现实还包括慢性病、丧亲之痛、全球性疫情和精神健康问题，我周围的人一个接一个地陷入绝望的旋涡，苦不堪言，难以脱身。我们在生命的各个年龄段都需要朋友。但我敢打赌，鉴于我们无法在以往能见到朋友的那些节日欢聚，我们比以往更加需要朋友。以前上学的时候，我们每天都能见到朋友——无论是中小学，还是大学。在那之后，还有婚礼、婚前单身派对或单身周末等场合让我们与朋友相聚。到 30 岁的时候，我们可能已经有了一个稳定的社交网络，要承担的责任也相对较少，所以我们可以出去玩，去聚会，去见朋友，可以花上 4 个小时去闲聊。然后，逐渐地，我们参加的婚礼越来越少了，我们身上的责任也越来越重了。

到了 40 岁，我们与朋友见面的时间可能越来越少，但我们比以往任何时候都更需要他们。我的大多数朋友工作都很忙，还有工作之外的责任，并且在他们所谓的“闲暇”时间里还要给自己额外找事做。然后，当事情开始变得有点失控时，我们会很惊讶。一些朋友热衷于高强度间歇训练[①]或重量训练，她们举起杠铃，对着镜子里的自己大喊：“吼吼吼——吼吼吼——哈！”

一位男性朋友 40 多岁的时候开始酗酒，有一天晚上他喝高了，结果第二天凌晨他老婆撞见他正在前门的花园里大便（“为什么？为什么你要在我的秋海棠树下拉屎？”）。另一位朋友则在灌下两瓶梅洛葡萄酒后要求和妻子离婚，第二天早上，他一点都不记得这事了。还有一个朋友变成了宅男，

① 高强度间歇训练（HIIT）是一种让你在短时间内进行全力、快速、爆发式锻炼的训练技术。这种技术能快速提高你的心率，并且燃烧更多的热量。——译者注

大门不出，二门不迈。朋友们试图让他走出家门，但他一心只想躺在床上吃甜食——因为那使他想起了他的童年。

“这是典型的‘中年低谷’（midlife slump）。”记者马特·拉德（Matt Rudd）告诉我。他比我早5年进入这个特别的冒险旅程（他今年45岁），并在他在《星期日泰晤士报》（*Sunday Times*）的“男性烦恼”（Man Trouble）专栏上探讨了中年危机这一话题。“从表面上看，人们不太会对中年男性感到难过和抱歉，”他说，“你知道，我们属于特权阶层。一切都会好的。”他说得没错。应该是这样。有必要再次指出，这些都是第一世界国家出现的问题，如果说2020年教会了我们什么东西的话，那就是白人中年男性自古以来就一直生活在特权空间里，没有太多可抱怨的。然而……自从拉德2019年开始在这个专栏写文章以来，他采访了数百名显然很成功的中年男性——他们住在漂亮的大房子里，有关爱自己的妻子，孩子成群，但是他们都活得很吃力。

在20多岁的时候，我们是大有潜力的年轻人。到40多岁的时候，这些潜能应该都一一实现了。如果没有实现，我们会感觉很糟糕。如果实现了，但我们仍然不满意，那我们还是会感觉很糟糕。虽然生活中会发生一些积极或消极的人生大事或重大改变，但人们往往倾向于迅速回归到一个相对稳定的幸福水准。根据U型曲线，人到中年意味着幸福指数会不可避免地下降。但是拉德认为，要解决这个问题，我们都得乘坐时光机回到过去，把学校教给我们的那些鬼话抛至九霄云外。

"抱歉，什么意思?"

他解释道:"英国的学校从你很小的时候就告诉你一定要赢。要乖乖听话，好好表现，才会得到奖励。从很小的时候起，孩子们在教室里就要安静地坐好。他们把良好的行为与成功联系在一起。"根据我的研究，世界上许多其他国家也都是类似的情况。"丝毫没有给孩子思考的空间：这件事真的会让我快乐吗? 我不是说这些属于《安琪拉的灰烬》① 里描述的那些东西，而是压力……"拉德说。我点头同意。父母希望我们成功，学校希望我们成功，很少有人鼓励我们去质疑这一点。"一旦完成正规教育，"拉德说，"你就会觉得所有要求你做的事情你都做到了，但你还是不开心。"于是，你开始一份工作("仍然不开心")，进入一段亲密关系(同上)，甚至，建立一个家庭。

"而养孩子是另一个男人被期待做好的事情!"拉德说。在过去的 40 年里，人们对做父亲的期望发生了巨大的变化(谢天谢地)，拉德有 3 个儿子，他希望自己亲自把儿子们带大。"但每个孩子出生的时候，我只能休一周的陪产假。"他告诉我。[19] 弗雷迪(他的大儿子)出生的时候，赶上难产——生产前前后后持续了整整 54 个小时，整个过程一直危险重重。他太太一开始是在家里分娩，最后不得不去医院，改为

---

①《安琪拉的灰烬》(*Angela's Ashes*)，美国作家弗兰克·迈考特创作的自传体长篇小说，首次出版于 1996 年，曾被改编为同名电影。小说以幽默生动的笔法描述了一个贫民窟孩子成长与奋斗的感人经历。面对贫穷、挫折、苦难，作品主人公选择以乐观进取的精神与命运抗争，最终实现了自己的梦想。——译者注

紧急剖宫产。“3 天以后，我回到了办公室然后继续扮演我在父权制社会里的角色——养家糊口，而回到家后又要立马切换成‘爸爸’的角色。你就这么像老黄牛一样埋头辛苦工作，”拉德说，“所以当你 40 岁的时候，你会突然想‘这一切就是我要做的吗？’一点都不奇怪。很多人会想，这 40 年值得吗？不，不值得。”

我听他说完这番话，坦白地告诉他：“我的女性朋友也都有类似的烦恼。”

“但至少女人们会聊聊这些事，把它倾诉出来。”他回答说。

还真是。

“男人不怎么聊情绪这事儿，现在依然是。”他坚持说道。

他们还没有采用“伙伴互助计划”。

“我觉得每次我和一个中年男人谈得比较深入、热烈的时候，他们总会在某个时刻突然变得非常紧张，因为他们不想去思考自己幸福与否。他们甚至不愿意去触碰这个话题，因为他们担心会出什么差错而让自己无法脱身，”拉德说，“所以他们不想讨论这个问题。”

我想知道这是否取决于很多男人从小受到的教育，以及他们的父母是如何谈论令人痛苦或不适的话题的。我问拉德，他有和他的父亲聊过情绪这类话题吗？他摇了摇头：“太难了。”

“我从来没有和我的父亲深入地聊过情绪这类话题，这很传统，”拉德斩钉截铁地跟我说，“那些男人间的调侃仍然令人沮丧地熟悉，类似于我从小在《淘气男人》（*Men Behaving Badly*）和《干杯干杯酒吧》（*Cheers*）这样的电视节目中看到的。只要你在酒吧里一开始讨论一些严肃的话题，总会有人把话题岔开，而不是坐下来跟你好好谈谈。比如，一个朋友跟另一个朋友说他得了癌症，这个话题没说三句话，他的朋友就已经在讲荤段子了。这种情况太常发生了！”

啊，幽默果然是一种防御机制！还真是！

拉德在这方面做得也不好。“每次被安排去参加某个心理课程，我都会被提醒‘不要用幽默来摆脱困难的局面’。”他用一根手指摸了一下衣领的边缘，仿佛这样不适的记忆让他感到燥热。“可是这些我统统都忽略了，因为搞笑确实是一种能够让你避免过多袒露自己的简单方式，”他说，“但男人需要交谈，我很想和别人认真交谈。”

理查德·克洛西尔也是。还记得克洛西尔吗？那个为不育男性大声疾呼的人，那个迫切想和妻子生个孩子的人。他们有好消息了——他们第二个周期的试管婴儿有效果了。这个消息太好了！但我还是问他是否也像我一样有某种负罪感——我们都在某种程度上背叛了不育人群，来到了“为人父母”的阵营。

“是的，这是幸存者负罪感（survivors guilt），确定无疑。”他说，“当然，我无论如何都不会用其他任何东西来交换父亲的身份，但至少我现在还关注着男性不育这个事情。我只和很少几个人说我现在做父亲有多开心和兴奋。我认为更重要的是，我们现在可以更好地谈论我们的感受——尤其是作为男人，尤其是和朋友在一起的时候。否则，朋友是做什么用的？有时候男人这个身份是我们自己最大的敌人。现在我之所以能够敞开心扉，是因为我有切身感受，知道它确实有帮助。”

28 岁的伦敦人杰克·巴克斯特（Jack Baxter）和 33 岁的本·梅（Ben May）同样也是“伙伴互助计划”的拥护者。“在理想的世界里，”巴克斯特告诉我，“本和我成为朋友，仅仅是因为他给我剪发，以及我们都喜欢足球。但实际上我们认识是因为我们都失去了至亲好友，并加入了一个没人想加入的俱乐部——丧父俱乐部（Dead Dad Club）。”2015 年，巴克斯特去梅开的理发店理发，当时他的父亲刚刚因皮肤癌去世，而梅的爸爸因为脑部肿瘤剩下的日子也不多了。“当然了，一开始，我们聊的是足球，”巴克斯特说（他是热刺队的球迷，而梅则是南安普顿队的粉丝），“但我们很快就开始谈到各自的父亲，并且发现原来把我们带大的父亲都是那种老派的男性，有阳刚气概，喜欢运动和喝啤酒。”

或者，正如梅总结的那样：“正统的老家伙。”

巴克斯特的父亲是个健美运动员。“他的体重达 18 英石[①]，他这一辈子真正做到了男儿有泪不轻弹，他很坚强。实际上，他说是他的举重训练帮助他熬过了癌症治疗的难关，因为这让他对疼痛有心理准备。但我不是。”他还记得自己

---

① 1 英石约 6.4 千克。

对这一切的不公有多愤怒:“从小到大,我们从来没有聊过感情和情绪这类话题,所以当我爸爸生病了,我真不知道该如何处理这些感受。我能感受到的唯有愤怒。”他说:“我很愤怒,想找人打一架。我真希望有人用头撞我,我真希望有个人责怪我。”巴克斯特在电视行业工作。“这个圈子到处都是6英尺(约1.8米)高的男人,他们西装革履,看上去完全不知道悲伤为何物。这是一个充满自我的世界——但是悲伤的自我在这里却毫无立足之地。似乎这里丝毫没有我可以坦诚谈论自己情绪的地方。”巴克斯特受到了他所经历的唯一的男子气概模式的影响,这是一种有毒的模式。“你知道的,是那种‘好男儿不谈悲伤’的男子气概。”

梅也有同感:“从小到大,我的家人也都从没有谈论过情绪——我们都是在拿对方开玩笑。”有趣的是,在父亲去世之前,梅花了18个月的时间进行愤怒管理。“那真的有帮助,”他现在想,“因为当父亲去世的时候,我感到无比悲痛——至少我知道那是悲痛。我没有无缘无故地对街上的路人生气。当它发生后,我才知道我真的很难过。”

作为一名理发师,现在有顾客上门指名道姓找他理发,因为他们知道他们可以和他聊聊悲伤。“尤其是男性,”他说,“他们通常不善于表达自己。”梅每周大约要给50个人剪头发,几乎每个人剪完头发都或多或少卸下了自己一些心理负担。“我们一开始可能会聊聊足球,”梅说,“但吸引顾客来的,还是我在网上发布的信息。现在大家通过社交媒体熟悉了我的故事,并意识到这方面的话题是我愿意聊的。他们知道我在某个点上可能会提到我已故的父亲。”

“这会让顾客感到不舒服吗？”我问。

“我才不会介意呢。”他说，“这个事确实很棘手，但我们开始谈论它了——这一点很重要。因为感受就在那里，没什么好感到羞愧的。”

巴克斯特说：“我们想成为新一代男性——乐于谈论自己的情绪，会在别人面前哭泣。”理发店似乎是一个很合适的起点。

撒玛利亚会①的一项研究发现，理发师和美发师平均每年会花 2000 小时听坐在他们椅子上的顾客诉说烦心事。[20] 把理发师当作知己，把理发店当作男性可以倾吐心声的安全空间，这并不是什么新鲜事儿，但现在它已经获得正式认可，被认为对男性心理健康有着重要意义。

在美国，洛伦佐·刘易斯（Lorenzo Lewis）创办了一个名为坦白计划（Confess project）的全国性非营利性组织（网址是 theconfessproject.com），在那里理发师可以与有色人种男性建立联系，帮助他们提高心理健康意识。理发师要接受 12 个月的课程培训，学习如何积极倾听，以及如何使用正能量的语言来对抗心理健康方面的羞耻感。英国心理健康活动家、理发师汤姆·查普曼（Tom Chapman）正在开展一个有临床支持的培训项目——名为“听你的 Tony 老师怎么说”（BarberTalk）——旨在帮助理发师们为他们的顾

① 撒玛利亚会（Samaritans），一家志愿者机构，以英格兰和爱尔兰为基地，为情绪受困扰和企图自杀的人提供援助。——译者注

客和所在的社区提供帮助。在朋友亚历克斯去世后，住在英格兰托基市的查普曼创立了狮子理发俱乐部（Lions Barber Collective），帮助男性谈论他们的心理健康问题，并制作了一部关于男性自杀的纪录片，名为《价值 170 万英镑的理发》（*The £1.7 Million Haircut*）——如此命名是因为据英国卫生部（UK Department of Health）的估计，每个自杀身亡的生命付出的代价可达 170 万英镑。[21] 用金钱来衡量一条生命的价值，这让我有些难以接受，但查普曼这样做自有其道理。“如果把每一条逝去的生命失去的价值投资到狮子理发俱乐部，那么我们可以用这笔钱培训 1.3 万余名理发师，他们每周又可以为 220 万名顾客传递希望，”他说，“因为这些理发师学会了如何为他人提供帮助。”根据世界卫生组织的数据，全球每 40 秒就有 1 人死于自杀，[22] 在英国，75% 的自杀者是男性，[23] 而在美国，这一比例为 78%。[24] 在非裔美国人群体中，自杀在主要死亡原因中位列第三，[25] 在英国，自杀是 45 岁以下男性的最大死因（根据英国国家统计局的数据）。[26] 然而，男性一直以来特别不善于寻求帮助。男性健康论坛的一项调查显示，大多数男性从未咨询过他们的全科医生，[27] 许多人说，承认自己心理健康有问题会让他们感到很羞耻。但倾诉和聆听是可以拯救生命的——这是一种情绪上的双赢。

我绝不是男性特权的卫道士。但似乎在我看来，如果我们不给男性平等的情绪表达机会，我们要实现真正的平等，依然任重道远（如果有读者感兴趣，我也愿意分享自己对男女两性在其他方面的差异的看法，如收入差距、月经、生育和更年期……）。

我和T谈过这个，他部分同意我的观点——有一些夜晚，他辗转难眠，担心如果他丢了工作，我们该怎么还房贷（在丹麦，要养活一个五口之家，只靠一个作家的收入压力是很大的）。

T很善于敞开心扉（就像我和加拿大婆婆第一次见面的时候她向我保证的那样："我家孩子有事从不憋在心里！"）。但他也承认，"这就像是一种舞蹈，或是一种航行"，需要你找到合适的男性倾吐对象，那样你才可以毫无畏惧地敞开心扉，而不用担心对方的说三道四，或者引来更糟糕的后果——被对方嘲笑。"这是一个信念的飞跃，在信任某人方面。"T说，"这就像你把所有的拼图碎片都扔向空中，看着它们一一散落开来。"

"但你还是做了？"我问，"你还是选择向他人袒露自己的心扉？"

他点了点头。

"为什么呢？"

"因为如果你不问，那你就得不到。"他耸了耸肩，然后补充道，"或者就像北欧人说的那句话：'害羞的孩子没糖吃。'"

双手赞成，相当正确。

第十六章　情绪支持网络

我们需要更多地寻求帮助，坦诚面对自己的弱点——敞开心扉，积极地寻找可以支持我们的伙伴，同样，我们也需要支持他们。而要真正应对好悲伤，我们需要一个人际网络，需要和我们可以信任的人谈论我们的问题和感受。

我们中的许多人（尤其是英国人，又尤其是我们这一代人或者更老一代人）不擅长讨论心理健康问题、压力或弱点。我们的教育、培训或职业也会影响我们是否愿意敞开心扉，其中一个群体尤其值得一提。对他们而言，这方面的风险更高。

永远正确的期望加上斯多葛主义，这个人类能想到的最糟糕的组合就是……医生。在《绝对笑喷之弃业医生日志》[1]（*This Is Going To hurt*）一书中，亚当·凯（Adam Kay）记录了他作为一名实习医生的生活，这本书既有趣又令人心碎，因为他真实记录了实习医生的艰难生活——他们在工作中经常要直面生死，得到的支持却少得可怜。我对医生如何处理自己的悲伤情绪很感兴趣，于是去和凯聊了聊。他证实，对实习医生的支持确实严重缺乏，并告诉我实习医生有

7年的流转期，要走遍全国，在各地最好的医院学习。“至少在理论上是这样，”他说，“这个制度没有太考虑到它对实习医生的影响：每年一次，每个实习医生都会被调动，不得不离开自己建立好的人际网络。”这对人际关系很不利。“好的时候，你和你的伴侣可能只相距6英里。而坏的时候，你们可能相距160英里。”凯已经不和他在《绝对笑喷之弃业医生日志》这本书中提到的女友在一起了。“感情破裂的原因非常复杂，”凯说，“但工作当然是其中的一个因素。我很想打听一下，医生的离婚率是多少？”[2]

T的前女友是个医生。大家都说她是个了不起的女性，但由于见惯了手术中的生死，她显然比较缺乏同理心。这完全合乎情理。凯表示理解地说道：“医生们就好像在走钢丝，你肯定不希望你的医生是一个没有感情的精神病患者，但你也不会想要一个一听到坏消息就崩溃大哭的医生。所以，大多数医生都是理性动物，而不是感性动物。同情疲劳①对他们而言无疑是一种自我防御机制。”对了，还有黑色幽默②。凯的书里有很多阴差阳错的故事（包括那个令人难忘的健达奇趣蛋③的故事），以及喜剧和医学的结合。“医生们普遍会

---

① 同情疲劳（compassion fatigue），指经历过太多感同身受的同情后产生的淡漠情绪，最常见于医护人员和慈善组织工作人员。——译者注

② 黑色幽默（Gallows humor），又被称为“绞刑架下的幽默”，指在面临极度不适、严肃或痛苦的情势时表现出来的幽默，它并不表现为一种单纯的滑稽情趣，而是带着浓重的荒诞、绝望、阴暗甚至残忍的色彩。

③ 健达奇趣蛋（KinderEgg），意大利巧克力制造商费列罗集团旗下的产品，一种内含小玩具的蛋形巧克力。

讲有趣的段子，”凯说，“他们需要找到一种应对方法，而有趣的段子在这方面比较管用。”“幽默是一种更健康的应对机制，比业内普遍采用的其他方式都有用。”他告诉我，在业余时间，有很多医护人员会酗酒，“每个人都在很迫切地想办法应对。”对凯来说，是写日记。

“这管用吗？”

“作为一种应对策略，这绝对是远远不够的，”他说，“但它多少可以掩盖一下沿途的裂缝。直到再也掩盖不了，那我就黔驴技穷了。”

凯的书中最艰难的一部分是2010年12月5日的一篇日记所记录的故事。

凯开始给一个病人做剖宫产手术，她之前没有被诊断出胎盘前置——胎盘挡住了子宫颈，必须先接生。结果，婴儿死了。病人流了12升血，需要切除子宫。这一切都不是凯的错（“我所有的同行都会采取完全一样的治疗手段，并且会导致完全一样的结果。”他写道），但他就是无法接受发生了这样的事，他悲痛欲绝，就像自己失去了亲人一样。他再也笑不出来，连微笑都不行——一连6个月都是如此。

凯现在认为，他当初应该去做一下心理咨询：“但是当时我们都有一种彼此心照不宣的规矩，这让最需要帮助的人得不到帮助。”凯没有跟任何人诉说发生了什么事。朋友和家人都以为他崩溃了——在某种程度上，他确实是。他告诉我，多年以后，他还是会经常回忆起几年前发生的这件事：“这成了我睡眠周期的一个特征——真的，直到我开始谈论这件事。”直到这本书出版，他才开始谈论它——整整 7 年以后。

“起初，谈论这件事很难。”他说，然后纠正了一下自己的话，“其实一直到现在，这依然很难，让人无比痛苦。但后来我就不再去想这件事了。”最终，朋友和家人终于知道了他不想再做医生的真正原因。

“他们的反应如何?”

“他们很生气，”他说，“或者更确切地说，他们对此感到很失望——因为我觉得他们不能理解我，我没和他们谈论那件事。但这个责任绝对在我，是我选择守口如瓶的。”然后他补充道:“我说这是我的错，这也是因为一直以来我学医受到的训练就是如此——要坚强起来。”因为医生不应该轻易流露情绪，甚至在世界的很多地方，医生都不能太动感情(我那位爱动感情的丹麦医生是个例外)。

凯说仍然会有一些奇奇怪怪的人给他发信息，或在售书活动后来找他，告诉他“要坚强起来”。“甚至还有人说，我太矫情了，喜欢在那儿给自己强行加戏。”他说。

“我很想知道这些人是男性还是女性。”

“都是男性。”凯告诉我。也有男医生联系他，让他“有点爷们样儿”。“他们是真的觉得一个医生就应该那样。”他说，“如果我提出一些关心实习医生的方案，他们就会说‘是，我知道你说的意思了，但做医生嘛，最重要的是得有承受能力’。但是，如果你承受了一次又一次的冲击，它们堆积在你心里，最终是会伤害你的，这才是重点，不是吗?

这就是‘千里之堤，溃于蚁穴’的道理。”

凯告诉我，现在为了应对冲击，应对痛苦和悲伤，他不得不忘记医学教给他的一些东西：“相反，我认识到，谈论那些让我忧心忡忡、心烦意乱的事情是件好事。我得提醒自己，其实对自己的另一半说‘今天我很闹心’并不会让自己显得软弱或者古怪。”

“支持医生的方式也必须改变。”凯说，“医生需要一个持久稳定的人际关系网络、一整个团队作为自己的后盾，这样当事情进展不顺利的时候，他们就知道该去哪里求助。他们需要在紧急状况下，当非常糟糕的事情发生时，有一个安全的大网稳稳地把他们接住。”简单一点说就是，医生需要伙伴。

凯的书现在已成为一本现象级畅销书。它斩获了英国国家图书奖的 4 项大奖，卖出了 200 万册，这本书内容非常精彩，绝对实至名归，值得一读。但最了不起的一点是，凯的故事也在全球引发了广泛共鸣。现在这本书已经被翻译成 37 种语言，正如我们共同的波兰出版商所说：“他在波兰人气超高的，在其他国家也概莫能外。”

当凯写这本书的时候，他希望它能引发英国读者的共鸣，毕竟他们才最熟悉英国国家医疗服务体系的种种槽点和雷区。“但现在世界各地的读者都说，这不就是发生在他们那儿医院的故事吗？”凯说，“归根结底，它讲的是一名医生的故事，不管在哪里都大同小异。”和凯交谈让我意识到：内敛坚忍，并不是英国人特有的，而是一种普遍的应对机制。它是当初英国为发展帝国所必须具备的，是英国寄宿学校的培养准则，是英国人在战争中不断完善的。但它也是全世界医生早已内化于心的行业准则。

我和母亲说了我采访凯的事。母亲对医学方面的事非常感兴趣，她追了很多集纪录片《忙碌的产房》（*One Born Every Minute*）。她现在完全相信，如果情况需要的话，她可以独力接生三胞胎（“现在参加乡村酒吧组队竞猜游戏，我都是在医生队！”她好几次得意满满地这么告诉我）。当然，我母亲已经拜读过凯的书了，对于我的这本书，她也颇感兴趣。她称之为“我们的故事”——没错，确实如此。所以她一直很关注这个事。

那还是在新冠疫情封控前，她最后一次来我家——当然那时我们还无法预判这样一场大流行。那天我们深入地交谈了一次，我们母女之间的这种交流为数不多。那天下午，我们一边为晚上的烧烤准备蔬菜一边聊天——她在削土豆皮，我在削胡萝卜皮。我们坐在厨房餐桌旁边的椅子上——那是两个双胞胎孩子坐的高脚儿童椅——因为其他柜台空间都被占用了（烧焦的锅、一只烤箱手套、吃了一半的苹果、几个悠悠球和一把扳手……），成人椅上则放满了书、毛绒玩具和孩子们早餐打闹时留下的麦片粥残渣。

我给母亲讲了马特·拉德的理论，说学校的教育让我们中的许多人以错误的方式应对着这个世界。我告诉她，有一个伙伴也许能帮助我们更好地渡过难关。我跟母亲讲了凯的经历，以及我对医生、寄宿学校学生的看法。我还告诉母亲，内敛坚忍是帝国和战争所需要的应对机制。

我母亲点点头说："很有道理。"她一边削土豆皮一边对我说："在第二次世界大战期间，你的祖父曾被关在意大利的德国战俘营里，那时他发现，能坚持熬过来的男人小时候都上过英国公学。"我以前就知道祖父在战争期间被关过战俘营，但是长辈们很少提起这个事（再加上后来我父母离婚了），所以我不太了解战俘营中公学幸存者的事。"很明显，他们能更好地忍受这种环境。"我母亲补充道。这让我想起情绪历史学家托马斯·迪克森写的一篇文章——关于英国人的坚忍是如何在战争期间受到重视并得到强化的。我母亲熟练地用削皮器削好土豆，把它放在桌子中间。"所以你的祖父后来发誓，如果他能活着逃出去，如果他以后有了儿子，他也会把他们送去英国公学。"她不经意地补充道。

"哦，这样啊，等等。所以后来他真的有了个儿子？"

"是的。"

"我爸爸……？"

"是的。"

"这么说我爸爸上过寄宿学校？"

"是的。"

我顿时目瞪口呆。

"怎么？你不知道吗？"她抬头看看我。

我怎么会知道？家里人一句都没说过！从来没有！我上哪儿去知道？

她放下削皮器，用一块茶巾擦了擦手，扶了扶她的眼镜，拿起手机，搜了一下我父亲上的那所寄宿学校，然后指给我看学校的简介。

这所学校看上去挺偏远的。照片上没有树，但我还是觉得它被大风刚刚吹过。校园看上去很宏伟。简介上写着，这所学校始建于16世纪，有着辉煌的历史——我的家族可没有这么显赫的历史（祖先们，无意冒犯）。我祖父一定是节衣缩食、省吃俭用，才攒钱把我父亲送到那里去的。

“那么，他去寄宿学校的时候多大？”我问。

“8岁。”

听到这我的第一反应是，比鲍里斯·约翰逊上寄宿学校的时候还小。但是我又一想，8岁就与家人分离，与一切熟悉的事物分离——在这么小的年纪，简直难以想象！我想起我的祖父，他把年仅8岁的儿子送到远方去上学，自然认为这对他长大以后在这个社会上生存是极其必要的。我想起了在战争中长大的那一代人，他们相信对某一件事闭口不谈，它就不会伤害到自己。所以他们都对悲伤的事讳莫如深，我祖父从没说过，他的孩子们也从没说过。而现在，他的孙女开始认为谈论这件事可能是非常值得的。

我很想知道母亲现在对那些避而不谈的事情的看法。从小到大，快乐一直是我们的惯用姿态，而幽默则是我们的惯用武器，用来治疗我们的灵魂遭受的千疮百孔。事情变得糟糕时，我们选择分散注意力。伤心的时候，我们会吃块小饼干。伤心加倍的时候，除了吃小饼干，我们还会让自己忙碌起来。在我成长的过程中，家里总是有很多饼干，母亲也总是很忙。她全职工作，独自把我带大，并设法挤出时间去参加我学校的每一场演出、每一次运动会。现在我明白了，她让自己百般忙碌，就是为了忘记悲伤，把它深藏起来。

如果我们真的非常非常伤心，伤心得再也掩饰不住，我们就会假装在为一些完全无关的事情感到沮丧，以逃避痛苦的真正来源（我母亲曾经告诉我，她哭只是“因为翠鸟的幼鸟在春天被孵出来了，太感人了”）。

“我们只是……没谈过这件事，”她告诉我，“但是现在我不确定这是否能让我的痛苦减轻。现在我甚至会想，恐怕这可能会让情况变得更加糟糕。”

我们通常不会谈论悲伤，以至于当我们中的许多人真的想开始谈论它的时候反而语迟了，不知道该如何表达。即使我们知道了如何表达，也很难找到一个愿意倾听的对象。这至少是我母亲在20世纪80年代初时的经历。那时她孑然一身，悲痛欲绝，但环顾四周，竟然无一人可倾诉。

“人们不想听悲伤的事情，包括关于死亡的事。这会让他们觉得很不舒服。所以那时候我内心充满了孤独。”

她告诉我，在我妹妹死去一周后，在家里闭门不出了几天之后，她鼓起了全部的勇气，穿上她的蓝色圆点工装裤，带我去教堂大厅参加一个亲子聚会。我们走进去时，大厅顿时一片寂静。其他妈妈们一看到她，就自动分成两排，就像她是穿着好妈妈工作服的摩西一样。没有人看她。她们都急忙将视线低垂，就好像和她直接眼神接触自己也会受到传染一样，好像她们会被她的悲伤传染似的。有几个孩子明显比较大胆，让我和他们一起玩，但我母亲独自在那儿站着，那些妈妈们都离她远远的。而这些人上周还在围着她，逗她那个当时还在世的孩子。“于是，我们很快就离开了，步行回到了家。”母亲拿起削皮器，开始削另一个土豆，然后补充道，“我想这就是我对那个‘热点小哥’[1]如此念念不忘的原因……”

等等，什么？是洗衣机品牌的那个“热点”吗？我试图跟上母亲那跳跃的思路：寄宿学校、我父亲、情绪……“热点”？

我怎么也想不明白。于是我问她。

“我从来没和你提过‘热点小哥’？”她听起来很惊讶。

我很肯定地告诉她，她从来没有提到过此人。

“哦，那么……”她开始解释。母亲告诉我当初她怀我妹妹的时候，家里的热点牌洗衣机经常出问题，上门维修的品牌售后人员一直是同一个小哥（“那时，厂家的客户服务可不是随口说说的”）。当妹妹出生时，洗衣机又坏了（“新生儿有许多衣服要洗！”），于是“热点小哥”又来了。

“我记得我给他泡茶的时候，他抱过你的妹妹苏菲，和她一起玩。”然后他修好了机器。后来我妹妹去世了，我爸爸回去工作了，剩下我妈妈独自一个人。那时其他妈妈们对她的态度开始冷淡下来了，生怕她的悲剧会传染给她们似的。

① 热点（Hotpoint）是美国和欧洲一个著名的家用电器品牌。——译者注

“我只是太——”她停了下来。

我把一杯水推给她。

“我需要和认识你妹妹的人谈谈。陪她一起玩耍过、关心过她的人。朋友，或者任何人。但我怎么都找不到这样一个人。所以我打电话给热点电器，告诉他们我的洗衣机又坏了。然后，我只好……把洗衣机……弄坏了。”

“你把洗衣机弄坏了？”

她点了点头。

“怎么弄坏的呢？”

她也记不清楚了（“也许是用一根棍子？”）。

“那个‘热点小哥’果然来了。我把发生的一切都告诉了他。”

这句话在空中盘旋了几秒钟，直到我问：“你怎么和他说的？”

“我告诉他救护车是怎么在20分钟内赶到的，告诉他两名医护人员是如何给她做心脏复苏的。”她的声音嘶哑。我喝了一杯水，由于喝得太快，我感到一阵恶心。她接着说：“然后警察来了。然后是医生、验尸官、神父。最后是殡仪馆的人。我告诉他，我坐在地板上，抱着你妹妹，你进到儿童房，然后她就被带走了。当时你还说：‘妈妈，苏菲睡着了，把她抱到小床上去吧！’我很想向你解释发生了什么，但是却不知道怎么说才好。警察问了我好几个小时的话，之后我把你妹妹裹在毯子里，交给了警察。后来你祖母来了，带我们去她家，做了烤鸡给我吃。再过一个星期，你爸爸就又回去上班了。”

她的声音颤抖起来。她告诉我在我妹妹的葬礼之后，洗衣机又“坏了”一次。

“那个‘热点小哥’又上门了，我们又聊了起来。我告诉他，尸检验身之后，我有多想见你妹妹，但大家都对我说最好别去，因为尸检会……把尸体整个剖开。还说她的小棺材非常昂贵，是洁白洁白的，里面是柔软的天鹅绒衬布。天鹅绒！”她摇摇头，“我记得我还问过葬礼承办人：‘这么贵的棺材，真的有必要吗？’他回答我：‘你希望你的小女儿得到最好的，不是吗？’”

说到这，我和母亲都泪流满面。

我对这个葬礼承办人充满了愤怒：面对刚刚失去女儿的 27 岁年轻母亲，在她最脆弱无助、最悲痛欲绝的时刻，他怎么满脑子还是怎么推销自己的天鹅绒衬布棺材呢？他怎么能做得出来呢？她能忍受得了吗？她是怎么忍受过来的？我不确定。但是，她做到了，确实做到了。她比我们想象的都更勇敢。

她告诉了我关于妹妹身后事的一切细枝末节：交给验尸官的表格是粉色的，埋葬前交给登记员的表格是绿色的，妹妹的棺材是由 4 个成年男人从教堂里抬出的：“这真是太荒谬了！我自己就可以轻松抱着那口棺材。我想亲自抱着她！”

母亲还告诉我，葬礼后大家吃着黄瓜三明治，鼓励她“以后继续好好生活”。

“但是，我做不到。”

就是做不到。

“陌生人问到的最糟糕的问题是‘你有几个孩子?’，因为他们永远不会想听到‘我有两个孩子，但是其中一个死了’这样的答案。”

“我感觉好像有人狠狠踢了我的肚子。”母亲后来告诉我，这是她经常有的感觉。这让我想起了朱莉娅·塞缪尔说过的话，意思大概是，一个人已经死去，但他的各种关系还在。我们悼念的不仅仅是逝去的那个人，我们也在为我们曾经对未来的期待落空了而悼念。生活从此被打断了。我们突然成为一家俱乐部的会员，而这个俱乐部是我们从来都不想加入的，我母亲知道她会是这个俱乐部的永久 VIP 会员。

“你把这一切都告诉了那个‘热点小哥’?”稍微平静了一下，我问母亲。

她点了点头。

我和母亲放下手上所有准备晚饭的活儿，一起大哭起来，直到哭得头昏脑涨。我认为，这对我们来说其实是件好事。

我母亲需要一个可以倾诉的人。她需要一个伙伴。她碰到了“热点小哥”(谢天谢地)。我们都有自己的“热点小哥”——那个在我们处于情绪最低谷、最需要帮助的时候伸手拯救了我们的人。

我们中的许多人从小就被教育不要和陌生人说话。但也许我们应该和陌生人说话，并且多和陌生人说话。2013 年，心理学家伊丽莎白·邓恩(Elizabeth Dunn)进行了一项研究，结果发现，即使是最小型的社交互动也会对我们产生积极影响，让我们更有归属感。[3] 与陌生人交流，会让我们感到被理解，甚至会让我们觉得和他们的联结更紧密了。我们向陌生人吐露的心事比我们想象的要多——对像本·梅这样的理发师，对在飞机上坐在我们旁边的那个乘客。哈佛大学社会学家马里奥·斯莫尔（Mario Small）发现，我们经常和不那么熟悉的人讨论重要的事情——要么因为我们觉得他们懂得很多，要么因为他们只是在那儿。[4] 他们是一张空白的画布，他们有一对不知情的、毫无偏见的耳朵。有时候，我也会做陌生人的倾诉对象。我们会对陌生人吐露心底的秘密和其他心事，只因为我们有交谈的欲望，但又不想对身边最亲近的人讲，害怕会让他们担心，或者他们可能会告诉别人，又或者会有什么其他不好的后果。但我们都需要被人倾听。

“伙伴互助计划”是一种理想。如果我们还没有这样一个伙伴，一个善良的陌生人也可以帮到我们。如果你还没有碰到你的那个“热点小哥”，总有一天，你会的。他心怀大爱，待人友善，他会不假思索地听你倾诉，因为他认为这是他应该做的事情。如果他还在人世，我要从我那千疮百孔的内心深深地感谢他，感谢他曾经在那里，聆听母亲的倾诉。

第三部分

PART THREE

解　忧

第十七章　服用文化维生素

第二天早上，我开车送母亲去机场。看到她一步步走了，我很难过，真的很……难过。昨天和她谈到的那些事儿，让我很伤心。我知道，那也让她很伤心。但，这是良性的伤痛——就像正常的肌肉疼痛一样。大雨忽至，挡风玻璃的雨刷摇摆的速度不及雨落下的速度，所以过了好一阵子我才意识到，原来自己模糊的视线是热泪盈眶的结果。然后，我到家了。

老远在街上，我就听到了家里孩子们的声音。这太正常了！几个熊孩子好像在打泥仗，泥泞的靴子被扔来扔去，还用最大音量播放着古典音乐——就像电视剧《摩斯探长》（*Inspector Morse*）每集开始的那段。

原来是有人在摆弄收音机。从边上的花生酱污渍来看，我猜是双胞胎中的男孩。不管罪魁祸首是谁，我们预先设置的所有广播电台被换掉了。

什么？做这个干吗？怎么弄的？连我自己都不知道怎么改变预设电台。

双胞胎中的男孩跳了进来，舔着一只手上残留的坚果酱，就像小熊清理爪子一样。他朝收音机点点头："是我按的按钮。"

"好吧！妈妈知道了。那么你按的哪个按钮呢？"

"我按了……"他想了一会儿，然后咧嘴笑了，"所有的按钮！"

T买来放在厨房里的这台北欧时尚简约风的收音机可没有在每个按钮上都标记功能，所以我也只好开始乱按所有按钮。这时T进来了。

听到电台里传来的音乐声，他微微后退了一下，问道："这是史蒂夫·汪达（Stevie Wonder）的曲子吗？"

"不是，"我眯起眼睛看了看显示屏，想看看现在播放的是什么曲子，"是普契尼（Puccini）的……"

"哦。"

有必要澄清一下，我们俩都不是来自喜欢古典音乐的家庭。我倒是曾经去听过一场马勒（Mahler）的演出（是音乐会还是现场演奏会我忘了），但我那是为了追一个男生（公正地说，听完音乐会他并没有喜欢上我，倒是喜欢上了马勒，我感觉受到了情感暴击）。除了那次，大学毕业后我再也没有主动接触过古典音乐了。但现在，我们围在收音机旁。就像年轻时听到的无线电台插播的广告一样，我不能否认，听到普契尼歌剧中高亢的乐曲，我感到了一种声音带来的慰藉，本杰明·布里顿（Benjamin Britten）演奏的《格洛丽安娜》（"Gloriana"）协和曲舒缓了我们烦躁不安的神经。

我们把到处都是的花生酱污渍擦干净（包括几个孩子

身上的），用拖布清理了地面，在水壶里烧上水，然后坐下来静静地聆听和感受音乐。除了放松，我还感觉到了——共鸣。

古典音乐早就被证明对心理健康有好处了，“莫扎特效应”（Mozart Effect）也早在20世纪90年代初就被证实了。[1]“莫扎特效应”即听莫扎特的音乐能显著增强我们的空间推理能力。但没有被广泛报道的一个事实是，这种效应只能持续10分钟到15分钟。

“只有10分钟到15分钟？”当我告诉T这条冷知识时，他笑了一下，“所以如果你把我空投进一个迷宫里，就是现在，我努力一下，还是有可能出来的，是吗？”

“差不多吧”。

但我坚持认为，还能持续更长时间。我从之前的研究中了解到，音乐疗法已被证实可以减轻孕妇的心理压力、抑郁和焦虑（根据中国台湾高雄医科大学的一项研究）。[2]另一项研究来自日本东京的顺天堂大学医院（Juntendo University Hospital），研究人员给做过心脏移植手术后康复期的老鼠播放威尔第的《茶花女》（“La Traviata”）以及莫扎特和恩雅①的曲子[3]，他们发现听古典音乐的老鼠的寿命是对照组老鼠的寿命的几乎4倍。[4]

“不，我没有编造任何东西。”我告诉T。

根据科学研究，当我们情绪低落的时候，播放悲伤的

---

① 一位出生于1961年的爱尔兰女歌手，被誉为“爱尔兰女神”。

音乐会产生强烈的情绪效应，从而让我们产生归属感和自我认同感，甚至治愈我们。研究表明，当我们沮丧的时候，我们更倾向于寻找一些悲伤的音乐来听。南佛罗里达大学（University of South Florida）的研究人员给抑郁和不抑郁的两组人都播放了伤感的音乐选段［塞缪尔·巴伯（Samuel Barber）的《弦乐柔板》（"Adagio for Strings"）和阿维·巴里里（Avi Balili）的《拉卡沃特》（"Rakavot"）］，同时也给他们播放了欢快的曲子和平和的曲子。研究人员发现，抑郁的参与者更有可能选择伤感的曲子，因为它们可以让人得到放松、平静或抚慰。[5] 另一项来自利默里克大学（University of Limerick）的研究表明，不抑郁的人在悲伤的时候也喜欢听伤感的音乐，因为伤感的音乐"很像一个支持你的朋友"，会触发那些悲喜交加、喜忧参半的回忆[6]（就像第十二章中的"saudade"）。至关重要的一点是，听伤感的音乐也可以帮助我们散心，让我们可以不再一味地沉默，而是可以在心情低落的时候感觉更好一点。虽然我很喜欢白蛇乐队和范·海伦乐队，但在悲伤的时候，欢快的音乐不是很合时宜。伤感的音乐却可以打破沉默，同时在我们情绪低落或烦恼的时候起到陪伴的作用。它可以展现更广泛的人类苦难，让我们更加客观、全面地看待人间疾苦，从而发现自己并不是孤单一人。

我们中的许多人越来越依赖音乐，那些每天听3小时以上音乐的人声称，音乐对他们来说比咖啡、性或电视更为重要。根据美国智能音响制造商搜诺思（Sonos）的一项调查，

38% 的人表示自己在听音乐的时候感到压力消失了——尽管只有 5% 的人说他们的生活没有压力。[7] 一些人认为，如果古典音乐不能达到自己的目的，那么流行音乐可以。出于一些个人原因，某些歌曲具有额外的情感分量，而另一些因惨痛的悲剧而诞生的歌曲天然就会对我们产生影响。比如埃里克·克莱普顿（Eric Clapton）在他年仅 4 岁的儿子康纳去世后创作的《泪洒天堂》（“Tears in Heaven”）。或者已故乔治·迈克尔（George Michael）的《耶稣致孩童》（“Jesus to a Child”）——是献给他死于艾滋病引发的脑出血的伴侣安塞尔莫·费利帕的。在费利帕去世后的 18 个月里，他都无法创作音乐，但是后来仅仅用了 1 个多小时就写出了这首《耶稣致孩童》。这首歌可以帮他悼念他的伴侣，每次现场演出，他都会把它献给费利帕。还有诱惑合唱团（Temptations）的《我期待雨天》（“I Wish It Would Rain”），创作者是 23 岁的罗杰·彭萨贝（Rodger Penzabene），那时他妻子刚刚离世。他想用哭来缓解痛苦，但是男人不应该哭，所以他希望下雨，用雨水来掩盖他的泪水，但雨没有下。他无法缓解痛苦，于是在 1967 年的新年前夜，也就是这首单曲发布的一周之后，结束了自己的生命。

音乐可以一举击中我们内心最柔弱的那块地方。它能使我们心悦诚服地成为它的俘虏，它能带我们回到过去，追忆那些往日时光，理清那些萦绕于心的情绪。某些歌曲还会让我停下脚步，静静聆听。每次听到鹰眼杰利（Eagle Eye Cherry）的《拯救今夜》（“Save Tonight”），我都屏住呼吸，每一次（不合适的男朋友 + 初恋 = 一次打击，将我彻底打败）。妮娜·西蒙（Nina Simone）的《爱我还是离开我》（“Love Me Or Leave Me”）也能带给我同样的感觉（那个高个男友和我的故事简直就是歌词的翻版）。我母亲感到悲伤时，就会听她年轻时听的那些歌，她告诉我：“主要是西蒙与加芬克尔（Simon and Garfunkel）的重唱和珍妮斯·艾恩（Janis Ian）的歌。”我从来没听过珍妮斯·艾恩的歌，尽管18岁前和快到30岁的那些年我都和母亲住在一起。看来她私下去抚慰自己的伤痛了，我们每人也都是如此。但我感到欣慰——至少她可以借助音乐去解忧消愁。

根据迈克尔·奥德·尼尔森（Mikael Odder Nielsen）的说法，当我们内心苦闷的时候，即使是情绪不那么强烈的音乐也可以帮助我们——他是“文化维生素”项目的负责人，这个项目的所在地就邻近我所在的丹麦日德兰半岛。尼尔森为那些遭受压力、焦虑或抑郁之苦的人们提供了一个参加短期文化培训的机会。“我们会给学员播放音乐治疗师推荐的音乐曲目，这些音乐都是比较舒缓平静甚至有点单调的音乐，可以降低我们的兴奋感，让我们的身心得到双重休息和放松。”尼尔森解释说。

“比如说呢？”

他稍微思考了一下，回答道：“杰克·约翰逊（Jack Johnson）的歌。”

呃……当我感到情绪低落的时候，一般不太会去听类似《香蕉松饼》（“Banana Pancakes”）这种歌，但我后来尝试找来听了一下，奇怪的是，它竟然奏效了。我现在觉得听杰克·约翰逊的歌和涂一本正念涂色书的作用差不多。我告诉尼尔森，我现在对杰克·约翰逊的歌开始感兴趣了，他就给我讲了一些“文化维生素”项目在做的其他事情。在丹麦卫生局的部分资助下，市政部门举办了一些文化活动，鼓励失业人员或长期病假人员参与其中。

“我们想看看我们是否能通过文化改善人们的心理健康，减少社交孤立，并帮助他们重返劳动力市场。”尼尔森解释道。符合条件的居民每周被邀请参加 2 次到 3 次文化游览，持续 10 周，看看这是否会让他们感觉更好一些。事实证明，答案是肯定的。我和乔纳斯聊了聊，在开始参加这个项目之前，他患有焦虑症，并且害怕社交。但他告诉我，这个项目改变了他的生活。

“这是一项能让我走出家门的活动。在活动中，我被视为正常人。我不再充满焦虑，我就是我自己。因此，这个项目让我重新找回了自我。”

一个叫“艾薇”的前幼儿园老师告诉我，6 年以来，她是如何饱受压力和长期失眠的折磨的。“之前当压力袭来的时候，我经常会去听音乐会和参观博物馆，”艾薇说，“但后来我不再去了。没有什么能让我开心起来，甚至没有什么能让我觉得有意义。”这句话让我深感共鸣。

“如果你感到抑郁，文化通常不是你首先会考虑到的解决途径，你只是会一心想着如何熬过每一天。”尼尔森解释说，“我的任务就是让他们重新适应这个世界——或者说让他们真正认识这个世界。”

定期、有仪式感的聚会以及以日记的方式记录当天的外出活动，也会让人们在潜移默化中受到文化的熏陶：下雨的时候，我们可能不想出去，不想去社交或者去看艺术展览，只想窝在家里看看网飞剧。但如果它是项目的一部分，或者如果我们许下某种承诺——无论是经济上或是社交上——承诺我们会前往某地会见某人，那我们更有可能出现在那里。尼尔森发现，潜移默化的特点使得该项目对男性，尤其是那些不愿意表达自己的负面情绪和脆弱之处的男性更为有益（这要“感谢”我们的社会传统）。简而言之，这就是伙伴互助计划 + 仪式感——或安排好日程的文化活动（谁会不喜欢日程表呢？我就特喜欢）。

奥尔堡文化项目有 8 个部分，包括合唱团——已被证实有助于建立社交联系，凝聚为大型团体。[8] 尼尔森说，该项目还包括前往城市档案馆了解当地历史，以“培养一种归属感和地域自豪感”。参与者还会去剧院看戏，参观艺术画廊，参加创意工作坊，这些都已被证实有助于培养人的韧性。[9] 他们甚至还会去观看奥尔堡交响乐团的演出（“非常感人，”尼尔森说，“他们经常会感动得落泪。”）。这种做法很正确，因为皇家音乐学院的研究人员发现，听现场音乐可以缓解压力。[10]

当然，疫情封控妨碍了这些工作。许多画廊、剧院和音乐会场地努力把他们的艺术作品传到网上，让观众可以在线欣赏，但新冠疫情仍然对表演艺术的生存构成了严重威胁。2020 年 6 月，BBC 广播四台的一份报告估计，70% 的剧院可能面临关闭，因为在保持社交距离的防疫措施下，它们已无力负担运营成本了。而疫情对艺术经济和艺术家的影响将在未来几年显现——这是我们所有人都为之惋惜的事情。但我们依然可以认可和欣赏文化的价值及其意义——它值得我们为之坚持下去。[11]

我们大多数人都会记得欣赏一件艺术作品带给我们的感动。就在去年，在欣赏斯卡根（Skagen）画家的画作中捕捉到的非凡光影时，T 曾提醒我要呼吸—— 斯卡根画家是自 19 世纪 70 年代末开始聚集在丹麦最北端的斯卡根村的北欧艺术家群体。徜徉在画廊的画作中，我身体会有点不适，不得不坐下来休息一会儿。这种现象有个名字——司汤达综合征或佛罗伦萨综合征，指的是当我们在欣赏美的或令人印象深刻的艺术作品时，会感到心悸、头晕、乏力等。该综合征以 19 世纪法国作家司汤达的名字命名，[12] 司汤达在游览佛罗伦萨的时候，被周围的美和艺术所震撼，以至于“走路都害怕随时会晕倒”。“艺术攻击”（Art Attack）这个词让我想起了 20 世纪 90 年代尼尔·布坎南（Neil Buchanan）主持的同名大热节目①。有时当一种压倒性的情绪袭来时，我们的唯一反应就是晕倒或呆愣在那里（我从没去过佛罗伦萨，但以后我去的时候，愿上帝保佑我别因艺术而晕倒）。

把文化作为治愈手段这个想法并不新颖。2008 年，英国

---

① 这个节目一般被译为《艺术创想》，是英国一档高人气的艺术创想类儿童节目，由“创意小角落”和“环保艺术拼图”两个小栏目组成，遵循的原则是“艺术创作应该与娱乐并行”。——译者注

当时的卫生大臣艾伦·约翰逊就曾呼吁，让艺术成为主流医疗手段的一部分。2009年，英国皇家精神科医学院（Royal College of Psychiatrists）倡议公众通过参与艺术活动和培养创造力来促进心理健康。[13] 现在十多年过去了，有越来越多的证据证实了艺术对幸福的影响。研究表明，医生开出的艺术处方受到医患双方的重视，[14] 而且性价比很高 [15] ——因为它减少了去医院看病的次数，患者还可以借此学会一些技能，既可以帮助他们保持健康，又对他们的工作有利。[16] 在北欧国家的艺术处方领域，瑞典处于领先地位，而澳大利亚则自2013年开始就在建立一套国家艺术与健康体系，以促进艺术与健康的融合。[17] 尽管英国的相关规定还不完善，但伦敦国王学院和伦敦大学学院共同启动了一个新项目，这个项目是全世界规模最大的一项关于艺术介入对健康的影响及其可测量性的研究。此外，还有一些地区性项目，比如“艺术提升”（Artlift），它是格洛斯特郡的艺术处方项目；或“中风乐团”（Strokestra），它是皇家爱乐乐团（Royal Philharmonic Orchestra）和赫尔中风服务中心（Hull Stroke Service）联合推出的项目，该项目86%的参与者发现参加音乐制作课程缓解了他们的症状，改善了他们的睡眠。

2017年，英国的一份全党派报告证实，艺术可以使人身心健康，帮助患者康复，让人们活得更长，并拥有更好的生活质量。艺术家格雷森·佩里（Grayson Perry）评论此报告时说：“创作和欣赏艺术可以提升我们的精神，使我们拥有健全的心智。艺术就像科学和宗教一样，能给我们的人生赋予意义——而赋予意义会让我们感到更加愉悦。”[18] 现在有大量证据表明，艺术可以减轻社会弱势地位带来的一些负面影响。2015 年的一项调查发现，社区文化项目可以提高参与者的自尊心与自信心，减少焦虑和抑郁。

“我们可以看到，它对很多人都能产生积极效果。”当我和奥尔堡大学（Aalborg University）传播与心理学系的博士后研究员安妮塔·詹森（Anita Jensen）谈到丹麦的相关项目时，她如此评价，“它的成本相对较低，而且没有已知的负面效果。”（佛罗伦萨综合征除外。）

“文化维生素”项目中另一个广受欢迎的部分是共读活动：一群成年人坐在图书馆灯光昏暗的休息室，蜷缩在毯子里，图书管理员为他们大声朗读，每次两个小时。这听起来很像置身于天堂，也是我今后每一个生日和圣诞节都期待得到的礼物。我们大多数人从小就没有听别人给我们朗读过书籍——有声读物除外。我说“大多数”是因为显然有些人的伴侣非常浪漫，他们会坚持给自己的爱人朗读诗歌、哲学、伟大的文学作品、米尔斯和布恩（Mills and Boon）公司出版的通俗爱情小说，任何你能想到的书籍。对这些人，我表示祝贺。而其他人只能说：“没有，没有人给我朗读过。”我想，听别人为自己朗读是一种亲密的、滋润心田的、激动人心的体验。正如艾薇告诉我的那样：“作为一名幼儿园老师，我花了那么多时间读书给别人听，但这次我需要有人读书给我听——它能让我感受到被关爱、呵护的感觉。这可以给予我很多力量。”

当我们感到抑郁或焦虑的时候，很多人会觉得阅读很困难。当我抑郁的时候，我无法集中注意力，也看不懂纸上的那些文字。阅读时所必需的安静、沉默也让我无法忍受。但是如果有人读书给我听——在我是听有声书——情况就不一样了。就像有人轻轻牵着我的手，去进行一次美妙的冒险。我会在送孩子去学校回来的路上听有声书。我还会在车里听，在超市购物时听，在做饭时听。如果晚上睡不着，我也会听。对于有声书，我们唯一需要做的就是聆听。而且，有声书永远那么丰富。

如今在丹麦，奥尔堡议会决定重视“文化维生素”项目，持续开展该项目的各项活动。另一家奥尔堡当地的机构也正在丹麦各地以及欧洲大部分地区开展文化治愈活动。斯多葛学派哲学家塞内加（Seneca）建议，我们应该阅读诗歌，凝视绿色的物体，弹奏竖琴，以提高生活质量。尼采认为，艺术是联结每个人的统一媒介，我们都可以通过观赏悲剧作品来体验情感的宣泄。丹麦心理学家兼哲学家斯文·布林克曼（Svend Brinkmann）开出的处方更具体，他认为小说是现代生活的北极星。

布林克曼正迅速成为丹麦的国宝级学者。作为一名不起眼的大学教授，之前他一直默默无闻地埋头笔耕，撰写学术论文。“大概也就 11 个人读。”他这样告诉我。2014 年，他出版了《生命的立场》（*Stand Firm*）一书，这是一本讽刺传统励志书的作品，成为畅销书。[19] 布林克曼开始成为丹麦电视台和广播电台的常客，也经常接受其他国家媒体的采访。

乍一和他接触，他可能有点令人生畏，这要归因于他强势的见解、广博的才学和一组看上去特别凶狠的宣传照片。幸运的是，我鼓起了勇气和他交谈，而事实上他也比我之前担心的要亲切随和得多（“我不知道为什么人们会觉得我很可怕！”他告诉我，“我最了解自己，根本不是传说中的那个样子——我是那种晚上躺在床上彻夜难眠、担心这个忧虑那个的人！”）。布林克曼是个大忙人，自从出版了《生命的立场》这本书，他已经成为“小说是终极个人成长力量”的主要倡导者。

布林克曼认为，小说很重要，不仅因为它们是文笔精妙的艺术作品，还因为它们探索了人类的本质。一部好的小说能洞察生活的真谛，并帮助我们以一种更广阔的视角去看待自身的存在。小说家不局限于只用一种叙事声音说话，而是会使用多种叙事声音，这些声音甚至可能相互矛盾。正是由于这种复调的特点，小说可以教会我们理解和欣赏其他观点。“毫不夸张地说，小说可以启迪心智。”布林克曼说。

第十八章 读书 识世 知己

脑部扫描显示，当我们沉浸于一本书的时候，我们会在脑海里预演这个故事中的活动、场景和声音，而这会刺激我们的神经通路。[1] 阅读也被证明能够提高我们的共情能力，帮助我们与他人建立更加紧密的联系。[2] 正如英国哲学家阿兰·德波顿（Alain de Botton）在《生命的节奏》（*A Velocity of Being*）一书中写的那样："如果我们身边的每个人都能充分地理解我们，我们就不那么需要书籍了。"[3]

但事实是，人类的悲欢并不相通，我们从未理解对方。因此，我们需要阅读。

如果我们感到抑郁或焦虑，无法静下心来阅读，那么可以尝试听听有声书。故事可以帮助我们，以免让正常的悲伤恶化。我们可以通过阅读来保持一个健康的心态。布林克曼尤其推荐阅读小说。

小说可以帮助我们解决道德难题以及关于这个世界的种种疑问。它们会让我们质疑自己的行为和信念，即使是年代久远的作品，也能做到这一点。阿道司·赫胥黎在他1932年出版的小说《美丽新世界》（*Brave New World*）中畅想了一个未来世界，在那个未来世界，情感上的痛苦可以通过一种名叫“嗦麻”（Soma）的神奇药物来消除。这被认为是一部反乌托邦小说。即使在今天，赫胥黎笔下的那个主动选择在情感上没有忧愁和烦恼的理想世界似乎依然颇具参考意义。我们都追求快乐，回避痛苦。在弗洛伊德的精神分析中，“快乐原则”指人本能地寻求愉悦和回避痛苦以满足生理需求和心理需求的原则。而我们的技术进步则意味着要实现这种无忧无虑的美丽新世界并不是不可能的。但这种理想世界是不会给人类带来好处的。赫胥黎的《美丽新世界》就是一个很好的例子，它可以帮助我们理解、感受、预判和思考这样一个世界。布林克曼推荐的其他复调小说①包括以下作家的作品：查尔斯·狄更斯、弗拉基米尔·纳博科夫、村上春树、米格尔·德·塞万提斯、米歇尔·维勒贝克、科马克·麦卡锡和卡尔·奥韦·克瑙斯高。“小说，”他说，“教我们坚定生命的立场，帮助我们找到外在的意义或者看待生活的新视角。”

但布林克曼并不喜欢非虚构作品。事实上，与其阅读非虚构作品，他宁愿我们合上书本或者远离 kindle。在《生

---

① 复调小说是苏联学者巴赫金创设的概念。“复调”也叫“多声部”，本为音乐术语。巴赫金借用这一术语来概括陀思妥耶夫斯基小说的诗学特征，以区别于那种基本上属于独白型（单旋律）的已经定型的欧洲小说模式。在独白型小说中，众多性格和命运构成一个统一的客观世界，在作者统一的意志支配下层层展开，听起来就像是一个声部的合唱。而在复调小说中，有众多各自独立而不融合的声音和意识，每个声音和意识都具有同等重要的地位和价值，这些多音调并不是在作者的统一意识下层层展开，而是平等地各抒己见。

命的立场》(这不就是一部非虚构作品吗?——是的,他也注意到其中的讽刺意味了)一书中,他认为当我们阅读传记作品和励志书籍时,我们就会认为“自我是生活的中心和真正焦点”,并且这些书为读者“提供了一个积极乐观的成长故事,让读者沐浴在它的荣耀中”,这强化了一种观点,即生活是我们可以掌控的。而作为一个没有宗教信仰的、有哲学背景的丹麦心理学家,布林克曼认为事实并非如此。布林克曼是与倡导“只要你的意志足够坚定,你就一定可以做到任何你想做的事”的托尼·罗宾斯①观点完全相反的人。他可能会远远地躲在停车场看纳博科夫的书。布林克曼拒绝那些传记作品和励志书籍。相反,他非常推崇小说,因为他认为小说能帮助我们理解自己的存在是复杂的,生活是难以掌控的。

我陷入了纠结之中。我完全支持小说队。但我也觉得传记作品非常引人入胜,非常令人振奋。正如爱尔兰作家科尔姆·托宾(Colm Tóibín)所说:“要让自己振作起来,就去读那些疯狂作家的传记吧!”[4] 我读过的传记作品并没有把人生描绘得那么美妙有序,就像一个系得整齐优雅的蝴蝶结那样。事实恰恰相反,它们坚定地告诉我:每个人都是会犯错的,我们正在努力应对的困难,其他人也都曾经历过。当我为如何兼顾育儿和写作而焦虑的时候,我想起了 J. G. 巴拉德

① 托尼·罗宾斯(Tony Robbins),世界著名的励志演讲家与畅销书作家,白手起家、事业成功的亿万富翁,是当今最成功的世界级个人潜能开发专家。——译者注

(J. G. Ballard)的自传，[5] 他也是《太阳帝国》(*The Empire of the Sun*)的作者，我想起了他是如何在妻子突然离世后独自抚养3个孩子的——他最小的女儿碧儿当时只有5岁。这对他们一家人来说一定是极其痛苦的。我试着想象他的日常生活：他如何和孩子们说话，如何一边养育孩子一边写作。我想知道他是如何做到这一切的——每次我在阅读文学作品中他人的故事时，也都会产生这种想法。这让我思考和产生共情，也让我感觉自己与人类的普遍经验紧密联结——原来我不是孤单一人。

有些传记作品是关于那些在战争中取得胜利的人的，有些是关于发现新事物的人的，还有一些是记录那些默默无闻的普通人的人生经历的。长久以来，家庭领域被认为是不值得以书籍的形式记录下来的，任何女性阅读的东西和关注的问题都被认为是次要的。但是我认为，传记作品在某种程度上纠正了这一点。

我小时候读路易莎·梅·奥尔科特(Louisa May Alcott)的《小妇人》(*Little Women*)时哭过——当我读到乔放弃了对年轻漂亮的劳里的爱，最后和那个愚蠢的老教授在一起时，我难过至极。但自从长大以后读了更多奥尔科特的作品，我发现乔的选择自有其深意。原来奥尔科特和她笔下的乔一样，也写哥特式惊悚小说。书中的乔戴着愚蠢的老教授的"道德眼镜"，把她写的故事扔进了火里；而奥尔科特出版了自己的小说，并赚了一大笔钱。她在10周内写出了《小妇人》这本小说(短短10周，简直是作家们梦寐以求的速度），这本书在1868年首次出版之后就一直在重印，奥尔科特因此实现了财务自由。书中马奇家的姐妹们都不得不遵循传统的女性角色，就连乔也只能选择步入婚姻（和那个愚蠢的老教授）；而奥尔科特本人一直未婚，并在她的晚年创作了一些敢爱敢恨的女主人公形象，比如一位冒充家庭教师去勾引雇主的女演员。[6] 凭着可观的收入，她养活了全家。这是幸运的，因为她的父亲阿莫斯·布朗森·奥尔科特（Amos Bronson Alcott）深信超验主义（我们不都是这样吗？），并渴求建立一个乌托邦式的社会（经典的阿莫斯……），因此他认为赚钱养家与此种理想主义格格不入。了解了《小妇人》的作者，她的渴求、热情和动机，只会增加我对她作品的喜爱。

我第一次读玛丽·沃斯通克拉夫特的《女权辩护》（*A Vindication of the Rights of Woman*）这本书是在20世纪90年代末，那时我还是一个穿着羊毛衫、喝着啤酒的学生。我感觉这本女权主义宣言既充满愤怒又无比振奋人心。这本书就像一枚鱼雷，看完后让我想去做点什么——任何事情——好让我觉得自己有用。后来阅读了沃斯通克拉夫特的传记，我的这种感受并没有减少一丝一毫，相反增加了我对她所从事工作的赞叹。

沃斯通克拉夫特是家里6个孩子中的老二，有一个暴力倾向明显的父亲——有一天，他甚至毫无来由地吊死了自己家里的狗。他性侵自己的妻子多年，十几岁时，沃斯通克拉夫特就夜复一夜地睡在父母房间的门外，希望能保护母亲。

她无法阻止父亲，但每天晚上都在努力。她既勇敢又聪明，但她不是一个圣人。

沃斯通克拉夫特有很多特质，而共享不是其中之一。她曾写信给她最好的朋友简说，她真的不愿意看到简和其他女孩出去玩，她说："我必须在你心中排第一位，只能是第一，其他都不行！"[7] 还有一次，她写信给可怜的简说："如果你今天上午来看我，我将开心之至，请百分百相信，尽管你可能无比喜爱 R 小姐……（她是我的敌人），但这世上没有比你卑微的仆人玛丽·沃斯通克拉夫特更爱你的人了！又及：我一直保留着你的信件，作为你曾经爱过我的纪念，但你大可不必保留我的，因为你根本不在乎那个写信的人！"

更多地了解沃斯通克拉夫特的生平，有助于我们认识到，我们可以很精彩，很富于革命性，同时也可以是个烦人精，讨人嫌。我们都是凡人，都会犯错。对于女性来说，她们的故事已经默默沉寂了几百年，这个很重要。伴随 18 世纪女权主义的兴起而来的是越来越多的女性被诊断为歇斯底里症，以让我们这个群体沉默失声。到了 19 世纪，人们普遍认为，受教育程度过高的女性子宫可能容易出问题（大意如此），还说这样的女性容易患上学者厌食症（anorexia Scholastica）——一种无法治愈的"疾病"，这种"病"的女性患者容易出现头痛、神经症、癫痫、体重大幅下降、道德缺失甚至昏迷等症状。所有这一切似乎都是对喜欢读书的女性的严厉惩罚，但这只会让我更想要捍卫自己的权利——在喜欢的时候读自己喜欢的书籍。从这个角度看，传记很可能是一个女权主义话题，也是一个具有包容性的话题。

我想到了这些年来所有被排斥在外的群体——从彩虹族群到黑人、原住民和有色人种——似乎很明显，寻求话语权依然是我们需要为之奋斗的一场战争，而传记可以让那些以前处于话语权边缘地带的人们为自己发声。玛雅·安吉罗（Maya Angelou）博士的回忆录《我知道笼中鸟为何歌唱》（*I Know Why the Caged Bird Sings*）就是一个典型的例子。还有《弗雷德里克·道格拉斯：一个美国奴隶的生平自述》（*Narrative of the Life of Frederick Douglass*），这是弗雷德里克·道格拉斯于1845年出版的一本回忆录，他出生在美国马里兰州的一个奴隶家庭，后来成为19世纪最杰出的废奴主义者之一。在美国南北战争和废奴运动后，他为非裔美国人争取平等权利而斗争，与林肯争论，反对他要求被解放的奴隶离开美国的主张。“我们在这里出生，”道格拉斯说，“我们也将留在这里。”我对弗雷德里克·道格拉斯的事迹知之甚少，直到2018年有朋友推荐我看他的自传。所以，你知道，传记很重要。我还可以继续举例，比如特雷弗·诺亚（Trevor Noah）的《天生有罪》（*Born a Crime*），[8] 这本书讲的是一个在南非长大的男孩的故事，他父亲是瑞士白人，母亲是科萨部族的黑人，在当时这样的结合是要被判处5年监禁的，这绝对令人震惊。我只想说，传记对于我们理解这个世界至关重要。

我把这一观点和布林克曼说了，他承认，在他书中反对传记的那一部分是最具争议的（“那是我的编辑唯一摇头退回的一章”)，但他解释说，他特别反对其中一种传记类别，“就是那种英雄的传记，讲英雄如何征服世界的”。

“那不好吗?”

“不好!”他告诉我，“因为大多数人都不会经历这样的事情——当我们读到这类故事时，只会痛感自己的平庸。当然，我们需要倾听各种声音。我其实非常喜欢自传体小说，它会真实地展现生活的本来面目。它更为复杂，也……不那么带有主角光环。”

我明白他的意思。布林克曼相信斯多葛学派，他们认为我们不应该过多地凝视自己的内心，我们应该尽可能地把“自我”从等式中摘除。布林克曼也是丹麦人，丹麦有一种被称为“詹特法则”(Jante's Law)的行为准则：每个人都不是特殊的，集体的利益高于个人的利益(北欧的民主社会主义和令人咂舌的高税收就是很好的例证)。[9] 传统的北欧文化并不鼓励个性表达和个人成功。所以也就可以理解，一本弘扬个人主义的书籍——整本书都是关于一个人的，都是这个人的观点以及他经受的考验和磨难——似乎对北欧人无太大吸引力——特别是如果这个人是个光环加身的成功人士，在那里无声地对大家说“快来瞧瞧我!”，为的只是推销他那套世俗智慧，丝毫不提及他人的光芒。

然而，还有另一种思维模式，就是把英雄置于整个故事的前场和中心。

《杂物窒息》[10] (*Stuffocation*)的作者、英国作家、时尚趋势预测师詹姆斯·沃尔曼(James Wallman)建议我们把自己看作自己旅程中的英雄。他倡导重新构建英雄叙事，这样就可以适用于我们所有人，而不被英雄原型的故事束缚住。我在伦敦见到了沃尔曼，那是一个下雨的星期六，我们在巴比肯艺术中心喝茶，他向我解释了英雄之旅以及如何在它的启发下生活。

在英雄之旅叙事结构中，几乎每一个故事都遵循着相同的叙事弧线，有着相同的基本情节。"英雄"将经历一次冒险的召唤，然后踏上一去不复返的征程，去面对考验、盟友和敌人。他将不可避免地经历一场磨难，跨过一个大难关，然后收获奖赏，最后踏上返程，回归以往的平凡生活。最初的英雄之旅叙事结构包含 17 个阶段，这一点神话学家约瑟夫·坎贝尔（Joseph Campbell）在他 1949 年出版的经典之作《千面英雄》[11]（*The Hero with a Thousand Faces*）中有所记录。

沃尔曼告诉我，澳大利亚心理学家克莱夫·威廉姆斯（Clive Williams）在读了《千面英雄》后，开始思考是否可以把英雄之旅叙事结构应用到现实生活中去。威廉姆斯越想这个问题，就越发现在他自己的生活中有着英雄之旅各个阶段的影子。他发现这一点对重新定义他所面临的挑战很有益处——所以当他再遇到一些棘手的人或事时，他不会再感到绝望，而是把它们视为自己的英雄之旅中的一个必要的部分。这让他想到，英雄之旅叙事结构可以被用作生活的"泥图"——或者粗略绘制的线路图。[12]

"当我偶然读到威廉姆斯的作品时，我的脑海中有过一个顿悟时刻。”沃尔曼在他的新书《你今天怎么过，就怎么过今生》[13]（*Time and How To Spend It*）中写了这么一句话。“我越想越赞同这个观点：把英雄之旅叙事结构应用到现实生活中去是一个非常有用的方法。”沃尔曼相信，把生活中的挫折和苦难看成我们每个人的叙事弧线中的重要阶段，我们就可以更好地应对它们，当它们到来的时候，我们就不会那么沮丧。“想通这一点，对我来说很有意义。”他说。

我提到了布林克曼和北欧人的观念：我们不应该认为自己是特殊的，或者在任何场合自视甚高。

我们是不是都太过自恋了，竟然想让自己成为自己旅程中的英雄？我们不应该更努力地向斯多葛学派靠拢，学习他们对苦难默默承受或泰然处之的态度吗？

沃尔曼并不赞同。

“斯多葛主义者都是白痴！我的意思是，我不同意他们的观点。当然，这一切都与我们自己有关：我们通过自己的眼睛看这个世界，所以也就排除了其他视角。”他说，“换一种思维方式是愚蠢至极的——等同于否认自己的存在。我们不过是宇宙中的一粒尘埃，所以我们必须掌控局面。人类需要故事，我们需要成为自己故事的英雄，因为我们没有别的选择了。你不可能在你自己的人生故事中只是个跑龙套的吧？”沃尔曼在这一点上态度坚决：“如果你觉得称自己为‘英雄’有点尴尬的话，那么试试‘主角’这个词。但是这故事必须是关于你自己的。如果你不是英雄，你就会失去自己的身份。当我们说人们‘lost the plot’，我们的意思是他们在自己的故事中迷失了。”令人惊讶的是，他说的这一点背后是有科学依据的。

研究表明，那些倾向于把自己的生活看成一个个人成长故事——一段旅程——的人拥有更高水平的幸福感，是那种感到生活美好的幸福，而不是一直没心没肺的开心。这让我想起了英国孤儿慈善机构的心理治疗师罗斯·科马克，他开始为失去亲人的家庭进行治疗时，会让他们把自己的不幸经历构建成一个故事——一个有开头、发展和结局的故事。那些把困难当作促使人成长改变的机会的人，那些将痛苦视为获得新见解的必经之路的人，往往会拥有更好的心态。[14] 但是这种标准叙事也有其缺点——会使那些不遵循这条路径的人感到羞耻，或者让那些遵循这条路径的人抱有不切实际的期望。一旦我们到了故事中那个应该从此过上幸福的生活的阶段但事与愿违的时候，感觉就会很糟糕（参见第七章和第九章）。

但沃尔曼还是坚信，这样做利大于弊。“这确实对我有帮助，”他说，“我曾有过一些压力巨大的时期。”当初他的妻子辞职，在家备产，他也辞职，写了自己的第一本书并自费出版。“当时我们在经济上很困难，”他说，“这对我妻子来说很艰难，对我们的感情也是个挑战。我想，我到底该怎么做才能搞定这一切呢？正是英雄之旅叙事结构给了我启发，让我思考如何面对自己的盟友、导师和敌人。”

我问在那些时候他脑海中的敌人是什么？英雄之旅叙事结构真的能给人带来启发并让他们明确自己的敌人吗？

“所谓敌人，不一定是人，”他指出，“可以是任何阻碍你前行的事物。”他指了指外面，丹尼斯风暴正在伦敦市中心横行肆虐。“它可能是我们内心的敌人，”他继续说，“不一定是其他人。但我们确实需要故事，需要成为自己故事中的英雄。”

我想了好几天。我们是喜欢故事的——我们需要故事来让我们的生活变得有意义。我们天生有一种想要理解我们的生活经历的冲动。我就是个例子，我好几次疯狂地在谷歌上搜索“1982 年万圣节”——那天是我妹妹的忌日，我迫切想知道那天还发生了什么重大事件，以便发现一些线索或逻辑，来告诉我为什么我们会失去她。哪怕是一些能揭开宇宙奥秘的蛛丝马迹也可以。但，我很失望，每一次，无一例外。唯一与那天有关的就是，厚脸皮女孩组合（Cheeky Girls）出生于 1982 年 10 月 31 日。太好了！厚脸皮女孩组合。她们是一对在罗马尼亚出生、英国长大的双胞胎姐妹——加布里亚·伊里米亚（Gabriela Irimia）和莫妮卡·伊里米亚（Monica Irimia）。其中一个，没人确定是哪一个，我的一个朋友说他在 21 世纪头 10 年坐易捷航空的飞机时，那个女孩和他坐邻座，后来他们还短暂地交往过一段时间。

这就是艾尔顿·约翰（Elton John）所说的“生命循环”吗？

没有一个完整的故事，没有宏大的叙事弧线可以解释我家的经历。好吧！我的朋友出现在《热火》（*Heat*）杂志上

（因为他与前文提到的双胞胎女星之一的恋情八卦）。但这算不上荷马史诗。于是我扩大搜索范围，查询我妹妹去世那周发生的事情，却只查出了教皇约翰·保罗二世（John Paul II）去了西班牙，阿诺德·施瓦辛格（Arnold Schwarzenegger）上了《生活》（*Life*）杂志的封面。

施瓦辛格、教皇约翰·保罗二世和厚脸皮女孩组合？

所以，现实生活可能只是随机的，充满偶然性。

在这个充满不确定性和两极分化的时代，我决心坚定地坐在灰色地带，静心阅读传记和小说，弄清楚我能做些什么，以及什么时候可以做这些事情。我读了很多书。当我特别伤心以致无法静下心来阅读或者累得翻不动书页的时候，我会开始听有声书。我感觉自己和我周围的世界被一些看不见的金色丝线紧密联结在一起，无论是过去还是现在。在那一瞬间，我感觉自己已将心魔驱除，内心一片澄明洁净，我感到自己被理解了，也更有同理心了。

我的文化维生素包括小说和传记，我陶醉其中。这两种体裁的作品都描绘了人类生活中所有的麻烦，可以让我们的心灵得到慰藉，让我们变得更有韧性。通过阅读布林克曼推荐的复调小说，我们可以试着对自己尚未亲身经历过的伤痛感同身受。通过阅读这些超越了所谓的“白人中产阶级异性恋男性获得更多无尽的财富”的冗长套路，我们了解了更多其他人的生活，并开始把我们自己的人生视为一系列不可避免的考验和挑战。在我们经历这些苦难之前，书籍可能是我们了解它们的唯一途径。在我们在某个无所事事的周四下午

3 点忽然跟悲伤撞个满怀之前，故事可能是我们衡量具体的悲伤的唯一基准。所以，阅读绝对值得我们的投入。

喜剧演员罗宾 · 因斯和他的搭档乔西 · 朗（Josie Long）共同主持了一档播客节目——《胡乱读书》（*Bookshambles*）。对他来说，书籍一直都很重要，当我们交谈的时候，他站在一个房间里，里面的书堆起来有半人多高。“阅读是我此生的挚爱，”他说，“我囤的最多的就是书。每次看到一本新书，我都会想，书中自有真谛！在作者的叙述中沉迷，这真的……大有益处。”没错，就是这样。

我们常常认为我们的处境是独一无二的，没有人了解我们在经历些什么。然而，当我们读到别人的挣扎和思考时，我们自己的悲伤会不知不觉地烟消云散。我们绝不是迷失了，相反，这是一件大大的好事。

在艺术的纯粹血腥之美中，有一种价值可以让我们重新审视这个世界。上一次我感觉自己被悲伤吞噬的时候，好像自己六神无主，如行尸走肉一般，只剩躯壳。那时我一心考虑的是：我是允许自己流露出悲伤的情绪还是将它深埋于心？这时，我选择了艺术。我开始留心身边的事物。听到一句可爱的话，都会心生意外的小欢喜。在网上看到一句令人愉悦的评论，都会心生感动。在一个阳光明媚但狂风大作的清晨品尝到一杯沁人心脾的茶，都会感恩落泪。一个朝气蓬勃的星期二，在国家肖像馆浏览画作，想象他们的人生故事，也会涕泪涟涟。为芸芸众生，为每一个你我。

能够忍受悲伤，与之共处，不是一种弱点，而是一种优势。给悲伤所需要的时间和空间，我们就可以少花时间和空间在它上面。我们都不想在悲伤中沉沦。那就让悲伤顺其自然吧，我们会从中受益的。

艺术作品可以揭示生活中存在的挑战，并在痛苦、失去和死亡中找到意义。有时，文化可以解释明显的随机性，使之合理有序，让我们以一种全新的方式去对待生活。有时，服用文化维生素可以帮助我们获得更深邃的思想与更微妙的情感，而不是在西方社会常见的一地鸡毛的日常琐事中耗费大好时光。

所以，在跟尼尔森、布林克曼和沃尔曼交谈之后，在反复听着诱惑合唱团的歌曲之后，在为乔·马奇、少女时期的玛丽·沃斯通克拉夫特和乔治·迈克尔哭泣之后，我服用了我的文化维生素。在那些我无比脆弱的日子里，看一部精彩的戏剧或者电影，也能取得很好的效果。只要给我另一个视角，它就会丰富我的心灵。

通过阅读、写作、倾听和用全新的眼光观察身边的小世界，我从漫长而黑暗的冬天中恢复了过来。我舔舐伤口，慢慢恢复，直到我感觉自己愈发强壮，直到我可以面对这个世界，走出家门，迈向更广阔的天地。

第十九章　走到户外，积极运动

望向阳光，世界看起来从此不同。漫长而黑暗的冬天过后，鸟儿们飞回来了；我们屋外的玫瑰花丛结出了含苞待放的花蕾；而那隐隐欲现的巨大发光球体是……？那是什么？是……太阳吗？顷刻之间，一片巨大的暗蓝灰色的云团飘过天空，遮住了我的视线，但我仍然很振奋，哪怕是一缕阳光——大自然的兴奋剂——都会让我觉得似乎一切都会好起来的！于是，一整天，我都心情雀跃。

这太不可思议了！我在想，天气真的会对心情产生这么大的影响吗？这听起来也太简单了！我的大脑真的这么容易受到影响吗？

回答是一句简短的“是的”，紧接着是一句“每个人都是如此”。

特雷弗·哈利（Trevor Harley）教授是世界上为数不多的气象心理学家之一，专门研究心理学和天气的交叉领域，也是《天气心理学》[1]（*The Psychology of Weather*）一书的作者。

我问他：“我们脑子里在想些什么？为什么在过去24小

时里我会因为阳光而心情明媚？”

“嗯，”他回答说，“大脑是一个复杂的器官，所以我们不知道为什么它会受到这样的影响。”（到目前为止，我已经习惯了大脑专家们的这种熟悉的不确定的回答。）“但我们已经进化为一个觉得21摄氏度左右是最佳温度的物种，”哈利说，“所以任何太热或太冷的东西都会影响我们的感受。”

事实上，2017年一项发表在《自然人类行为》（*Nature Human Behaviour*）杂志上的研究发现，22摄氏度会使我们大多数人感到更愉悦，情绪更稳定，更乐于体验新事物。[2] 研究人员通过预测不满意百分率（PPD）来衡量热舒适度（thermal comfort），即有多少人会在特定的温度下感到不舒服。但为了计算PPD，建筑管理人员使用了20世纪60年代的一个公式，并考虑到一个70公斤的40岁男性的新陈代谢率和体内恒温等因素。我读过一项马斯特里赫特大学医学中心（Maastricht University Medical Center）的研究，该研究证实了我长期以来的猜测：大多数女性的新陈代谢率明显低于大多数男性，而且她们偏爱的气温要比男性的高3摄氏度。[3] 这一点在工作场所表现得尤其明显，男性和女性在办公室里对空调开到几度常常意见不一，以至于在我就职过的每一家机构，每个女性的椅背上无一例外都搭了一件办公室开衫。当然，这个问题也存在个人偏好。马克·扎克伯格把Facebook总部的空调温度调到很低的15摄氏度，是为了让员工们集中注意力，[4] 而奥巴马的总统办公室温暖如春，一位顾问对《纽约时报》开玩笑说：“里面都可以种兰花了！”[5]（奥巴马和我都喜欢室温暖暖的。）

显然，无论我们身处地球何方，总有些普遍适用的真理。“人们一般不喜欢风，”哈利告诉我，“而雪却很受欢迎，至少人们都很期待下雪。但雪并不常有，所以人们又很失望。”我了解到，情绪低落与温度和风有关联性，尽管对情绪影响最大的变量似乎是湿度和日照时间。当阳光灿烂的时候，我们对彼此会更为友善，或者如心理学家所说的那样，会更加亲近社会。一项研究甚至发现，在阳光明媚的天气，我们给小费会更慷慨！[6] 但我们又不喜欢太炎热或太闷热的天气。

“当天气潮湿的时候，我们会感到不适，而这会导致人们易怒。”哈利说。高温、潮湿与易怒之间的关联已经被发现了几个世纪（“现在，就是这些炎热的日子，会令我们心烦意乱，变得疯狂。”《罗密欧与朱丽叶》中的班伏里奥有过这样一句台词）。从 1981 年的布里克斯顿骚乱到 2011 年的全英国骚乱，高温和潮湿天气一直都是其中的催化剂。这个观点总是让我惊讶。原因是，当天气炎热潮湿的时候，我总是尽可能地保持静止，因为这时候我总觉得疲倦乏力，没有精力去做任何事情。

当天气闷热的时候，哪些人还那么有活力，去发起一场骚乱？

哈利明白我的意思，但他告诉我：“这是一条倒 U 字形曲线——如果天气过于潮湿，我们就会懒得下床去打架，但是在适当的湿度下，我们可能会被激怒，从而采取行动或爆发出来。当然情况并非总是如此，比如在俄国革命期间，天气就不可能太潮湿。“但这确实是经常出现的一种趋势。”哈利说。

“我们看到的情绪受天气影响最大的人当然是季节性情感障碍患者——缺乏阳光会导致临床抑郁症。”他说。目前还不完全清楚为什么缺乏阳光会让我们抑郁，但是有一种观点认为，光照会影响我们大脑中褪黑素和5-羟色胺的水平，而且光线会刺激下丘脑的活动。这部分大脑参与调节的身体功能包括睡眠、食欲，在某种程度上还包括情绪。季节性情感障碍的发病率因我们居住的地区而有所差异，这是意料之中的——在西北欧的斯堪的纳维亚地区尤其普遍（我可真幸运！）。

“反向季节性情感障碍鲜为人知，也少为人了解。”哈利说。反向季节性情感障碍是指我们在白昼较长的夏天感觉更糟糕，而在白昼较短的冬天感觉更好。“据估计，目前有1/10的季节性情感障碍病例其实是反向季节性情感障碍。”哈利说。反向季节性情感障碍的治疗方法与季节性情感障碍的治疗方法截然相反：尽量延长在黑暗中度过的时间，或者至少远离阳光，打开空调。这种状况目前对我们来说是陌生的，因此暂时无法查询到更多信息。

丹麦的冬天会从10月持续到第二年3月，气候和能源部的一项研究表明：丹麦11月只有44小时的日照时间，也就是说每周的日照时间只有10个小时多一点儿，每天的日照时间不到1.5个小时。丹麦人甚至对他们自己的季节性情感障碍有一个专门的术语——“冬季抑郁症”。

哈利住的地方也好不到哪里去，在苏格兰两座山之间的一个低洼地带。“在冬天，太阳只在上午 10 点左右照在一座山上，然后在下午 2 点 30 分消失在另一座山上。”他告诉我。为了解决这个问题，他使用了一种明亮的自然频率光，并且经常在户外行走。“虽然不总是能做到，但这是我的目标，”他说，“尽管其实我更想坐在洞穴深处冬眠。”在我们谈话的时候，一只狮子狗爬上了哈利的大腿。“当然，宠物对治愈我们的心情很有帮助。”哈利告诉我这只小狗叫“小美”。“它已经陪伴我两年了，我很喜欢它，它能让我分泌更多的催产素①，让我的运动量更大，让我走出家门——这样我就可以看到一些青翠葱茏的绿色，哪怕只是一棵树……”

一直以来，养小狗都可以促使我们运动，改善我们的情绪（T 说他老家村子里有个男人养了一只名叫“百忧解”②的狗，以表明它治愈心灵的特质）。树木也有助于增进健康——不是只有拥抱树木才可以感受到这些好处。一项由加州大学欧文分校的保罗·匹夫（Paul Piff）教授（有史以来最杰出的科学家）主导的实验发现，参与者只需注视高大的树木 1 分钟，就会比花相同的时间注视一栋高楼的参与者更有敬畏之心，并表现出更多的助人行为。[7] 此处树木得 1 分，城市规划 0 分。

当我们在森林里漫步的时候，身心都会感到舒畅。在日

---

① 它并非女人的专利，男女均可分泌。

② 一种抗抑郁药。——译者注

本，有一种公认有效的压力管理活动——森林浴，不需要水，只需要花时间在森林里放松身心。森林浴的功效有着海量的科学证据支持。[8] 研究证明，由于森林中有一种能增强我们免疫系统的精油，[9] 森林浴可以降低血压，减轻压力和焦虑。[10] 诚然，这乍听起来有些牵强，但东京日本医科大学（Nippon Medical School）的李青教授提出了一种观点：树木会释放一种植物杀菌素——有点类似精油——以帮助树木免受有害微生物的侵害，当我们吸入这些植物杀菌素时，它们也会促使我们体内发生生物学变化，我们的身体会产生更多天然的杀伤细胞，这些细胞会形成我们对抗病毒和肿瘤至关重要的第一道防线。[11]

我们一直能感受到在大自然中度过一段时间对健康的好处，但现在有分析数据明确地证实了“绿色空间”对身心健康的影响。[12] 研究显示，花点时间在大自然中，对我们的身心健康有好处，可以降低我们的心率和血压，减少压力，让我们变得更有韧性。[13] 最后一点尤其让我感兴趣——因为毕竟花时间在大自然中是有风险的。

我们可能会跌倒，或被荆棘划伤，或被荨麻刺痛。天可能会下雨。我们可能会感到冷。我们可能要承受各种不适，但它们可以让我们变得更加强大。走出家门，亲近自然，可以教会我们如何更好地悲伤，并帮助我们增强心理健康，以抵御重大事件的冲击。

丹麦奥胡斯大学的研究人员发现，那些花更多时间在户外绿地玩耍的孩子成年以后患精神疾病的可能性较小。[14] 挪威游戏研究学者艾伦·沙塞特（Ellen Sandseter）和雷夫·肯耐尔（Leif Kennair）从进化的角度研究了儿童的冒险游戏，并证实了冒险游戏具有抵抗恐惧的效果，可以帮助我们逐渐提高应对事件的能力，从而使我们能不断接受更大的挑战。更重要的是，他们说："如果不让孩子参与适合他们年龄段的冒险游戏，当他们成年以后步入社会，患神经过敏症或精神疾病的风险会增加。"[15]

2018 年，社会心理学家乔纳森·海特（Jonathan Haidt）在与格雷格·卢基安诺夫（Greg Lukianoff）合著的《娇惯的心灵》（*The Coddling of the American Mind*）一书中写道："从未有哪一代人的焦虑水平和抑郁倾向像 1994 年以后出生的这一代人（即 iGen 一代①或 Z 世代）这般严重。"[16] 2019 年，美国心理学会的一项关于美国社会心理压力的调查重点关注了年龄在 15 岁到 21 岁之间的美国人，他们发现，27% 的 Z 世代会报告他们的心理健康状况一般或较差，而千禧一代和 X 世代②这一比例分别为 15% 和的 13%。91% 的 Z 世代声称，他们至少经历过一次因压力而产生的身体或情绪症状，如感到沮丧或悲伤（58%），或者缺乏兴趣、动力或精力（55%），[17] 由此可知，Z 世代是最不可能报告心理健康状况良好或极好的一代。

2019 年，《哈佛商业评论》发表了一项由心理健康倡导

---

① iGen 一代就是 Z 世代，他们从出生起就有机会接触大量科技产品，是互联网时代的"原住民"。

② 通常指 1965 年至 1976 年出生的一代人，是婴儿潮一代的下一代。

组织心理分享伙伴（Mind Share Partners）进行的研究，他们发现，半数的千禧一代表示，他们离职的部分原因是心理健康问题。而Z世代的这一比例升至75%，与之形成对比的是，总人口的这一比例只有20%。[18] 2018年4月，根据英国国家医疗服务体系数字平台发布的统计数据，在英国，接受心理治疗的Z世代人数急剧上升，19岁及以下的青少年中有389727人是主动转诊。[19]

前几代人经历过战争。但是现在的孩子的应对能力则没那么强，所以承受着更多的痛苦。当然，他们也面临着一些新的压力，比如社交媒体和职业前景——他们的工作稳定性和职场安全感都没有以往几代人的那么强。当然他们的压力也包括他们没有经历过的战争。根据研究，现在的年轻人更多地待在室内，他们在户外玩耍的时间只有他们父母的一半。[20] 这一点值得关注。虽然相关性并不等同于因果关系，但长时间待在室内会让我们变得娇贵，而这是危险的。

2013年，一篇关于压力研究的文章"理解复原力"（Understanding Resilience）称："压力免疫是一种对以后的压力源产生免疫的方式，就像为了对疾病产生免疫去接种疫苗一样。"[21] 如果我们不让孩子对压力免疫，我们就是在为他们以后的问题埋下隐患。所以，花些时间在户外自由玩耍，让孩子们制定自己的规则，学会冒险，学会应对一些小危险，是很重要的。

在英国，只有不到1/4的孩子经常走出家门，亲近自然，而相比之下，超过一半的成年人在小的时候亲近过自然；只有不到10%的孩子经常在野外玩耍，仅仅是上一代人的半数。[22] 根据一项研究，自20世纪70年代以来，英国儿童被允许离开家门玩耍的距离缩短了90%！[23] 而在美国，孩子们离家玩耍的距离也显著缩短了。[24]

儿童协会（Children's Society）委托的一项调查显示，在接受调查的成年人中有半数认为，孩子被允许在无人监护的情况下独自外出的最早年纪应该是14岁。[25] 如果都不允许孩子们独自在大街上行走，那么他们探索自然的机会就更加渺茫了。但这里有一条我们可能不了解的冷知识，正如全科医生、自然英格兰（Natural England）的医学顾问威廉·伯德（William Bird）博士所说："户外可以被视为一个了不起的医院门诊部，其治疗价值目前远未被完全开发出来。"[26]

在这方面，北欧的国家做得稍微好一些。北欧和德国的森林学校会经常让孩子们到户外去，让他们学会自己照顾自己。托管在标准的丹麦日托所的孩子们可以经常在外面玩耍，哪怕下雨天或下雪天，因此他们经常会带着划伤、擦伤和黑眼圈（只是偶尔）回家。我的孩子们也托管在一家被称为"家庭童子军"的机构。孩子们基本上每周日要花上3个小时削木头、挥斧头、玩火柴和使用各种危险的工具。就是在这样的活动中，我第一次听到自己对我家2岁的孩子说："等4岁了，你就可以有一把锯子了！"

这孩子上幼儿园时已经拥有了自己的工具箱，里面配齐了锤子、锯子、螺丝刀（平头的和十字头的）、水平尺和测量杆。这孩子现在还不会读书写字，但他会用废弃的胶合板造一艘小船，会把火烧得很旺（哦，从那以后，我对蹒跚学步的孩子使用工具箱就不那么紧张了：我会让 2 岁的孩子在大人的监护下使用锯子。到目前为止，他们还没有伤到过自己的手指，他们可以通过这种方式学习了解和应对风险——这是一项有价值的生活技能）。北欧的孩子们跑啊，跳啊，爬啊，摔倒了，再爬起来重新尝试，他们每天都会在大自然中度过好几小时的时光，尽情地呼吸新鲜空气。在北欧国家中，挪威人尤其热爱户外活动——他们称之为"自由空气式生活"，这几乎成为挪威的一种世俗信仰。在我最近一次去那里调研时，我惊讶地发现，挪威人即使在天寒地冻的天气里也要进行户外活动。我们倒也不必效仿，以免被冻伤，但我们确实应该更多地走出家门，到户外去。绿色空间带给我们的益处是不容否认的——被水包围效果更好。

已有研究表明，在水里或有水的地方待上一段时间可以改善我们的情绪，减轻压力，[27] 甚至使我们更具环保意识。[28] 住的地方离海岸越近，我们就会越健康，[29] 在水边消磨时间有助于我们的睡眠。西北大学的研究人员发现，那些听着水流的声音入睡的人们的睡眠质量更高，记忆力也会更好。[30] 而一项英国国家信托基金会的研究发现，在海边远足之后的参与者夜晚的平均睡眠时长会增加 47 分钟。[31]

"蓝色空间的原理和绿色空间的原理是完全一样的，并且蓝色空间的益处更多。"埃克塞特大学的高级讲师马修·怀特（Mathew White）博士说，他也是"蓝色健康"项目的环境心理学家——这个项目研究了蓝色空间给人类健康和幸福带来了哪些益处，其研究范围覆盖 18 个国家。“我们发现，那些每周至少去海边两次的人们总体上拥有更加良好的身心健康状况。”同样在埃克塞特大学和“蓝色健康”项目工作的刘易斯·埃利奥特（Lewis Elliott）博士表示赞同，“我们的一些研究表明，每周花 2 小时左右在水边，对社会中许多领域的人来说可能都是有益的。”

长久以来，当我们的身体需要康复或当我们需要休养生息时，我们都会感受到大海的吸引力。我读过阿加莎·克里斯蒂（Agatha Christie）的小说，书中的人物总是会被送去呼吸海边的空气，以休养身体，疗愈康复。哪怕只是看看水面，都会产生一种心理治愈的效果，而沉浸在水中则可以产生一种失重的效果，让我们暂时从这个世界中抽离出来，获得片刻的休息。水声掩盖了其他声音，所以如果我们想在水里和别人讲话（不是大喊大叫的那种），我们必须得离对方很近。而且在水中，我们通常几近赤裸。在很多成长类小说或电影中，都有游泳池或大海的场景，这绝不是一种巧合，而是因为水有一种致命的诱惑力。

我们的身体在水中的工作方式是不同的。不管我们在陆地上是什么样子，一旦到了水中，我们都会化身为旋转、弯曲、扭动的美人鱼，而我们日常生活中的许多疼痛和痛苦都会随之烟消云散。我们不再心心念念我们的工作、我们的责任以及涌上心头的各种思绪。我们甚至会融于自然，成为真正的……自己。这是有疗愈效果的。

水很冷，至少对我来说是这样。但这也不是全无益处。

几项研究——其中包括2018年发表在《英国医学杂志》上的一项研究——发现，在冷水中游泳可以有效治疗抑郁症。[32、33、34] 这是因为在冷水中浸泡可以激活我们体内的应激反应，加快我们的心率，增加我们的血压，并释放应激激素。反复接触冷水可以让我们逐渐习惯冷水。一旦我们狠下心成功让自己浸入低于15摄氏度的水中几次，我们对其他日常压力的反应就会变得迟钝。

两个最近饱受抑郁症和健康状况不佳折磨的朋友下定决心要在冷水中游泳。他们说，在冷水中游完泳后重新回到相对温暖的空气中，皮质醇会激增，随之而来的是一种欢欣愉悦之感，这让他们感到无与伦比地兴奋。一天晚上，我和他们一起下冷水游泳。我焦虑地凝视着漆黑如墨的大海，快速瞄了一眼码头上的温度计，只有6摄氏度！当时我有强烈的逃跑欲望，甚至觉得要脱下衣服跳进海水里这个念头简直不可思议。但是多亏了同伴的压力，我告诉自己：我得完成这个事。当时我们几个只穿着薄薄的比基尼（我们至少还穿了点东西在身上，我那个刚做完乳房切除术的朋友一丝不挂，直接裸泳），然后，纵身一跃。

我一度觉得极度恐慌，寒冷刺骨。在冰冷的海水中，我的四肢胡乱地折腾了好几秒钟，挣扎着找回呼吸/平衡/方向感，然后游向码头爬满海藻的黏糊糊的梯子，爬了上去，霎时间只感到皮肤一阵火辣辣的灼痛。确切地说，与其说我是在游泳，不如说我是在跳水。但一爬到干燥的陆地上，我就注意到三件事：第一，我不再觉得冷了，尽管在只有8摄氏度的气温下我几乎全身赤裸着；第二，我的皮肤变成了刚刚切好的甜菜根的颜色，很诱人；第三，我感觉很棒，尽管皮肤变成了甜菜根的颜色，咸咸的海水渗入我的鼻孔和喉咙下面。其他人也都浮出水面，身体闪闪发光，如丝般顺滑。他们喜笑颜开，兴奋地大声交谈——为他们刚刚完成的壮举。

我被说服在接下来的一周再尝试一次，这一次，我挑战成功了！根据我那个裸泳朋友的手表计时（是的，没错，她只戴了苹果手表），我在水下坚持了整整 2 分钟！我不想说这种体验完全是愉快的（其实不是），但我很高兴自己完成了这次尝试，这也是我对很多运动形式的感受。我还没有找到自己真正喜欢的运动——这是一个问题，因为所有的研究和专家都认为，找到自己喜欢的事物，可以让我们更有可能坚持下去。

我裹着一条大毛巾，手里拿着一瓶咖啡，在码头上对着其他还在海中游泳的伙伴们挥手，然后发现海面上有各种各样的娱乐消遣活动：皮划艇、划艇、帆板运动，甚至还有我之前听说过的站立式桨板漂流。做这项运动的人看起来很像在水面上行走——他们需要站在一块看起来像冲浪板的桨板上，保持平衡，然后时不时地把一根桨杆插进海水中划动。整个过程看起来很有趣。

我不是冲浪爱好者。我既不炫酷，也不是运动达人。每次校队挑人，我一定是最后被选中的那个，从小到大，我几乎没有主动运动过（学习安排的课外活动太多了）。在我 20

多岁的时候，运动于我而言是一种惩罚，也是一种减肥方式。个子小小的，身体单薄，淹没于人群中，那就是我。球类运动对我来说从来没有半分吸引力。但站立式桨板漂流怎么样呢？对，站立式桨板漂流！

我的那个裸泳朋友对站立式桨板漂流略知一二，她教我怎么站在桨板上借助桨杆的划动让自己向前进。我了解到，所有桨板运动，包括桨板冲浪、桨板白水、桨板瑜伽，甚至桨板钓鱼，都有利于促进身体健康，让我们获得宁静，并与自然建立更深的联结。看来这附近有一家桨板运动俱乐部，我可以去试试，那里有一些非常友善和有耐心的人，他们会帮助我学习怎么开始这项运动。

“你还在等什么呢？”她问道。

没什么，我什么也没在等。在卧床养病那段时间之后，我发誓只要有机会，我就会多活动活动。也有人告诉我，怀了双胞胎之后，我可能需要做一个手术，来修复我的腹部肌肉，而美国运动协会（American Council on Exercise）的一份报告称，站立式桨板漂流可以锻炼到腹部肌肉。[35] 所以我尝试了一下，拿起桨杆，为不要通过手术来修复腹部肌肉做最后的努力。我起初摇摇晃晃的，从桨板上掉进水里很多次。最后，我终于可以在桨板上站起来了，还可以自己划动桨杆前行。我觉得自己就像澳大利亚肥皂剧或低成本制作的美剧《海滩救护队》（*Baywatch*）中的角色。但我很喜欢这项运动，我以前从未想过我会喜欢上任何一项运动（我过去总认为那些说自己喜欢运动的人其实是在说谎，运动又不是蛋糕）。只要风不大，在水面上进行站立式桨板漂流就是一次在美景中的小型冒险。我很少出汗，也没有什么肌肉线条，但我确实感觉自己更加强壮了。

科学家们发现，把运动和户外活动结合起来可能会带来额外的好处。堪培拉大学的一项研究发现，在户外运动有助于减轻焦虑，[36] 而埃克塞特大学的研究人员发现，所谓的“绿色运动”可以降低紧张感。[37] 一方面运动可以让我们感觉良好；另一方面科学证明，不运动会让我们感觉糟糕，甚至可能导致抑郁症。

布兰登·斯塔布斯（Brendon Stubbs）博士在他的物理治疗领域是独一无二的，并已成为一名情绪和心理学方面的重要专家。斯塔布斯曾在精神病院的病房工作过，当时他还是一名初级物理治疗师，他注意到很多病人都久坐不动，一天中的大部分时间都是如此。“那是 21 世纪初，当时有越来越多的证据表明，久坐的生活方式对健康有影响。”当我给他打电话想了解更多情况的时候，斯塔布斯告诉我，“所以我就想，如果我让这些久坐的病人戴上计步器，统计一下他们每天的运动数据会怎么样？”他开始观察他们每天的平均步数，然后让他们每天多走 10% 的步数。“所以如果他们每天走 500 步，我就会说‘再多走 50 步’。我们要从小的改变开始。”

“所以绝对不是我们听到的每天应该走 1 万步的目标？”

“不是！”斯塔布斯说，“日走 1 万步，只是当初一家公司随便提出的一个数字。当时 1964 年的东京奥运会马上就要开始了，他们只是想趁机让消费者购买他们公司推出的计步器，因此设立了这么高的一个步数目标。”这是斯塔布斯想打破的一个神话，因为虽然每天走1万步听起来挺不错，但对我们很多人来说是不现实的。“这里没有非此即彼、非黑即白的界限。有大量证据表明，即使是低强度的运动，也是有益的。”他说。

理解。

斯塔布斯注意到，运动强度的增加开始对患者的情绪产生影响，他说：“在实践中，我多次看到：如果你运动了，你会感觉更好；如果你不运动，你会感觉更糟。”

呃……我意识到自己离上一次运动已经好久了，于是小心翼翼地试探着问了句：“要多久不运动，才会开始感觉更糟糕呢？”

“一星期。”这是答案。

只是一个星期?!

“随机对照实验——顶级的循证实验——表明，如果你一周没有运动，一直久坐不动，你会感觉更糟糕。”斯塔布斯说。所以如果我们本来情绪很稳定，也没有潜在的健康问题，然后停止锻炼一段时间，我们就会开始感觉不好。鉴于我们现在社会的运行方式，我们非常容易养成久坐不动的生活方式。事实上，它现在基本上已是一种默认的生活方式。在久远的过去，人类从事着打猎和采集活动；在后来的工业时代，人类进行着体力劳动；而现在汽车、电脑和节省劳力的各种机器已经让我们无须进行很多体力劳动了。现在，我们懒散地窝在舒适的沙发里，只通过互联网就能与外界沟通。“这对我们的心理健康来说是一个问题。”斯塔布斯说。所以他试图打破这种现状，看看我们能否通过积极、轻度的运动来预防抑郁症，缓解低落情绪。

2016 年，他做了 30 个随机对照实验，结果表明，运动可以在 12 周到 16 周的时间内减轻抑郁症状。[38]“我们发现，在某些情况下，运动已经被证明与认知行为疗法同样有效，比药物治疗更加有效。”斯塔布斯说。这些研究结果的意义重大，因为相对于抗抑郁药，运动不会产生副作用，相对于认知行为疗法，它又更容易进行。他补充道：“我同意，药物治疗确实很重要，可以治病救人，认知行为疗法也同样如此。但是，生活方式干预也同样奏效。”

即使我们没有抑郁症，运动也可以阻止正常的悲伤和低落情绪向更加严重的方向发展。2018 年，斯塔布斯和他的同事进行了一项统计分析，发现无论年龄和地理区域如何，运动都能降低患抑郁症的风险。[39]“我们发现，高强度的体育运动可以预防儿童、成年人和老年人将来患上抑郁症。”斯塔布斯说，“我们得出的这个结论基于各大洲研究对象的数据，并将其他重要因素也考虑在内，如身体质量指数、吸烟和身体健康状况。”2020 年，斯塔布斯和他的同事们发表了一项新的研究结果，该研究证实轻度运动同样可以预防青少年的心理健康问题。[40] 现在有确凿的证据表明，运动对抑郁症的预防和治疗都有益处。

“那么，为什么没有更多人知道这一点呢？”

“我认为，是由于为生活方式干预发声的力量不是那么大。”斯塔布斯说，“相反，为药物治疗和认知行为疗法发声的力量很大，因为在英国，制药公司以及精神病学和心理学机构都非常强大。”

“所以，这只是由于宣传生活方式干预带来的好处无钱可赚、无利可图吗？”

“我想，无非如此。”

这一现实令人沮丧——我们生活在一个利益至上、金钱万能的世界——但这同时也给我们带来了一丝希望。因为我们已经有了生活方式干预对健康有益的证据，只是在传播上做得尚显不足，而我们人人都可以参与其中，宣传其好处。

我开始关注那些公开表示运动有助于缓解心理健康问题的人。歌手埃莉·古尔丁（Ellie Goulding）就曾谈到她是如何通过运动来预防恐慌症的发作的，[41] 参演美剧《都市女孩》（*Girls*）的女星莉娜·杜汉姆（Lena Dunham）在 Instagram 上发帖道：

> 当我忙于拍摄《都市女孩》第五季的时候，我向自己保证，运动是我无论如何都不会放弃的头等大事，因为它帮助我缓解了焦虑——这一点是我之前做梦都想不到的。
>
> 写给那些被焦虑症、强迫症、抑郁症困扰的人们：我吃了 16 年的药，我知道当人们告诉你要运动的时候，

你会烦得要死。但我很高兴我最终听进去了。这与屁股无关，而与大脑有关。[42]

现在，走到户外，积极运动，于我而言似乎是毫无商量余地的一件事。悲伤不是通行证，它不是我们从此可以我行我素、放飞自我的任性理由。我们依然需要找些事来做。保持健康的悲伤需要你自己付出努力，当然，也无须过于努力。

“需要铭记于心的最重要的一点是，我们不要走极端。”斯塔布斯说，“如果你一周运动150分钟，或者每天运动20分钟，患抑郁症的风险就可以降低30%。”

降低30%，这个效果是惊人的。我告诉他，我被说服了。

他告诉我：“如果我们感到自己有抑郁症的倾向，可以加大运动量，我自己就是这样做的。但是，每周运动300分钟是上限。”“目前尚无研究直接对有氧运动和无氧运动进行对比，但我想说的是，它们的效果大体上并无太大差异。”斯塔布斯说，“所以我们做什么运动并不重要，最重要的是，找到你喜欢的那项运动，因为只有这样，你才可以一直坚持下去。”

于是，我鼓起全部勇气，发誓要开始行动。每次天气允许，我都会去玩站立式桨板漂流，而在其他日子里，我就会出门徒步——其好处是，你无须任何装备，也不必做任何准备。我每天都要走几千步，探索新的路线，欣赏新的风景，呼吸新的空气。我闻到过茉莉花的香味，花香醉人，令人回味良久。在回家的路上，我会经过一棵香气馥郁的木兰树，顿时为之心醉神迷。我感觉阳光照耀在脸上，发现散步会让我感觉更好。它帮助我在夜晚睡得更酣沉，甚至帮助我在白天思考得更清楚。长久以来，散步一直被认为与创造力相关联，早在公元前 3 世纪，亚里士多德就创立了哲学中的逍遥学派（Peripatetic school），其特质就是边走边说。在 19 世纪，丹麦哲学家克尔恺郭尔（对，还是他）曾写道："我走着走着，直到走进了我最深邃的思想，没有什么思想重荷是散步不能摆脱的。"[43]

苹果前首席执行官史蒂夫·乔布斯非常喜欢散步，他相信新鲜空气和运动有助于他想出最好的点子。2014 年，一项来自斯坦福大学的研究证实，散步确实对创造性思维有着积极的影响。[44] 如果说悲伤是一种可以解决问题的情绪，那么散步似乎也是一项可以解决问题的活动——当我们情绪低落的时候，它绝对可以让我们心生勇气。

在经历了 6 个星期的降雨、雷暴和恶劣天气之后（托全球变暖的福），我手机上的天气应用程序告诉我，今天不会有风了。更好的消息是，今天还会出太阳！我套上橡胶靴，开车去桨板运动俱乐部（此刻无论你在脑海中对这个词有什么样的想象，请先将其魅力值调低 100）。我直奔储放我的桨板的共享小屋，打开锈迹斑斑的挂锁，然后，出发！这一刻，我感到很自由；这一刻，我只是我自己。

当我在风平浪静的海面上出发时，巨大的平静水面被我的桨杆划破。这里很安静，只有我、我的站立式桨板和一只跟着我的海豹（我称呼它为“德里克”）。我沿着蜿蜒曲折的海岸线在海面上划行，太阳在海面上投射出层层橙色的涟漪，我呼吸着咸腥的海风，感觉无比……惬意。

第二十章　保持平衡

运动会引发改变。新鲜空气大有益处。但是，还有一件事很重要。如果我们想允许正常的悲伤存在，并防止其愈演愈烈，我们就必须保持平衡。

T 有一次在我不知情的情况下拍了一张我躺在床上睡觉的照片。那时我们刚在一起同居没多久，已经是午夜时分了，我穿得很少。照片里，我睡着了，周围是一张张油墨很重的 A4 纸，笔记本电脑开着，离我流着口水的嘴只有一厘米，我蜷缩成一团，仿若一个胎儿。这让我看起很像犯罪现场警方用粉笔画出的受害者身体轮廓——只不过我一手握着笔，一手抓着黑莓手机（是的，我知道，暴露年龄了）。

我工作得太辛苦了，在办公室待到很晚，想在自己的业余时间里开始做一个新项目。那时我的不孕不育治疗失败，我不想见任何朋友，包括 T，也逃避着现实世界中身边的很多事。正如我们现在所承认的，在工作与生活两者之间，我更倾向于选择前者，所以这张照片很好地提醒了我——当我一味地选择工作、工作、工作的时候，我的状态会变得越来越糟糕。

我每天都是靠咖啡因、糖和购物等来度日的。我能熬过那些夜晚，有赖于葡萄酒和非处方安眠药。我也有在运动——就在我办公室楼下的健身房上我不喜欢的健身课。我也有在阅读。我曾经被无情地嘲笑过，因为有一次参加《欲望都市》（*Sex and City*）的首映式时我拿了一本契诃夫的作品集。我做了一些“正确”的事，以防正常的悲伤升级为更严重的情绪障碍。然而，我并没有照顾好自己，真的没有。因为悲伤不仅仅是悲伤。那张凌晨1点我流着口水躺在床上、笔记本电脑在旁边开着的照片提醒了我：我们的生活需要平衡。

我们需要保持平衡。

平衡从来就不酷。没有多少流行歌曲是关于平衡的。因为平衡并不令人兴奋——但，它很重要。

还记得疲劳过度吗？还记得它那些令人讨厌的症状（如疲惫不堪、乏力、头痛和胃痛）吗？其中一些症状现在听起来可能令人感觉非常熟悉。在欧洲，众所周知，英国是工作时间最长的国家的之一，我们很多人都承认自己“忙惨了”，甚至都没时间休息一下吃顿饭，只能将就着在办公桌上对付着吃点午餐，并且这种现象越来越普遍。在美国和日本，工作时间更长。但长时间工作并不能带来工作效率、价值或个人成就；相反，它们会危害我们的健康。“研究显示，过度工作会导致我们筋疲力尽、判断力下降、长期疲惫，最终缩短寿命。”[1] 斯坦福大学访问学者、硅谷策略与休息咨询公司创始人亚历克斯·索勇-金·庞（Alex Soojung-Kim

Pang）如是说道［他曾任《大英百科全书》（*Encyclopaedia Britannica*）的副主编，所以，你懂的，他知道很多事情］。“这方面的研究一直都很一致，而且研究历史已经长达一个多世纪了。”当我联系他了解详情时，庞说。这些年来，我们已经交谈过几次，我总是饶有兴致地想更多地了解他的研究。“今天，”他说，“人们已经达到了他们工作能力的身体极限。”因此，越来越多的公司——其高层管理者通常是华尔街和硅谷的资深业内人士——正在努力寻找新的、更平衡的工作方式。

超时工作是个大问题。“我们衡量工作产出的标准不再是我们收获了多少亩土地，于是我们花在工作上的时间长度就成了一种衡量指标。”庞解释说。让自己忙碌起来是一种适应环境的方式，而当每个人都选择这样做时，更平衡的生活方式看起来就像在松懈偷懒。自从工业革命以来，过度工作（为勉强糊口如奴隶般辛苦卖命工作）作为一种选择，已经成为西方社会的一个组成部分。一些人担心自动化会造成我们的休闲时间过剩。无须多言，这种担心并没有成为现实。相反，我们的工作更多了——然后到了20世纪80年代。

多亏了计算机化和全球化，管理者们有底气对员工提出更多的要求，因为如果员工们不这样做的话，他们的工作随时可以被取代，他们随时都有丢掉饭碗的危险。于是压力如滚雪球般越来越大，但我们不得不接受它。“只是这种状态是不可持续的。”庞说。我们可能认为，自己在20多岁的时候还可以应付得来过度工作，但关键的是，这是因为我们还年轻，还只是20多岁。

“在职业生涯早期，我们会经历一个陡峭的职业学习曲线，这一点是有利的。”庞承认，“像这样高强度的工作方式在我们年轻的时候还可以承受，但是也有相当多的人完全适应不了。”我想到了几个朋友，他们在毕业后的第一个十年感到职业压力大到难以忍受。这在很大程度上是因为他们的工作条件和工作时间，确实是几乎无法忍受的。

“我们都高估了自己承受沉重工作负担的能力，”庞说，“尤其是在我们的生活发生变化，比如当我们成为父母的时候。”事实上，他观察到：“社会大大低估了为人父母的重要性和困难度，这一点非常危险。”作为两个孩子的父亲，庞说：“孩子是我今生今世最重要的人，但他们是吸血鬼——虽然可爱，但他们无疑就是吸血鬼。”每当有人坦陈，为人父母的感受就是痛并快乐着（既心怀感恩，又时时陷入绝望或疲惫）时，我的感觉无一不是：谢天谢地，总算有人说出我的心声了！我告诉他，前一天晚上我被孩子们吐了两次在身上（“其中一次，是吐在我耳朵里”），然后，我还得继续照顾几个孩子吃晚饭。

“这太难了！”庞点头同意，“有一项研究表明，相比她们的祖母/外祖母一代，现在的女性得花更多的时间陪伴孩子。那真是……”我在等着他说出什么高端术语或当下硅谷流行的金句，但接下来他说的只是——“疯狂”。

是的，我同意：就是这样。

“怀有这种‘持续干预模式’的育儿理念，以证明你是一个好母亲，这对女性来说是另一种陷阱。”他说。

是啊，没错。

我们父母那一代有不同的期望。“我父亲在被日本占领的朝鲜长大，”庞告诉我，“我母亲则在美国的西弗吉尼亚州长大，家里很穷。”庞小的时候，他父亲是一名大学教授，长期在巴西工作。“于是我们也搬去了巴西，”庞说，“在那里，父母可以以工作为中心来安排自己的生活，孩子们则可以被带到父母工作的地方去。那里的人对孩子基本上是放养，到点叫孩子回家吃晚饭已经是很上心的了。”这是个有用的参考，但鉴于现代社会对为人父母的严苛要求，这需要时间、努力和钢铁一般的坚强决心，才有可能实现，并且需要我们在生活中把握一个更好的平衡尺度。有趣的是，庞现在就是这种“随他去吧，万事 OK”式的父母。

“比如，我现在对孩子看电子产品的时间不那么纠结了，我不认为在飞机上让孩子看 iPad 是一件糟糕的事儿。”他告诉我，“我小时候坐飞机的时候，空姐会问我妈妈要不要给我一片安眠药，‘让孩子安静地睡着’，当时的父母都这么干。所以实际上，让孩子重温电影《花木兰 2》不就是一种进步吗？”如今，他对育儿的看法是：“如果你的孩子没有成为犯罪分子或死于传染病，你就已经是个出色的父母了！”

我不想把我的孩子当作工具，但我也确实意识到，为人父母让我的工作时间更少了，这可能是件好事。好吧！那些空闲时间我并没有用来休息。但养儿育女确实让我找到了不同的人生重点。在我那浑浑噩噩、不堪回首的前半生，我艰难地只以工作和产出来定义我自己，那时我在工作中的每一次失败都被我当成自己的失败——甚至是我整个人的失败。然而，我们并不是我们所做的一切的总和。我们的价值并不会因为我们没有一直有所成就而丝毫减少。无论我们的个人成就、银行余额、工作头衔或人生角色为何，我们都有价值。

我们都需要去信仰一些超越自身的事物，我们都需要一个我们热爱的目标。它可以让我们早早起床为之奋斗，也可以让我们不要工作得那么辛苦。庞意欲传达的核心思想似乎是：如果我们能少做点，让自己不那么辛苦，那就应该少做点，然后多留点时间给自己好好休息。

"我们需要休息，来让我们的生活变得更加有意义，"庞说，"刻意的休息。"如他所说，休息是提高工作效率的真正关键，可以给我们带来更多的能量、创造性的想法和更为均衡的生活。为了看看他是否知行合一，说到做到，我问了他的日程安排。他向我保证，他经常小睡，从不把工作排得太满。他告诉我："这很有效。"

我也想多休息一下。我也想小睡，但我那天主教徒的罪恶感加上新教徒的职业道德（一个令人头大的组合），让这种想法看上去既任性又荒唐。就像乔治·奥威尔的小说《动物庄园》中的布克瑟[①]一样，我的人生座右铭一直是"更加努力地工作"。我也知道一万小时定律——就像马

① 布克瑟（Boxer），两匹拉车的马之一，凭借自己坚毅的品质和辛勤的劳作赢得了广泛的尊敬。

尔科姆·格拉德威尔在《异类》(*Outliers*)一书中所说的那样，要想真正精通某一件事，就得花上一万个小时反复练习实践。[2] 一万小时定律是基于心理学家安德斯·埃里克森(Anders Ericsson)的研究得出的，他现在任教于佛罗里达州立大学(Florida State University)。他研究了柏林音乐学院(Berlin's Academy of Music)学习小提琴的学生，发现最好的表演者的练琴时间无一例外都达到了1万小时。[3] 我知道，从逻辑上讲，一定有一些人具有某种天赋。比如人称“小威”的美国网球天才少女塞雷娜·威廉姆斯(Serena Williams)，她想打多久网球就能打多久。但，不是每个人都是威廉姆斯。所以还是：努力工作=成功。没有付出，就没有收获。

“所以，我们不应该努力工作吗？如果不努力工作，那马尔科姆·格拉德威尔的一万小时定律和埃里克森的研究意义何在？”我问庞，“如果我不努力，我又如何成为大满贯选手，或世界级的小提琴手呢？”

庞看起来很理解我的困惑，然后给我讲了埃里克森的研究中一个不那么广为人知的部分，奇怪的是(或者一点都不奇怪，这取决于你的视角)，它与“更努力地工作”相矛盾。在他对那些学习小提琴的学生的研究中，埃里克森发现，即使是最雄心勃勃的学生也需要练满一万小时才能成为世界一流的表演者，并且他们比其他同学练习得更加认真，他们的睡眠时间也更长。

“他们比普通学生每天多睡一小时，”他说，“他们会在下午小睡一会儿，也会很注意保证夜晚有充足的睡眠。”

“什么……？”我发出如一只痛苦的海鸥的惊呼。

“这是真的，”庞说，“其实他们的休息时间更多。”

这简直刷新了我的认知。我稍微镇定了一下，问庞是否对埃里克森的研究中关于休息的部分鲜为人知这一点感到惊讶。

“是，也不是。”他如此回答，“在原文中，有两段是关于这个内容的。‘睡眠’和‘休息’的部分是很容易被忽略掉的。”这是因为我们的文化更重视“有为”，而非“无为”。实际上，在这段“无为”的时间，我们体内的神经元会将我们恢复到出厂设置，我们体内的细胞会重建、恢复，以让我们做好准备，迎战新的一天。但这些喜欢小睡的人却对他们的小睡绝口不提。为了说明这一点，庞引用了罗伊·詹金斯（Roy Jenkins）为威廉·格莱斯顿（William Gladstone）写传记的故事。“在传记中，詹金斯提到了格莱斯顿夜以继日地不停工作，但对他去西西里徒步旅行了一个月的事儿只字不提。他提到了格莱斯顿读《伊利亚特》读得非常认真细致，以至于他注意到这本书中从未使用过‘蓝色’这个词。我是说真的！你必须非常深入地读一本书，才能发现它从来没用过‘蓝色’这个词！”[4] 可是，众所周知，格莱斯顿的作品在我们的文化中受到高度重视，也得到了高度评价。“即使是非常感性的传记关注和强调的也往往是一个人工作方面的成就。”庞注意到。

但是，休息很重要。休息的时候，往往是好事发生的时候，比如恢复身心，比如得到友情，比如收获爱情，再比如产生伟大的想法。聚变反应堆模型是在滑雪的时候构思而成的；甲壳虫乐队的经典歌曲《昨天》（“Yesterday”）是保罗·麦卡特尼（Paul McCartney）在梦中捕获的灵感；俄罗斯化学家门捷列夫想出元素周期表，美国发明家伊莱亚斯·豪（Elias Howe）发明缝纫机，也都是在睡梦中获得的灵感。

庞建议我们不仅要重视睡眠，也要在条件允许的情况下有规律地小睡，还要计划完全休息的时间。他希望我们每个人都能在每个季度休息一周，以恢复身心。“科学家们发现，我们在度假中所感受到的快乐和放松，会在假期结束大约一周后达到顶峰。”庞说，“而一段假期带来的心理上的益处可以持续两个月之久，所以理想的假期安排是每三个月休一周假。”

我就知道！——我那个人间理想医生当初应该把我打包塞进某顶野营帐篷里……

那么，理想的工作时长是多少呢？庞说他希望我们每星期只工作四天。“事实证明，这样做可以让我们拥有更多的自由时间，从而提升我们的生活质量。”他说，“你知道，我们需要兼顾家庭责任和各种日常琐事。”说完，他微微一笑。

他怎么笑了呢？

“我们美国没有‘均衡分配时间’这个说法。我觉得它很酷，因为我一听到这个词，就立马知道是什么意思。所以，你知道，我们需要一周只工作四天，其余时间用来休息和玩耍。”庞说。北欧人已经在考虑这一点了，芬兰总理桑娜·马林（Sanna Marin）就很支持这个想法。“但这不仅仅限于北欧，”他说，“世界各地都有这种做法。这很重要，因为在美国，当我们听到某件事发生在北欧国家的时候，那它很有可能发生在世界的很多个角落。人们认为北欧人就像霍比特人，他们那里会有一些好玩的、神奇的事情发生。”

“他们提到税收了吗？”我问。

“没怎么提。”他承认道。但是，他告诉我，每周四天工作制已经在一些国家开始实行了，“而且并不局限于那些注重工作与生活平衡的行业”。微软日本发现，2019 年夏天试行一个月每周四天工作制后，员工的工作效率一举攀升了 40%。[5] 总部位于新西兰的信托公司永久的守护者（Perpetual Guardian）实行了每周四天工作制，此举吸引了全世界的关注。该公司员工的工作效率提高了 20%，利润也有所提高，员工的心理健康也得到了改善。[6] 他们开始更聪明地工作了，而不是更努力地工作。“多年以来，人们一直默认，要想在现代社会中获得成功，你就得把你的智能手机放在枕头下面——随时待命，随时工作。”庞说，“但事实并非如此。”事实上，我们应该尽量放下手机，这样会做得更好。在他 2013 年出版的《不分心》[7]（*The Distraction Addiction*）一书中，庞引用的研究表明，由于不断看智能手机，大多数人每天不受打扰的连续工作时间只有 3 分钟到 15 分钟。我们每天至少要花 1 个小时——每年至少要花 5 周时间——来处理智能手机发出的声音或振动等各种干扰。根据最近一篇发表在《哈佛商业评论》上的文章，阅读一篇平均只需要2.2秒的文本会使我们的工作错误率翻倍，并且一旦分神，我们就需要11分钟才能够重新进入心流状态。[8]无须赘言，我们的工作效率实在堪忧。

“那没关系啊！”你可能会说，“我可以多任务同时进行！”

不，你不能。

斯坦福大学的研究表明，一心多用的人明显比只专注一件事的人效率更低，他们通常会在集中注意力、回忆信息和切换工作时遇到困难。[9]而在电子产品上一心多用的人状况只会更加糟糕。媒体多任务处理会引发抑郁和社交焦虑的症状，[10]短时记忆和长期记忆都会下降，[11]甚至可能改变我们的大脑结构。2014年，苏塞克斯大学（University of Sussex）的一项研究发现，那些从事媒体多任务处理的人，他们的前扣带回皮质（anterior cingulate cortex）中的灰质体积更小[12]——前扣带回皮质是大脑的一部分，与心理调节和情绪活动有关。[13]哦，还有，匹兹堡大学（University of Pittsburgh）的研究表明，如果我们在7个或更多的社交媒体平台上活动，我们患上广泛性焦虑症（generalised anxiety disorder，GAD）的可能性会增加3倍。[14]

谢天谢地！我甚至想不出7个社交媒体平台！（7个，这么多?!）然而，我对“赞”的喜好也不是很健康。在智能手机时代之前，我们每天花在手机上的时间只有几分钟。然而现在呢？我们平均每天看手机的时间是3个半小时！[15]有时候，我会忽略我的孩子，去看手机上照片里的他们……这简直太荒唐了！

正如我们所发现的，我们在网上花的时间越多，就越有可能会感到孤独、有压力和抑郁。2019年，专注于社交媒体用户追踪统计的Brandwatch公司发布了一份报告，该报告记录了英国公众在网上表达的情绪，发现公众表达悲伤的高峰期出现在晚上8点左右。这听起来也合理。一天结束了，工作和家庭的各种事务都处理完了。晚上8点，你会坐下来划划手机，看看社交媒体上的人都在做些什么。晚上8点，你会发现，其他人似乎都在享受生活。晚上8点，正是你感觉自己“还不够好”的沮丧和酸楚的时刻。

1846年，克尔恺郭尔发表了《当今的时代》（“The Present Age”）一文，分析了一个由大众传媒主导的社会的哲学内涵（这听起来很耳熟，是不是？），并对当时人们对日常琐事的好奇心表示不赞同。他还分析了，这些对琐事的好奇是如何让我们感觉自己不如别人的。如果150年前就有Facebook，克尔恺郭尔似乎也可以保持良好的心态。我曾问亨利克·赫-奥尔森（Henrik Høgh-Olesen）（晒得黝黑，穿白裤子，研究克尔恺郭尔的专家）如果克尔恺郭尔生活在我们这个智能手机时代，他会如何呢？亨利克暗示说，这个19世纪的哲学家如果看到社交媒体是如何侵蚀我们的生活的，他会感到很绝望。

“而且作为一名进化心理学家，我个人认为，我们在当今这个时代比以往任何时候都更容易感到悲伤。”

“何以见得呢？”

“嗯，在普通的原始部落中，大概也就30个到60个成员，”他解释道，并补充说，“所以大家的感觉都会比较良好——”

“非常感谢。”

“我是说，当然，总是有一些人比我们更漂亮、更聪明——”

好吧……

“——但我们的心态基本还过得去。然而现在呢？我们可以看到在社交媒体上的每个人，”他接着说，“我们会看到那些美丽的、成功的和天赋异禀的人，但实际上他们只占这个星球总人口的1%——与鹤立鸡群的他们相比，我们大多数人不过是普普通通的芸芸众生。然而，他们成了我们大多数普通人的标杆。”如果我们要努力达到他们的标准，亨利克认为，“那毫无疑问，我们会感到悲伤”。

如果我们不放下手机，如果我们不看淡社交媒体，在自己的生活中找到一些平衡——如果我们不保持一种平衡的生活——那我们注定会伤心的。“这是毫无疑问的。”研究还表明，我们对智能手机和社交媒体的依赖，会更容易让正常的悲伤升级为更严重的问题，比如抑郁或焦虑。所以，真的，我们应该做出改变了。

庞的建议是循序渐进的：“你去喝咖啡的时候，可以把智能手机屏幕朝下，放在桌子上。这是一种小小的抵抗，就像在说‘等我想看手机的时候，再来找你’。”专家还建议我们尽可能把智能手机调成飞行模式，关闭通知，晚上把手机放在卧室外面。心理学家菲利帕·佩里甚至更进一步，他在

《真希望我的父母读过这本书》中写道，当孩子在身边的时候，父母应该把智能手机放在视线之外："我们知道酗酒者和吸毒者成不了最好的父母，因为他们的首要关注点总是让他们上瘾的那个东西，以至于孩子们被剥夺了他们需要的很多关注。我想说的是，沉迷于手机的父母也好不了多少。"[16]

2013年，庞首先开始研究智能手机对我们文化和大脑的影响，从那以后，越来越多的人开始重视过度使用智能手机的问题。"人们知道他们应该做什么，"他说，"但他们并没有去做。"他并不认为我们自己对此负有全部的责任："有强大的经济动机转售我们的注意力，因为有人可以持续从中获利。"大公司在为我们的眼球买单。我们的注意力价值很高，因为通过这种方式，企业可以更多地了解我们，并卖给我们更多的东西。无论我多么努力地规避，我的Instagram、Twitter和Facebook的首页上都充斥了各种广告。在经济衰退、失业盛行的今天，社交媒体上发的那些我们可以拥有的东西似乎没什么品位（你也可以拥有一些别人没有过的炫酷东西！）。这一点我深有体会！然而每次上Instagram，我都会有种深深的失落感，以及令人恼火的不满足感，我隐隐觉得，如果我有了什么什么，我的生活将得到极大的改善。比如，如果我拥有了一件Burberry的风衣，我将会成为一个更好的人。

当我还是个学生的时候，我读过约翰·伯格（John Berger）的《观看之道》[17]（*Ways of Seeing*），我的感受是，在过去的50年里（50年！），我们什么也没学到。伯格在谈到宣传和广告时写道:“广告告诉我们每一个人,我们可以通过购买更多的东西来改变我们自己或我们的生活。购买得越多,会让我们在某种程度上变得越富有——尽管我们每买一样东西口袋里的钱就少一些。”

宣传和广告的全部目的是鼓励我们通过购买东西来改变我们的生活——它告诉我们,只有当我们买了某样东西之后,我们的生活才会完整。这并不是说我们不喜欢这样东西,这些东西可能是好的。我们都恋物(特别是T,当我写这一章的时候,他刚刚花大价钱为我们家买了一把完全不实用的新椅子,这椅子是我们完全负担不起的,他事先一点儿没问过我的意见),但我们其实并不真正需要它们。

根据个人经验,整个事情应该是这样的:T看到一则关于这把不实用的新椅子的广告,然后就怦然心动了——他以前可是很理性的。但现在,哪怕仅仅只是知道了这把不实用的新椅子的存在,都会让现在尚未拥有这把新椅子的T感到自己目前只是行尸走肉,只有拥有他心心念念的这把新椅子,才能拯救他于苦海。T觉得,一旦他买了这把不实用的新椅子,尚未拥有新椅子的自己顿时就会自惭形秽。他感觉自己是个灰头土脸的失败者,因此他买下了这把椅子。

我对他一顿抱怨:我们损失了一大笔钱。而在最初的多巴胺的刺激之后,T也并没有感觉比以前更好。事实上,他感觉更糟了——坐这把椅子,他的屁股很不舒服。

“别事后诸葛亮,说什么‘我不是早就告诉过你吗!’了。”他警告我说。

“稍微说一下也不行吗？”我问。

他回给我一个眼神，像一个闯了祸的人。

他们可能称之为“购物疗法”，但这疗法的效果无疑是短暂且虚假的。正如约翰·伯格所说：“宣传出来的形象偷走了她对自己的爱，随后又还给了她，其代价是购买他们的商品。”如果我们允许广告商偷走我们的自我价值感，我们正常的悲伤就有可能会演变成严重的问题。我们必须照顾好自己——反正我们不需要那么多东西。

作为世界上最大的全球传播集团之一，哈瓦斯全球传播公司（Havas Global Comms）曾发布过一份关于生产型消费者①的报告，其中提到，全世界大多数人表示，没有我们拥有的大部分东西，我们照样可以生活得心满意足。2016年，全球家具巨头宜家的可持续发展部的负责人也宣称：“我们可能已经过了巅峰期了。”[18] 当以生产平装家具②著称的瑞典人告诉我们要放轻松，要保持平衡时，那么可能是时候要保持平衡了。瑞典人总体上相当善于保持平衡。瑞典语中的“Lagom”是关于生活的平衡的，用来描述一种极简主义的生活方式——这是瑞典人从小就被教导的生活方式。一个瑞典朋友告诉我，他对童年的最初记忆是被问到“你吃饱了吗？”，然后他回答“Lagom”。父母可能会问孩子：“这些衣服大小合适吗？”孩子们可能会回答：“是的，大小Lagom。”

---

① 生产型消费者（prosumer），指参与生产活动的消费者。——译者注
② 指由各种零部件组装而成的、使用平板式包装的、可以反复拆卸和安装的家具。——译者注

这里的“Lagom”的意思是“充足的”或“足够的”，体现了瑞典人对生活的态度：做更多的工作、赚更多的钱来买更多的东西，纯粹是愚蠢的游戏（尤其考虑到北欧国家的高税收）！挪威语中有“passelig”或“passé”，意思是“合适的”“适当的”或“足够的”，所以他们可能会说天气“passé温暖”（虽然这在挪威不太可能），房子“大小passé”或“大小合适”。至于芬兰人，我的朋友玛丽安告诉我，在芬兰语中有“sopivasti”，其含意类似于“刚刚好”。不只是北欧人有“足够”这种概念。在泰语中有“por dee”，意为“正合适”。一名泰国教师说，只需有“por dee”的钱，生活就可以过得很舒适了——这与瑞典语中的“Lagom”有异曲同工之妙。同样地，一件衣服可以穿上去“por dee”，一份工作也可以与你现有的生活方式“por dee”。甚至古希腊语中也有类似的说法，公元前6世纪罗得岛的诗人克莱俄布卢（Cleobulus）引用了“metron ariston”这句话，意为“适度的，才是最好的”。所以我们杯子里的水可能不是半满，也不是半空，而也许是已经足够了。

在过去的10年中，极简主义作为一种生活方式越来越受到人们的喜爱，但约书亚·贝克尔（Joshua Becker）从21世纪初才开始接受它。贝克尔曾认为他就生活在“美国梦”中——他们一家四口住在佛蒙特州的一所大房子里。“每次加薪，我都会买一栋更大的房子，然后我们会花更多的钱。”他告诉我，“我们的家里堆满了各种物品——不是特别昂贵的东西，有很多就是在塔吉特百货公司买的。”然后有一天他清理车库，发现这个活花了他相当长的时间。事实上，花了整整一天的时间，因为他的东西实在是太多了！“我的儿子当时5岁，他让我陪他在后院玩耍，就像任何一个5岁的孩子要求的那样，”他说，“但我只是一直说‘等我做完这些再说吧！等我做完，我们就可以玩了’。”结果呢？几个小时过去了，贝克尔还在收拾他那些堆积如山的东西。他看了看他花了一整个上午和下午收拾的东西，突然意识到它们于他没有任何意义。“我用眼角余光瞥见儿子在秋千上形单影只地荡来荡去——他已经一个人在后院待一上午了。”贝克尔说，“我突然意识到，我所拥有的一切并没有让我快乐——更糟糕的是，它们让我远离了那些能够带给我意义感和成就感的事物。”

他决定做出改变，开始进行断舍离。他扔掉了那些东西，并开了一个博客——BecomingMinimalist.com，这类似于一种宣言。他和家人搬到一个只有原来房子一半大的新家。“一开始确实很有挑战性，”他承认，“但我们也不得不学会如何在一所更小的房子里生活。”当他拥有的东西开始变少的时候，他发现自己反而拥有了更多的时间。“我变得更加专注了，压力更小了，也不那么容易分心了——我拥有了更多的自由。”随后2008年，经济衰退袭来，世界各地的人们都开始对极简主义生活感兴趣。“人们失去了工作，不得不卖掉房子，赚的钱也更少了，经济衰退让很多人开始考虑过一种更简单的生活，无论是出于无奈，还是出于自己的选择。”

如今，这个博客已拥有200万粉丝。贝克尔已经出版了5本关于极简主义生活方式的畅销书。还有很多其他极简主义生活方式的倡导者呼吁我们减少消费，过一种更均衡的品质生活，如约书亚·菲尔兹·米尔本（Joshua Fields Millburn）、瑞恩·尼科迪默斯（Ryan Nicodemus）、挑战与6个孩子一起过极简主义生活的里奥·巴伯塔（Leo Babauta）（6个孩子！）。还有只拥有51件东西、环游世界的科林·赖特（Colin Wright）、《杂物窒息》一书的作者詹姆斯·沃尔曼——他预言，“体验”——而非“物品”——才是真正重要的东西，并且他的预言已经得到无数研究的证实。这些人采取的方法虽各有不同，但极简主义都让他们得以追求有目标驱动的生活，这对他们的心理健康和财务状况都更加有益，对我们生活的这个星球也更加友好。

根据联合国的说法，气候变化的形势日益严峻，我们生活在一个“非成功，即毁灭”的时代。要将全球变暖的幅度限制在1.5摄氏度以下，就要每年减少15%的碳排放量——毫无疑问，买更多的东西对全球变暖是雪上加霜。[19] 物质主义与心理健康密切相关，因为抑郁的人会去购买更多的东西来让自己感觉好点。在所谓的“孤独循环”中，感到悲伤会让我们想要购物，而购物又使我们悲伤。[20] 荷兰蒂尔堡大学的研究人员做了更进一步的研究，他们发现，将所拥有的东西视为“幸福药丸”或一种衡量成功的标准，最会增加我们的孤独感。[21] 试图用物质来满足或压抑悲伤，并无半分用处——无论是财产，还是食物。我知道这一点，因为我试过了（你可能也试过）。虽然蛋糕确实很美味，但它无法修复我们。网上流传的“蛋糕疗法”，其疗效似乎相当可疑。

接下来的一章，是我实在不想下笔触碰的部分……

第二十一章　身体平衡

经过多年的努力，我的身体才有所好转，饮食习惯也趋于健康。这一章是我拖延最久的一部分。其实到现在，我依然还有饮食方面的问题。就像抑郁症一样，进食障碍是永远无法彻底治愈的：我们只是学会了如何控制它。今天，我吃了点心，我很喜欢吃点心。丹麦的点心很好吃。

但我还是不喜欢那种腰间肥肉溢出腰带的感觉。上周，T 接受了我的一位同行记者的采访，她身材苗条，令我赞叹不已。

T 斜眼看着我："她之前作为政治犯，在集中营里被关了 5 年。"

"哦！是这样啊，原来如此。"

那时我的状态并没有很好。但总的来说，我感觉还算过得去。我在带孩子的时候，没有提到任何与身体或外貌相关的事儿。每次吃饭的时候，我都会把盘子装满食物，也都会把盘子里的食物吃光。有时候，我吃得过少；有时候，我吃得过多。我也总会吃很多甜食。但现在，我已经知道了应该警惕那些时尚饮食、流行趋势或者——其中最有害的——

绝对主义。完美食欲症是真实存在的，在女性杂志与我共事过的同事中，就有 60% 的人受到其困扰。积极的身体运动可以在很大程度上改善这一点。但是如果我们能吃得更健康，岂不会感觉更好点？或者至少，我们会只感到正常的悲伤？因为我们必须留心我们吃的东西——这句话虽然听起来一点都不时髦，但它确实是对的。尤其是当我们很悲伤的时候，尤其是当我们有抑郁倾向的时候（基本上说的就是我本人了）。

“现在有大量一致的证据表明，我们的饮食质量很明显与常见的精神障碍风险具有相关性。”菲利斯·杰卡（Felice Jacka）说，她是澳大利亚迪肯大学（Deakin University）营养精神病学的教授兼食物与情绪中心的主任，同时也是《大脑改变者》[1]（*Brain Changer*）一书的作者。大量流行病学的研究表明，饮食质量与人们是否患有临床焦虑症或抑郁症相关[2]——无论国家、文化与年龄[3]。杰卡现在正在进行的著名的 SMILES 实验[4]表明，饮食是治疗抑郁症的有效方法。我是在一个晴朗、凉爽的星期三和杰卡交谈的，之前一周我的饮食状况比较糟糕，我的身体和大脑都已经在向我发出信号，表达它们对我的不满了。所以，我听得很认真。

“我们现在至少有三个研究对象为抑郁症患者的随机对照实验的结果表明，如果你改善饮食，你的抑郁症会大大得到改善。”杰卡说，“这似乎与所有其他那些我们经常考虑的因素无关，比如社会经济地位、教育水平、健康状况、是否经常运动、体重等。”她还表示，饮食干预也可以改善非抑郁症患者的抑郁症状。[5] 所以依据《精神障碍诊断与统计手册》，在列出的 9 项抑郁症关键症状中，如果患者符合 5 个及以上，就会被诊断为临床抑郁症，抑郁症状可能只是我们大多数人都会经历的情绪低落的表现之一。在所有情况下，饮食都能有所帮助，尤其对于女性来说。研究表明，对于那些同时有抑郁症状和焦虑症状的女性来说，饮食干预的益处就更大了。[6]

富含天然食物的饮食对我们大多数人来说是最好的，在一项研究中，保持传统地中海饮食习惯的人——富含蔬菜、海鲜和不饱和脂肪，且少含精制糖的饮食——在 4 年时间内被诊断为抑郁症的可能性会降低一半。[7] 但是各地的传统饮食都比现代西方的超加工食品更受欢迎——在英国和美国，这种超加工食品占食物总热量的一半。[8]

糖是一个大问题，我们很多人每天摄入的糖是世界卫生组织建议的 3 倍多，[9、10] 高糖饮食已被证实会导致与抑郁症患者相同的炎症标志物的增加。“反式脂肪也与抑郁症有明显的关联。”杰卡说，“由于其相关的健康风险，反式脂肪现在已被许多国家禁止使用，但你仍然可以在身边发现它们。”在成分列表上，需要我们注意的术语有“氢化油”（hydrogenated oil）、“部分氢化”（partially hydrogenated）或“植物油”（vegetable oil）（橄榄油严格来说是一种水果油，所以还好）。[11]

我对我的社交圈进行了一项非正式调查，结果显示：①在这些方面，我们大多数人都无知得可悲；②许多正派的、受过良好教育的朋友都坚定地认为，任何控制或调整饮食结构的尝试都是另外一种形式的身体羞辱。但杰卡的态度非常明确，她不止一次地坚持："这与体重无关，而与饮食质量有关。"

"如果你把话题放在肥胖上，"杰卡说，"那么人们就会把关注点放在错误的事情上——而且他们所关注的事情其实是很难改变的。我们的体重基本上是由遗传因素造成的，对此我们无能为力。我们饮食环境发生了大规模的变化，这对个人来说很难抵抗。在我们掌控范围之内的，也就是我们现在所吃的食物了。"

"食物是一种有助于保持身体平衡的因素吗？"

"当然了，"她回答道，"食物对有些人来说可能极其重要，食物本身就足以预防或引发抑郁症。但我认为，如果你有一个健康的饮食习惯，它就会像你的根基一样，是你的第0步。这意味着无论其他的风险因素为何——不管这些风险因素是遗传因素，还是后天的创伤性经历，抑或是在你掌控范围之外的事情——你都会更富韧性。你患上抑郁症的风险会降低，即使你真的患上了抑郁症，你也会更容易战胜它。"

杰卡带给我的可能是我本星期听到的最好的消息：鹰嘴豆泥在我们每天的蔬菜摄入量中非常重要（"这是真的！而且鹰嘴豆是最好的！）。[12]

我们可以悲伤——我们可以有各种感受——但我们需要关照自己的身体，从而避免负面情绪升级，比如多吃点鹰嘴豆泥，少吃点高糖食品（至少，这是我印象深刻的一条建议）。美国普林斯顿大学的科学家们发现，糖分所释放的化学物质诱发的大脑活动与海洛因诱发的大脑活动相同。[13] 在和杰卡交谈之后，我对她提出的那条建议的功效深信不疑，那是一条关于饮食和情绪的简单建议：尝试地中海饮食。于是我照做了。在那之前，我每天晚上都有盗汗的现象，我还以为这是围绝经期① 开始的表现（确实如此），而在尝试地中海饮食之后，我晚上的盗汗现象竟然神奇地消失了！有一个周末，我吃了很多高糖食品，还狂饮咖啡和酒，睡眠也不足，然后第二天我就恐慌发作，这是多年以来的第一次。我忘了自己的密码，被困在离家很远的一个火车站，直到遇到一个善良的路人——“肯”，他帮助我平静了下来（谢谢你，肯）。

我的身体又恢复平衡了。当我大部分时候都遵循地中海饮食时，我感觉还不错。而当我不这样做的时候，我就感觉不太好。去别人家里，我还是和以前一样，主人给什么，我就吃什么。我还是会和朋友们出去玩，吃吃喝喝，试着去社交，小心地做一个合群的人。但如果我不能快速地重新恢复平衡，我就会陷入一个恶性循环，正常的悲伤就会演变为情绪低落，甚至更糟。

在很长一段时间内，我都在抱怨这一点：这一切都太愚蠢、太肤浅了，为什么我就不能熬夜？为什么我就不能像周围人一样喝浓缩马提尼、尽情享用我喜欢的东西，第二天依然感觉很好？然而，我不是我周围那些人，不是吗？我是

---

① 围绝经期（perimenopause），指妇女绝经前后的一段时期（从45岁左右开始至停经后12个月内的时期），围绝经期是卵巢功能衰退的征兆。

我，事实就是如此。我已经40岁了，要承认这一点依然很艰难。所以我找个人聊了聊，她在十几岁的时候就特立独行，并学会了寻求平衡。

我第一次见到“美味艾拉”（Deliciously Ella）的创始人艾拉·米尔斯（Ella Mills）是在2019年初，当听到她谈论身体平衡对保持健康的悲伤的重要性时，我就意识到我要把她的主张写入我这本书中。乍一看到米尔斯，人们很容易认为，这么成功、美丽、拥有超出她年龄的智慧的人，应该对悲伤这个事不太了解。但成功并不是抵御不开心的堡垒——米尔斯已经做到了平衡，即使它意味着她做的事会让她在同龄人中显得格格不入。

她从小到大都对健康的生活方式没什么兴趣。“这个事从来没在我的脑海中闪现过。”她告诉我，“我曾是个重度甜食爱好者——我曾把哈瑞宝软糖当早餐吃！”她有3个兄弟姐妹，父母一直都很忙碌，长大以后她离家去圣安德鲁斯大学（St Andrews University）学习艺术史。“大学四年是我人生中最开心的一段时光，”她对我说，“和帅哥约会，每天晚上都出去玩——那时我唯一关心的是当晚发生了什么，谁又要去哪儿了。”大学二年级后的夏天，她去了巴黎，开始做模特。然后情况就开始变糟了。

“我突然之间就病得很重，”她说，“甚至下不了床。我花了4个月左右的时间跑了各种医院，咨询了不同的医生，做了所有检查，包括住了10天的院，去看我的身体到底出了什么问题。”米尔斯最终被诊断为体位性心动过速综合征——和 notOK 这款应用的创始人汉娜·卢卡斯一样的慢性病。她发现自己很难告诉别人自己的病情，她说："这个病真的很难说清，我和谁都不想提起它。"于是她开始把自己关起来，情绪越来越低落，直到不久之后，她患上了非常严重的抑郁症，这让她很多年都独来独往，离群索居。

绝望之下，她在网上寻找其他可能有用的方法，然后看到了克里斯·卡尔（Kris Carr）的作品，他是《纽约时报》的畅销书作家，倡导纯素饮食。米尔斯于是开始尝试，感觉好多了。她创建了一个博客，记录她的饮食实验和她学习烹饪的经历，于是便有了现在著名的"美味艾拉"。"我在博客里告诉大家，我之所以想学会喜欢健康的食物，是因为我生病了，我想看看这种饮食是否对我有帮助。"其他人也开始分享他们自己的故事，米尔斯说："你开始意识到，世人皆苦，每个人都需要在各自的人生中披荆斩棘。"这种观念上的转变对她面对苦难很有帮助："你越快接受'生活是不公平的'这个事实，你就越容易感到快乐。我想我一直在努力化解自己的苦闷，但我确实认为这是一种毫无缺点的方法。因为如果你只是保持健康的饮食，比如吃掉世界上所有的羽衣甘蓝，但总是内心纠结，心里苦闷，这也是不够的。你必须同时照顾好自己的身心。你必须正视自己的真实感受，然后接受它，处理它。"

她创建的博客已经吸引了 1.8 亿访问者。2015 年，米尔斯出版了《美味艾拉：你和你的身体一定会爱上的不可思议的食材与食物》（*Deliciously Ella: Awesome Ingredients,*

Incredible Food that You and Your Body will Love），一举成为英国最畅销的料理类处女作。但米尔斯发现，随之增加的媒体关注让她难以忍受。“我虽然感觉自己更强大了，”她说，“但人们开始……在各个方面评论我。如果他们对我所做的事情提一些建设性的批评意见，我是不会介意的，但他们也会对我说‘我讨厌你的声音’‘你真丑’或者‘你真是个作精’这样的话。”她当时只有 23 岁，刚刚开始和她现在的丈夫兼生意合伙人马特·米尔斯（Matt Mills）约会——他是工党议员泰莎·乔威尔（Tessa Jowell）夫人的儿子。他们订婚了，打算开一家连锁熟食店。这样的生活本该是令人振奋的，但恰恰相反，她开始感到极度焦虑。“那是一种被监视的感觉——你突然被推向公众视线，每个人都对你指指点点，随之而来的是一种强烈的脆弱感，而我还没有足够成熟去应对这一切。”她补充说，“那是我有生以来感觉最糟糕的一次。”

然后她的父母告诉她，他们要离婚了。“我们发现我的父亲有婚外情已经很久了，并且是同性恋。”她说，“这个消息太令我们震惊了！我们需要很长很长时间去消化。”然后，她的生意遇到了挫折。“所有的初创企业在不同的时期都会面临不同的挑战。从头开始做一件事并不是那么容易的，我们遇到了一些真正的困难。”她说。就在生意似乎步入正轨的时候——开了两家熟食店，出版了一套食谱，推出了一系列植物性食品，打造了一个不断壮大的社交媒体社区——悲剧发生了。“马特的妈妈突然癫痫发作，被紧急送往医院。

我们后来得知她是脑癌晚期。从那天起，她和我们一起生活了整整 12 个月。”这个不幸事件改变了她看待事情的态度。米尔斯在谈到她已故婆婆时写道：“在我成为这个家庭的一分子之后，我才真正感受到了爱的模样。”

“婆婆带给了我很多启迪。”米尔斯说，“她尽力去享受生活，直到生命最后一刻。我记得那是一个美好的夏日午后，我们一起烧烤，婆婆说：‘你知道吗？今天简直太完美了！’这很有趣，因为她是真的这么想的。”她就快要离开这个世界了，但她依然无比热爱它。“那是最美好的一天，我将永生难忘。这是我人生中很精彩的一堂课：只要我们在一起，就是非常非常美好的一天。尤其是当你知道你往后所剩的日子并没有你希冀的那么多时。那么，为什么不去珍惜每一天呢？”

这也是关于平衡的一课：既不要否认我们的负面感受和生活的悲伤，也要去享受生命中美好的那一部分。

“我有时确实认为继续生活下去并不是最糟糕的事情。”米尔斯说，“我认为我们需要找到一种平衡，这一点很重要，因为豁达是一种非常重要的人生态度，它可以让很多事情正常化。感到焦虑？这太正常了！感到悲伤？这太正常了!！感觉沮丧？这太正常了!!！这些都是再正常不过的人类情绪。我认为，我们越早意识到这是每个人都会经历的感受——不管这个人是谁，也不管他是做什么的——越好。”

“我觉得我们可能会轻易地用发生在自己身上的不幸去定义自己——我也曾这样，”米尔斯说，“但这种做法是不好的。比如说，我曾把自己定义为一个生病的人、一个特立独行的人或者一个抑郁的人。确实，我有慢性疾病。但难道我因此就是慢性疾病本身吗？难道这就意味着我不能做这个或是那个吗？”米尔斯现在强烈地感觉到：“你不等同于你的疾病。”

“你不能掩饰自己的感受，假装它们不存在。你要承认自己的感受，你要承认自己遇到的苦难。但与此同时，你不能让它们来定义你。”米尔斯现在已经出版了5本书，推出了30种植物性食品，创办了一个App，主持了一个播客节目——还在2019年生了个宝宝，取名为“Skye”。“悲伤会一直都在，但你需要带着悲伤，继续好好地活下去。”

心理学家将其描述为“积极的接受”（active acceptance）——这是一种令人舒适的与生活的和解，与我们接受的西方教育大相径庭。它承认生活会抛给我们一个又一个难题，但我们依然选择继续前行，把握好可掌控的一切，尽我们最大的努力，关照自己，也关爱他人（详见第二十二章）。多年以来，我们努力地修复自己，或者试图拥有一切。就这样，我们想要的愈来愈多，因此愈发感到沮丧。不管我们多么努力地工作，不管我们花了多少时间陪伴家人和朋友，我们可能永远都觉得自己做得“还不够”。所以，我们必须找到另外一种方式：从现在开始，接受我们自己和我们所拥有的一切。

为了清晰地界定他对“足够”的理解，哈佛大学的泰勒·本-沙哈尔博士确定了生活中对他的成长至关重要的5

个方面：育儿、亲密关系、工作、友谊、健康。然后他开始在这 5 个领域中寻找榜样——他认识的在其中某一方面表现得很出色的人。“虽然我发现确实有些人在某些方面很出色，但他们中没有一个人能在 5 个领域都是榜样——甚至在大多数领域都不是。”他在《幸福超越完美》一书中如此写道。[14]

这刷新了我们的认知。不妨试着想一下，某些人在某方面拥有令你非常渴望——甚至嫉妒——的东西。然后看看他们在其他你觉得重要的方面是不是同样优秀呢？很可能不是，甚至差得很远。对我而言重要的 5 个方面和本-沙哈尔博士的差不多——我认识的人中没有一个人在育儿、工作、亲密关系、健康和友谊几个方面都是赢家。这也是一个有用的练习，可以帮助我们重塑人生观，坚持一些自我主张，管理好自己的期望，找到平衡，并珍惜我们目前所拥有的一切。因为，我们都可以借此舒适地与生活和解。

基于自己的研究发现，本-沙哈尔为自己的人生制订了一个个性化的计划。他问自己：在生活的每一个关键领域，让自己感到满意的最低限度是什么？然后他发现自己可以不用下班之后继续工作；每周可以跑 3 次步，练 2 次瑜伽；每周可以和妻子在晚上约会 1 次，和朋友在晚上出去玩 1 次。这样他一周还剩下 5 个晚上可以陪伴家人。如此一来，他实现了工作与生活的平衡。他承认，这确实与他最初的完美主义理想相去甚远，但这已经足够了！

于是，我也试着在我可用的时间范围内做同样的事（事实上，我家里几个孩子还小，需要我帮他们擦屁股）。我的个人自由时间不像本-沙哈尔那么充沛，但我做到了基本的要点，合理安排好了时间，然后我发现这个办法挺有用。

我们都需要找到平衡，以便健康地悲伤。我们都需要保持平衡，当我们情绪低落的时候。不，它可能不那么令人振奋，但它可以阻止我们陷入绝望的深渊。这是一个非常值得的目标，对今天、明天以及余生的每一天来说都是如此（举杯，致敬）！

第二十二章　赠人玫瑰，手有余香

如果你很伤心，却只是自顾伤心，很可能你会一直伤心下去。而且这种伤心也不是那种好的伤心，而是那种让人心烦意乱、惊慌失措的伤心——会让你变得疑虑惶恐、优柔寡断，甚至开始自问："生活中就没有比这更重要的事情了吗？"如果你已经在这么问自己了，那么我的回答是"是的"以及"别担心"。然后我要告诉你："牵着我的手，让我们共同面对吧！"因为要想健康地悲伤，我们必须停止顾影自怜，去为他人做点什么。

如果说2020年教会了我们什么，那就是什么都不做并不可取。一旦我们得到休息，身心状态恢复如初甚至更好之后，我们就必须在社会生活中挺身而出——无论是缝制口罩，帮邻居送东西，捐赠，抗议，或是做以上提到的所有事情。我们现在都是积极的一分子——至少，我们应该成为那样的人。

"黑人的命也是命"运动传递给我的一个重要信息是，作为一个白人盟友，我或者我们，必须做得更多。从新冠疫情对黑人的巨大影响，到黑人在经济、社会和住房方面遭遇的不平等，再到对乔治·弗洛伊德被残忍地杀害，我们可以看出，仅仅做一名反种族主义者是不够的。身为白人，不是我的选择，但现在要做的事情却是我可以选择的。我不由得重新回顾了自己作为白人的前半生——在我成长的文化中，许多门为我敞开，仅仅因为我的肤色。我承认自己从整个社会体制和结构中受益颇多，并清醒地发现，不只是那些遭受种族歧视的人们需要振臂一呼，这是每一个人的担当。

我在努力学习，以找出前行的最佳道路。我的第一反应是向周围的黑人寻求更多的帮助。但我很快意识到，把思考自己要做些什么这种情绪劳动外包出去，本身就是问题的一部分。“我们累了。”农普梅莱洛·孟吉·格美恩说，她在 Medium 平台上发表了一篇犀利的文章，题为“亲爱的白人：现在你知道你无法假装自己不知道”。[1]“我们依然在努力做一些事情，让那些有意援助我们的白人知道他们能帮上什么忙，”她说，“但这些事情非常艰难，也很耗费心血。”我懂了，我得依靠自己。格美恩确实提供了一些她很乐于和我分享的建议，比如定期向诸如黑人的命也是命（全球官网：blacklivesmatter.com）、公正司法倡议（Equal Justice Initiative）、前进（MoveOn）、改变的颜色（color of change）、黑人未来实验室（Black Futures Lab）、保释计划（Bail Project）和美国公民自由联盟（American Civil Liberties Union，ACLU）等组织捐款。她还主张：“和有色人种一起去参加抗议，如果可能的话，挡在他们和警察之间。抵制那些只在口头上支持‘黑人的命也是命’运动的美容和时尚品牌，直到他们为了留住所有顾客而妥协。如果你能投票，那就投票吧！当你的黑人朋友想向你分享他们的遭遇或试图纠正你的时候，那就好好倾听吧！”我尝试照做了，以后也会继续做下去。我们的生活需要“班图”精神，我们需要为他人挺身而出。为他人挺身而出，我们责无旁贷——这是流淌在我们血液中的本性。

“如果你想让别人开心，就要有一颗慈悲之心；如果你想要让自己开心，也要有一颗慈悲之心。”利他主义已经被反复证明对我们是有益的。[2] 研究显示，做志愿者工作可以让我们感觉更好，[3] 帮助他人会改善我们的人际关系网络，有助于让我们变得更加积极。[4] 花费时间为他人做一些事情，反而会让我们感觉自己拥有更多的时间。在一项由宾夕法尼亚大学、耶鲁大学和哈佛大学共同组织的研究中，研究人员比较了把时间花在别人身上和花在自己身上的感觉，以及意外获得空闲时间和浪费了时间的感觉。他们发现，花时间在别人身上容易让我们感觉时间变得更充裕了。[5]

把金钱花在他人身上也会产生类似的效果——我们不会因为给别人花钱而感觉自己更穷了，相反，我们会觉得自己更加富有了。哈佛大学的研究人员发现，无论我们在世界上的哪一个角落，无论我们的收入或社会经济地位如何，“亲社会支出”（prosocial spending）都会让我们感觉更良好，让我们觉得自己更慷慨。[6] 捐款给慈善机构也会让我们感觉良好，哈佛商学院2010年的一项研究表明，捐款给慈善机构带来的幸福感提升等同于家庭收入翻倍带来的幸福感提升。[7] 另外，这还会带来积极的反馈循环——我们未来更有可能在别人身上花钱。[8] 所以，亲社会支出是可以增加幸福感的，还可以鼓励人们有更多的亲社会支出，这反过来又会增加自己的幸福感，如此循环往复，形成一个良性循环。

美国经济学家詹姆斯·安德烈奥尼（James Andreoni）提出了一套完整的经济学理论，即“温情效应”（warm-glow giving），用来描述为他人付出而获得的情感回报。[9] 核磁共振扫描显示，我们的大脑会因为为他人付出的快乐而闪闪发光——从“做好事”中获得的发自内心的愉悦也被称为“助人者的快感”（helper's high）。然而令人惊讶的是，现在帮助他人的人越来越少了。根据英国国家统计局的数据，英国过去10年的志愿服务人数下降了15%，[10] 在最近20年中，越来越少的美国人参与志愿服务活动和捐赠活动。[11]

从小到大，我接受的天主教教育充满了行善助人的小故事，从著名的撒玛利亚人①到“爱你的邻居”②，或者抹大拉的玛丽亚③用头发把耶稣的脚擦干。当然，《圣经》中也有很多有条件的付出的例子：为别人做一些好事，因为这样可以得到“上天堂”的回报，[12] 或者因为“如果我们不这样做，上

---

① 来自《圣经》的一则故事。撒玛利亚人为犹太族的分支，在耶稣时期，犹太人蔑视撒马利亚人，认为他们是混血的异族人。有一次，一个犹太人被强盗打劫，受了重伤，躺在路边，有祭司和利未人路过但不闻不问，唯有一个撒马利亚人来到路边将他救起，并照顾他。——译者注

② 这是耶稣的教导。

③ 抹大拉的玛丽亚（Mary Magdalene）是耶稣最忠实的门徒，她用忏悔的眼泪为耶稣洗脚，再用密软的黑发把它们擦干。——译者注

帝会生气的”。[13] 但也有一种观念认为，我们之所以要行善，只是因为我们应该如此。年轻的时候，我当过一家名叫“帮助长者”（Help the Aged）的组织的志愿者［印象深刻的一次是和特雷莎·梅（Theresa May）一起，当时她还只是温莎-梅登黑德的一个议会议员］。当我有能力的时候，我会尽我所能地去做好事。

只是在过去几十年的流行文化中，“do good”（做好事）被一个带有贬义色彩的词取而代之了——“do-gooder”（帮倒忙的人）。帮倒忙的人是被嘲笑的对象［想想动画片《辛普森一家》（*The Simpsons*）中的内德·弗兰德斯］。当我们变得更加个人主义时，“各人自扫门前雪”就会盛行，没有人会想再做一个“做好事的人”——或者更糟糕，没有人会再去多管闲事或者对别人的事表示感兴趣。助人为乐作为一种体现社会责任感的观念已经过时了。但这是严重的失策，因为我们应该多关心他人的事情，甚至在有些情况下需要去多管闲事。

宗教历史学家凯伦·阿姆斯特朗（Karen Armstrong）呼吁我们回归“黄金法则”，即我们应该积极融入社会，待人如待己。在她 2009 年发表的 TED 演讲中，[14] 她提到世界上所有的主要信仰都以“慈悲之心”为核心概念，每个信仰都有自己的“黄金法则”。“孔子是第一个提出‘黄金法则’是‘所有道德的源泉’的人，比耶稣早了 5 个世纪。”阿姆斯特朗说。她敦促我们伸出援助之手，为他人做点什么——出于一颗慈悲之心，出于对他人的共情。这是本书中许多人愿意接受我的采访的原因，他们带着自己的伤痛继续前行（而非彻底忘记伤痛），并试图帮助他人。

男性不育症的代言人理查德·克洛西尔现在正在努力鼓励与之同病相怜的男性敞开心扉，并且他在Facebook上开设了一个互助支持小组，为那些不孕不育的人提供帮助。“我当初经历这些伤痛的时候，什么资源都没有——我找不到任何帮助。”他告诉我，“所以，我希望当其他人也经历同样伤痛的时候，不会像我那样孤独无助。”

自从儿子威廉去世后，玛丽娜·福格尔就成了汤米（Tommy）组织的声援者——这是一家资助流产、死产[①]和早产研究的慈善机构。她告诉我：“和汤米这家组织一起工作简直太棒了。我去见过那些研究人员，当时他们正在研究为什么有些婴儿会死产，研究母亲的胎盘，以找出健康出生的婴儿和非健康出生的婴儿到底有什么不同。”她还是英国丧子基金会（Child Bereavement UK）的赞助人——这家慈善机构主要为丧子或即将面临丧子之痛的家庭提供帮助，并为相关的专业人士提供培训。“我希望威廉还活着吗？当然了。”她说，“但是我愿意把这次伤痛让我学到的一切归还吗？这段经历不仅给我和本带来了力量，也帮助我们更好地与彼此、我们的孩子们和我们的工作伙伴沟通，还让我们开始与这些了不起的组织一起工作，并有所收获——所有这一切，我愿意失去吗？不！现在我不想。”她还补充道：“能够做点什么，这

① 死产是在妊娠满28周后（如孕周不清楚，可参考出生体重达1千克及以上），胎儿在分娩过程中死亡，称为死产。

感觉很美妙。”

当我们感到悲伤的时候，我们可以很好地帮助他人，因为相比在快乐的状态下，在悲伤的时候，我们会更富同理心，我们的头脑也更清醒。“基本归因误差”（fundamental attribution error）是指当别人犯错误或者说错话的时候，我们许多人往往会认为他们是故意为之的。[15] 而当我们悲伤的时候，我们就不太可能把他人看得很糟糕。当我们悲伤时，也不太容易被“光环效应”（halo effect）迷惑双眼——“光环效应”是一种认知偏见，我们会认为某些人——通常是漂亮[16]或成功的人——是不会犯错的。而悲伤能让我们在看待他人的时候不那么抱有偏见，我们似乎会本能地理解：每个人都会犯错。所以悲伤可以帮助我们更加准确地识人断势，可以让我们更加专注地思考问题。当我们悲伤的时候，我们可以更好地帮助他人。

丧父俱乐部的非自愿成员杰克·巴克斯特和本·梅就是很好的例子。梅与巴克斯特和另外一个朋友一起创立了一个名为“新常态”（New Normal）的慈善组织，[17] 它旨在打破对悲伤的禁忌，试图告诉人们“感到悲伤是正常的”。作为一个被认为是“代替治疗的独特选择”，新常态将那些需要支持或正在经历伤痛的年轻人聚在一起。它就像是前文中提到的“伙伴互助计划”的变体，任何一个经历悲伤的人都有机会参与定期谈话和会议。“不管你是谁，如果你正在经历悲伤，你就需要帮助。”梅说，“你可能失去了一个家庭成员，但是每个人的经历都是不同的，所以可能向你的家人倾诉未必是最有帮助的。但房间里可能有其他人——一个值得信任的陌生人——懂你，因此可以帮助到你。这就是伙伴支持的力量。”对于巴克斯特而言，他的目标是让关于悲伤的对话正常化。“这项任务太艰巨了！”他说，“但一切都是值得的。”梅想指出的是：“我们自己也搞不清所有的答案。但我们这么做，是因为这是我们应该去做的，因为它可能会帮助到他人。”巴克斯特表示赞同：“这是显而易见的，像我父亲48岁就去世了，对这个世界没有任何影响——”但是梅纠正他道：“这个组织就是向你的父亲证明——你就是你自己。”现在的我们都是千疮百孔、有待修复的。

我们应该帮助他人，因为这是正确的事情，而且我们是有道德感的人——这个词听起来可能比较老派。但我们每个人都应该有是非观，以及最重要的善恶观。

在约书亚·贝克尔刚创建 BecomingMinimalist.com 这个宣传极简主义的网站不久之后，他就面临着一个悖论。他以自己的经历写了一本书，这引发了9家出版商之间的竞价大战。“所以我们知道，我们得到的版税收入会比之前预期的要高。”他告诉我。贝克尔是个非常感性的人，不太愿意谈论金钱，但自从《少即是多》[18]（*The More of Less*）这本书成为《今日美国》（*USA Today*）的畅销书之后，版税收入的金额是相当可观的。“在我看来，使用这本书的版税收入简直虚伪至极——我要用它来干什么呢？买更多的东西？可这却是一本讲断舍离的书，这感觉太矛盾了！”于是他用这笔版税收入成立了一家名为“希望效应”（Hope Effect）的机构——这是一家正统、老派、博爱的慈善机构，旨在改变世界对孤儿的关爱方式。

贝克尔的妻子在医院出生后不久，就被她的生母遗弃了。随后，她立即被一个好心人领养了，并在一个有爱的家庭中长大。但是贝克尔知道，并不是所有孤儿都有同样的幸运。“事实上，只有不到 1% 的孤儿被收养。”他说，“我们都知道，几十年来，大多数孤儿院对待孤儿的方式都是有问题的，因为忽视对大脑的发育是非常有害的。所以，我们希望通过希望效应让孤儿体会到家庭的温暖。”因此，希望效应打造的是小型的家庭，每个家庭由一对父母和 6 到 8 个孩子组成，而不是那种大型的集体机构。用现代眼光看，这个规模属于大家庭，但它毕竟是家庭。“这样，孩子们会得到更多的个人照顾和关注，也会感到更加稳定和安全。”贝克尔说。目前，希望效应已经在洪都拉斯和墨西哥为当地的孤儿提供了近 100 个家，离贝克尔现在居住的地方只有几个小时的车程。在研究世界各地的孤儿院的时候，他给我分享了一家墨西哥孤儿院的故事，在那里，孩子们被鼓励为他人做一些事情。当我开始担心这一切是不是有点狄更斯笔下的雾都孤儿的色彩的时候，他澄清说：“他们这样做是因为这些孩子是在最糟糕的环境中长大的——他们习惯了把自己当成受害者。但是当他们开始为他人付出的时候，他们发现自己是有东西可以奉献给他人的。通过帮助他人，他们意识到自己可以摆脱受害者心态，所以他们对自己的感觉会更好。”贝克尔说，现在这已是他生活态度的核心信条：“我现在做的每件事都符合这种世界观。”如果我们想要感觉好一些，那么就去为他人做些事情吧！我们传递出去的是我们的善意和助人行为——而这真的是可以传染的。

加州大学圣地亚哥分校和哈佛大学的研究人员发现，合作行为具有传递性。当有人为我们做了一些事情时，我们更有可能转而去帮助他人，由此创造出一种“连锁反应式合作”（cascade of cooperation）。[19] 所以我们的善意行为是会传递给素未谋面的陌生人的。[20] 正如《伊索寓言》中的一句话：“任何善举，无论多小，都不会白费。”

我们的善良程度并不是一成不变的，研究表明，同情心和耐心一样，是可以通过训练培养出来的。[21] 我们每个人都可以学会变得更加善良——我们需要的只是，在某一个瞬间开始。

在和家人以及来自世界各地的朋友和同事交谈时，我注意到，那些看上去最有亲和力的人，也是身心最为健康的人，都会经常做一些帮助他人的事情。其中一位在当地的庇护收容中心做志愿者，另外一位充分发挥了她的手艺特长，用钩针编织了一些有助于安抚儿童情绪的章鱼。比如我的孩子（双胞胎）当初在医院的婴儿特殊护理病房的时候，就是手握这些章鱼玩具获得了安全感。自章鱼计划（Octo Project）开始以来，现在已有来自世界各地的志愿者工匠们加入其中，包括瑞典、挪威、冰岛、法罗群岛、德国、比利时、荷兰、卢森堡、法国、意大利、土耳其、克罗地亚、澳大利亚、美国和英国。我不会用钩针编织，但如果有任何读者想尝试一下，都可以参考本书的注释提供的标准编织方法，并将你的编织作品捐赠给新生儿病房。[22]

医生出身的幽默作家亚当·凯为摇篮曲基金会（Lullaby Trust）筹集资金，这家非常特殊的慈善机构旨在减少婴儿猝死综合征的死亡人数，并为丧子的家庭提供帮助。凯在走遍全英宣传他的《绝对笑喷之弃业医生日志》一书期间，为摇篮曲基金会举办了不少慈善募捐活动，共筹集了10多万英镑的善款。“这家慈善机构的工作非常了不起，可以帮助到那些处于人生至暗时刻的人们，能够尽自己的微薄之力筹集到善款，我感觉非常自豪。”他说，随后又补充道，“我知道，服务热线和他们对丧子家庭起到的帮助对这家慈善机构来说非常重要，他们所从事的研究也非常有意义。”他说得没错，婴儿猝死综合征的死亡人数现在已大幅度下降，而摇篮曲基金会现在每年可以帮助到530个左右的家庭。[23]

情绪历史学家托马斯·迪克森试图帮助孩子们了解自己的情绪。他正在英国的中小学做一个“带着情绪生活”的项目，并开设了一系列课程，他希望这些课程是健康、有益的，还鼓励我们的下一代更早地开始面对他们的悲伤。我们都可以做点什么，来让我们能够正常地讨论我们的情绪——无论是好的还是坏的。我们可以鼓励大家表达自己的感受，坦诚地面对自己的内心。我们都可以为他人做点什么，不是因为我们可以从中得到什么，甚至不是因为它可以让我们感觉更好（尽管确实如此）——而是因为这是正确的事情。

“我认为善举具有内在价值，不论这个行为会对行善者本人产生何等情绪上的影响。”心理学家兼哲学家斯文·布林克曼解释道。他认为：“你应该做好事，并不是因为这会让你感觉良好，而是因为这个行为本身是好的。现在我们经常会想，它会给我们带来什么好处呢？或者我们在做一件事情之前会进行成本-收益分析——我们都是理性的利己主义者，我们去做一些看似非利己的事情，仅仅是因为它们对我们有好处。但这是一种选择，我们依然清楚什么是善。”

我很想相信他说的这番话（事实上，我也相信），但是……我们真的清楚什么是善吗？我们总是很清楚什么是善吗？

“是的。”他回答，“我倾向于引导人们从一些日常小事做起，这是他们都很熟悉和了解的，他们可以从中看到行善的内在价值。比如花时间陪伴孩子。”

在这里我要指出，许多人这样做是因为这可以带给他们快乐，他们担心如果不这么做，孩子们就会在心理上受到伤害。

他承认，当涉及孩子的问题时，人们的动机可能会变得复杂。

“那好吧，”他说，“就像一个善良热心的撒玛利亚人那样去帮助有需要的人吧，不管撒玛利亚人是否得到了什么。如果你出手救援正在溺水的人仅仅是因为你想表现得善良，那就太讽刺了！你救他只是因为你需要这么做，这是道德规范。”

他说，当他解释这一点的时候，大多数人都明白了，并接受了他的思维方式。“这并不是要否认行善可以让我们更快乐这个事实——这一点是我们需要明确的。”布林克曼说，“行善确实能让我们快乐，但那不应该成为我们行善的动机。”

我想起了那些我认识的喜欢行善助人的人们，即使这样做可能对他们并没有好处，比如我的婆婆。在退休前，她一直是残疾儿童理疗师。有些孩子们的病情很严重，在未成年之前就离开了这个世界，我婆婆总是会去参加他们的葬礼，并去他们家里看望他们的父母。她本不必这样做，这不是她工作的一部分。这件事当然也不有趣，她这么做是因为这种行为是善良仁慈、富有同情心的，这是应该做的正确的事情。

“斯多葛主义的基础是责任感。”布林克曼反思道，“斯多葛学派认为，你应该成为一个世界公民。”但是斯多葛学派有一个领域，他表示不敢苟同。他认为:“斯多葛学派对个人的控制太多了——‘你无法掌控外部世界，因此你要掌控好你的内心世界’。”这种哲学我倒颇为赞同，我告诉他。“但它忽略了一个事实，那就是我们的生活更多的是受到社会和人际关系的影响。”布林克曼说，“我们不应该只建造自己的心灵城堡，还应该打造强大的社会支持网络。我们需要开始一种社会化的斯多葛主义。”这时，我忍不住想到了丹麦人。但她认为，即使是丹麦，在把做好事变成一种集体的努力方面仍然有待更进一步。“在丹麦，我们希望个体拥有强大和坚忍的特质，”布林克曼说，“但是建设一个强大和坚忍的社会方是更佳的选择，这样我们才能齐心协力，众志成城。”这个愿景实在令人心向往之，尽管布林克曼对他的祖国丹麦不无诟病，但我还是觉得丹麦在这方面比大多数国家做得都更好。高税收使之成为得以照顾好每个公民的高福利国家（至少理论上如此）。我们纳税是为了帮助那些比我们更加弱势的群体——不是因为我们认识他们，也不是因为助人一事能让我们心头涌上暖意，而是因为这是我们应该去做的正确的事情，是善举，是我们义不容辞的责任。正如迈克·维金所说：“我认为我们在道义上有义务去关注那些幸福最为缺失的群体，去弥合差距，因为相对于经济上的不平等，幸福方面的不平等对我们如何感受自己的生活有更大的负面影响。”

这条路任重而道远。把双手插进裤兜，悠闲地吹着口哨，可不是我们应该做的。我们必须去关心他人，伸出援手为他们做点什么。我们不必捐出几袋面粉或者加入维和部队来改变世界（虽然我们可以这样做），我们可以做一些微小的善举去帮助有需要的人。当新冠疫情让世界的大部分地区被封控，弱势群体因此面临着更大的风险时，我们可以帮他们购物（比如面包和牛奶），上门探访他们。我们这里谈论的不是超人的壮举，而只是做一个好人。我们全人类都因这场疫情获得了全新的认知，并认识到了什么才是对我们来说真正重要的东西。我们需要坚持下去，因为这场大流行病的创伤将会持续一段时间。

当听到有人说“我很害怕”时，我们要伸出援手，这是作为人类的一员人义不容辞的责任。当知道有人生气时，我们要找出他们生气的原因，尽量帮助他们。我们要对症下药。但如果有人悲伤呢？我们就任其悲伤吧！我们要对他们表示抱歉，然后告诉他们接受悲伤，并且无须修复它。

此次全球性疫情让世界前所未有地沉重。尽管悲伤，但我们彼此联结——我们共同经历、共同见证了这次全球性危机事件，我们可以互相感同身受。

在过去的10年中，我资助过别人参加马拉松比赛，捐过款给慈善机构，在我的遗嘱中，我将摇篮曲基金会列为我的主要受益人（目前，我的财产包括一个经常被我光顾的书架和一双漂亮时髦的高帮鞋，但人总得有希望吧……），而现在，我想做得更多。在写本书的时候，与亚当·凯和珍妮·沃德（Jenny Ward）的交谈使我意识到，我可以——并且应该——做得更多。我发现有一个领域或许我能帮得上忙，于是我报名加入了一个帮助那些经历过婴儿猝死综合征的家庭的机构，去帮助那些有兄弟姐妹在年幼时去世的人们——他们通常会因为年幼的兄弟姐妹去世而感到迷惘、失落、无所适从。正如沃德告诉我的："很多人会因此感到内疚和羞耻，并多多少少觉得作为兄弟姐妹，自己的悲伤不是那么合理和正当。但我们现在知道，它的影响将会是终生的，它将会一直存在下去，久久萦绕在你的心头。"她说的没错。"你可能忍不住会想：他们（死于婴儿猝死综合征的兄弟姐妹）如果到了这个年纪会是什么样子？他们会不会已经结婚了？他们会不会已经有自己的孩子了？如果现在有一个成年的兄弟姐妹和我在一起，那会是什么感觉？”

所有这些问题我都想过，我想的甚至更多。但现在，至少我希望，我允许这些想法生根发芽。到目前为止，我已经经历了所有的感受——也在一一面对它们。“这一点很重要，因为我们不希望当讲到一个人的人生故事时，会有人特别被触动。”沃德说，“我们需要等待，直到他或她平静下来。”

我想为别人做点什么。我愿意伸出援手。我已经做好了准备。

后　记

我正步行去伦敦一个很酷的区的车站，它看起来和伦敦其他区大同小异。一家连锁餐厅被刷成黑色，而且不知为何，上面还有一幅壁画，是两只海鸥在砍一个洋娃娃的头。这画也太前卫了！但随即我想起了家里孩子们的那些疯狂的游戏，我想他们了。

曾几何时，我一心只想远远地离开家，跑到一个永远没有手机信号的地方，在一顶帐篷里露营。但当我此时真的离开了家，又忽然很想和家人在一起了。为了缓解自己心里的内疚，我用 FaceTime 发起了视频通话。出乎意料的是，这次他们竟然立马从一堆东西下面找出了 iPad，并接听了我的通话。

T 把 iPad 放在厨房的餐桌上，然后我就看到，双胞胎之一打扮成了狮子的样子，牛奶从嘴里流了出来；而另一个身上沾满泥巴（我希望是），正在吃手里的煮鸡蛋。我离开家的时候天还黑着，他们都还没起床。我只不在了 5 个小时，整间房子看起来就像被盗贼洗劫过一样，那画面简直就像《蝇王》中的坏小子们遇上了萨尔瓦多·达利[①]的珍贵画作一样！

“很想我们吧？”T问道，他的脸上还涂着一层小丑的油彩，这画得也太业余了！

我点点头。

那个5岁大的孩子只穿了条裤子，坚持要和我说“悄悄话”，他对我说：“我想给你看看我卧室里的一个秘密。”

好——吧……

阳光照在他红褐色的头发上，他抓起iPad，蹦蹦跳跳着上了楼梯。他那结实的小小的身体有如金秋般璀璨，又如一颗巨大的太妃焦糖一样闪闪发光。

他环顾四周，然后狡黠地小声说道：“看到那个空隙了吗？就在我的小床和墙之间。你知道我放了什么东东在那里吗？”

“我不知道。”

“是——妖怪！”

“哦！”

“旧的我不再需要了！自从你告诉我不要把床贴墙放，我就开始把它们放在这里了。”——确实，我是这么说过。

太棒了！不过你爸爸以后可就有的忙活了……

就在这时，一只鸽子在我身上拉了鸟屎（说明我是幸运儿吗？），儿子看到了非常开心，我赶紧找东西擦干净，和

① 萨尔瓦多·达利（Salvador Dalí），西班牙著名超现实主义画家。——译者注

他说了再见，然后挂断了通话。虽然被一只小鸟搞得脏兮兮的，但我的内心充满了爱意。抬头看看太阳，我顿时热泪盈眶。

人生的每个阶段都有不同的挑战。新生婴儿很艰难；大点的宝宝也很艰难；我敢肯定，再大点的孩子只会面临更新、更大的问题。成年人呢？在任何一个成年人的字典中，都没有“容易”两个字，养儿育女、经营婚姻、处理各种人际关系问题，在成年人的生活中有各种事情等着你去应对，其挑战性更大。世上无易事，但我们还是得去做，尽管面对这一切的时候，我们难免感到悲伤。痛苦与悲伤，自有其深意。如果我们感到悲伤或害怕，那是因为我们在乎，所谓关心则乱。我们需要去感受涌上心头的各种情绪，并学会与痛苦和平共处——而不是去否认它，或者麻醉它。我们需要摆脱精神枷锁，不再以悲伤为耻，而是允许自己去感受它。学会与自己的不适感受共存。锻炼自己，以增强自己对悲伤的适应能力。感觉难过？也还好啦！感觉难堪？习惯就好了！小菜一碟，真的。

教会自己在低风险的环境中承受痛苦，可以让我们为随时可能冒出来的更大困难做好准备，帮助我们迎接悲伤——那悲伤有如直击膝盖后部一般痛彻心扉。我们都曾为悲伤煎熬，或者在似水流年的平凡生活中常常得非所愿，内心伤痕累累。人生就是一连串的失去，而爱情也许是其中最大的风险。没有人能免于痛苦，认为成功、金钱或 Instagram 上拥有大批粉丝就是万能的解药，这种想法简直太愚蠢了！我们谁都不会一辈子圆满无憾。正如T（一个冷静的约克郡人）喜欢提醒我的那样："我们没有一个人可以活着离开这个世界。"好啊，我接受！

悲伤是人生常态，自有其深意。如果我们允许悲伤，那么当事情出差错的时候，它可以提醒我们。如果我们一心只想追求快乐，害怕悲伤，我们的感觉反而会更糟糕。但是当我们全身心经历过一场失去时，反而会得到一种全新的感觉——我们会感到自己真真切切地活着，并且与这个世界重新发生关联。当我们抑郁的时候，我们经常会对自己的情绪感到麻木。抑郁症是一种慢性精神疾病，需要来自外界的帮助。而悲伤是可以被唤醒的。在悲伤中有一种自由，而当我们一心一意只想回避悲伤时，是无法感知到这种自由的。悲伤是一种暂时性情绪，当我们受到伤害或者生活中出现问题的时候，我们就会感受到它。悲伤是一种信息，如果我们拒绝倾听，它便有可能变得面目狰狞。所以我们都需要学会好好地悲伤。我们需要并肩前行，过一种有意义的人生。

我乘火车去和我妈妈会合，到达时发现她已经站在那儿等我了——我一到那儿就看见了她那顶红色贝雷帽，退休以后她总是戴着这顶小红帽（为此我给她点赞，这很有珍妮·约瑟夫[①]的范儿）。我们走向她的车，车也是红色的，我妈妈哼起一首曲子，我没有一下子听出来是哪首歌。她看起

---

① 珍妮·约瑟夫（Jenny Joseph），英国诗人，她有一首诗，诗文是这样的：当我成了老太太，要穿紫衣服 / 戴红帽子，不搭配，也不衬我 / 挥霍养老金，买白兰地、夏日手套 / 和绸缎凉鞋……

来有点紧张，好像在用欣喜掩饰内心的那丝紧张。

“一路坐火车过来还好吧？”

“还行，谢谢。你假期过得怎么样？”

“好极了，谢谢！我们一起去参观了饥荒博物馆，然后在一家超大的维特罗斯超市里喝下午茶。”这里“我们”指的是妈妈和她的新任丈夫。在这个荒唐的世界里，她经历了各种苦难，最后终于遇到了与之相恋的另一半，她决定与他共度余生。我真心为她感到高兴。

“听起来不错。”我说。

她开始上下打量我。

“你一直是自己剪头发吗？”

“没有啊！你怎么这么说？”我捋了一下头发，感觉受到了冒犯。今天早上，我一直没来得及梳头……

“你没有自己剪过头发吗？”她握了一下我的一缕头发，“没有再给自己剪过头发？”

我上次自己剪头发还是在6岁的时候。这个“再”信息量还挺大。

“没有啦！”我挣开了她的手，上了她的车。

我们默默地驱车前往以前曾经多次去过的墓地，它就在一个橄榄球场旁边。有一年冬天，那还是我十几岁的时候，我大部分周末时间都在追求一个男孩，他比我大一岁，是本地球队的球员（那年冬天很冷，唉，我的那次爱情当然从始至终都是单方面的）。我们停好车，走到外面，一时百感交集，万般滋味涌上心头：人生，是如此复杂多变，一言难尽。在这里，我们目之所及，除了墓碑，还是墓碑。但是在某个角落，我们知道，有一座我们家的墓碑。此刻，我感到的悲伤唯有自己能懂，同时却又觉得每一个人都在和我一起悲伤。我的内心从未如此刻这般沉重。但我并没有把这种情绪强行赶走，而是试着驾驭它。这个过程很痛苦，但我还是去做了，然后，我感觉好多了。

绿树依旧在，在默默等待，但这里四下寂静，悄无人声。我们这次来也并不着急，一切都慢慢来。

“你上次来这里是什么时候？”我问妈妈。

她记得好像是在我们来这里埋葬我外祖母的时候。这么大的事？但我完全想不起来在墓地发生过这事了，毕竟这么多年过去了。一转眼，30 年呼啸而过。

“我也不知道，为什么后来我一直没来这边。”她欲言又止。我们都知道原因：来这里的感觉太过苦涩了。不过，不管怎样，我们现在还是来了，一起来了。我们沿着路标走到儿童区，这世上再也没有比这里更哀伤的地方了。

“你还记得……”我开口问道，不知道该如何表达，“具体在哪个地方吗？”

妈妈摸了摸鼻梁，摇了摇头。

“我记得好像……”她慢慢地说，“有个……灌木丛？”

但那已经是几十年前的事了！当初的灌木丛，现在都已经长成参天大树了吧？我们在一排排白色的墓碑间穿行，它们沐浴在阳光下，闪闪发亮，整齐干净，四周摆满了鲜花。看得出来，这些墓碑得到了精心的照料。大约 1 个小时过后，地面变得杂草丛生，我们默默地在那些灰色花岗岩的墓碑上搜寻主人的名字，又整整找了半个小时。起初是一片片整齐的小草，然后是逐渐变得凌乱、布满了荆棘和野花的杂草。在这个过程中，我并没觉得心烦，反而为这些已经逝去的小生命感到心安——他们已经尘归尘，土归土，回归到大地母亲的怀抱中安息了。我看到了一个单身母亲，她失去了一个叫“托马斯”的男孩。一个叫“爱丽丝”的女孩和我妹妹去世的时候一样大。然后，在一片青翠的青苔中，我看到了字母“S”。名字的其余部分都被掩盖住了，好像被大地收回了很久一样。我跪下来，拨开那些青苔，青苔瞬间脱落，露出字母“O”和“P”。

“我想我找到苏菲了！”我告诉妈妈。

覆盖剩余字母的草丛就不那么容易拨开了，我意识到我得把它们挖走——我得挖我妹妹的坟墓。

“我带工具来就好了，”妈妈心烦意乱地嘟囔着，“我本该带工具来的。”

你怎么可能知道？

我们四处看看。别无他人。我试着扒拉那些泥土，刮掉那些青草和青苔，直到感觉我的指甲快要掉下来了。妈妈也试着帮我，但她有关节炎，所以只能作罢。棍子？用棍子行不行？但这里没有棍子。我的鞋呢？我无法想象自己用脚踢妹妹的坟墓，于是我找了一下自己的钱包，里面有一张捐献卡、一张银行借记卡和一张英国航空公司的里程积分卡。这绝对是一个超现实的时刻，我慢慢地把那张蔚蓝色的英国航空公司的里程积分卡抽出来，慢慢地、有条不紊地刮掉那些青苔、青草和泥土，直到那几个字母逐一显现出来。

S、O、P、H、I。

“最后一个字母‘E’呢？”

“哦，是啊……”

“什么？”

“她的名字。”

我刮出了最后一个字母“A”。

“是‘A’？”

我妹妹的名字是“Sophia”。

“简称‘Sophie’。”妈妈告诉我（数学一向不是我们家人的强项）。40 岁这一年，我找出了我妹妹的名字，我也知道了她的中间名是“Russell”——这个名字不正是我 18 岁那年，为了宣告和爸爸彻底决裂，给自己取的名字吗?！这个名字，也是我给所有我的孩子取的中间名，是连接我们彼此的另一条线。而之前我对这一切竟浑然不知！一阵悲伤涌上心头，妈妈站在那里，一动不动，随后，她用双手捂住了双眼。我伸出手，她把我拉进怀中，用力拥抱我。不知过了多久，我们分开，原地伫立，抬头看向太阳。

“很高兴我们都来了。”她说。

“我也是。”

我们俩都不急着离开，于是坐了下来。我在包里找纸巾（此刻我们都需要），还找到了两个橙子、一个吃了一半的花生酱三明治和一块森贝儿家族的兔子巧克力——这些都是从家里带来的，让我想起了家。是的，我的家。此刻，我无比感恩，感恩自己所拥有的一切，并决心轻松对待未来，我知道人生中的每一刻都充满未知。但至少现在，我们很好。

我和母亲坐在妹妹墓碑旁的草地上，此刻，我很伤心，但这是一种健康的伤心。我们学会了给悲伤开门，让它进来，并接受它可能会在这里停留一段时间的事实——甚至，可能永远都不会离开。但这并不是说我们从此就不会快乐了——悲伤、快乐，我们可以同时拥有。生而为人，命中注定，天意如此。

此刻，我忽然有一种冲动——把鞋子脱下来，去感受绿意茵茵的草地。于是我脱下了鞋子。我妈妈也是。

然后，我们开始吃橙子。上空，阳光灿烂。

致　谢

对于酝酿如此之久的一本书，我需要表达感谢的对象实在数不胜数，以至于一时竟不知从何说起。或许在我过往 40 年的人生中，所有我认识的那些人，都是我要表达感激之情的对象。然而，如果没有以下这些杰出人士的大力帮助，这本书就无法问世，因此，非常感谢你们：路易丝·海恩斯（Louise Haines）、莎拉·西克特（Sarah Thickett）、大卫·罗斯–艾（David Roth-Ey）、马特·克拉切（Matt Clacher）、米歇尔·凯恩（Michelle Kane）、凯蒂·阿切尔（Katy Archer）、萨德·奥梅耶（Sade Omeje），以及 4th Estate 出版社的全体工作人员。

安娜·鲍尔（Anna Power），感谢你的智慧和温暖。TEDx 和亚当·蒙坦顿（Adam Montandon），感谢你们给我机会，让我在 2019 年做了一次演讲，那次演讲使我明晰了这本书想要表达的主要思想。“快乐行动”组织的马克·威廉姆森博士，感谢你一直以来的支持，感谢你给了我一个分享想法的平台。同时也感谢每个前来观看或聆听我演讲的观众，感谢你们分享各自对悲伤的感悟。迈克·维金，我的同行者，感谢你的慷慨相助。简·埃尔弗，感谢你的善解人意。Beat组织的汤姆·奎恩、温斯顿的愿望的罗斯·科马克、珍妮·沃德以及“摇篮曲基金会”的其他团队成员，感谢你们的善意与慈悲之心，感谢你们及时伸出援手，帮助那些在苦难中挣扎的人们。

朱莉娅·塞缪尔，感谢你惊人的直觉以及你的关爱和慷慨。迪恩·伯内特博士，感谢你如此耐心地向一个外行小白解释什么是神经科学。肯尼斯·肯德勒博士、埃斯梅·汉娜（Esmée Hanna）博士、特雷弗·哈利教授、露西·约翰斯通博士和汉娜·默里博士，感谢你们的洞察力。艾德·温格霍茨博士，感谢你让哭泣变成了一件很酷的事儿！尤利娅·钦索娃·达顿博士、纳撒尼尔·赫尔教授、亨利克·奥尔森教授和约翰·普朗基特教授，感谢你们与我分享各自专业领域的知识，感谢你们参与一个疯狂的英国女人单枪匹马发起的这场改变我们处理情绪的方式的运动。罗宾·邓巴教授，感谢你一直以来提供的热心帮助；纳尔逊·弗雷默博士，感谢你在“抑郁症大挑战”项目所做的工作，实在是充满理想和抱负，令人钦佩和赞叹。睿智的佩格·奥康纳教授，我无比喜欢和你交谈（等这一切结束之后，我们能再约个时间一起打网球吗？）；玛娃·阿扎布教授，是你把感性变成了一件如摇滚般炫酷的事。珍妮·蔡教授，你的研究极具启发性，应该列入教学大纲；泰勒·本-沙哈尔博士，感谢你教会我们如何更好地生活。还有迈克尔·奥德·尼尔森、乔纳斯、艾薇和安妮塔·詹森，感谢你们好心让我加入了奥尔堡的文化维生素项目。

托马斯·迪克森教授正在承担一项早该完成的长线任务——研究情绪发展的历史，为此我向你致敬。了不起的菲利斯·杰卡教授和布兰登·斯塔布斯博士，我向你们致敬，你们证明了生活方式干预是奏效的（尽管你们并没有为此而赚到任何人的钱）。

这本书所提及的那些研究非常令人振奋，我为那无尽的想象力、深邃的思想和反常规思维所折服和震撼，这些研究人员才是真正的勇者。斯文·布林克曼教授和詹姆斯·沃尔曼，才华横溢的你们令我思考良多。

你们知道吗？当你偶尔和那些趣味相投人谈话时，你会受益良多。亚历克斯·索勇-金·庞和约书亚·贝克尔于我而言就是这样的人——你们睿智而友善，你们都不是“聪明绝顶”的那种人（这有相关性吗？有的。两人都拥有一头闪亮丰盈的头发。这也值得注意吗？值得）。

放远视线，回眸历史，这一部分是我的研究中必不可少的一环。所以，我要向所有在这方面帮助过我的人们表示我最诚挚的感谢！谢谢你们为本书和我的上一本书《幸福地图集》提供的帮助。特别感谢农普梅莱洛·孟吉·格美恩，你不仅传播“班图”精神，还身体力行。杰德·沙利文，感谢你与我分享你的故事。本·桑德斯，坦诚且乐观的你帮助我理解了自己身上的巅峰综合征。马特·拉德，风趣又直率的你让我认识到了自己身上一些先入为主的偏见，并且提醒了我，只有给男性平等的情绪表达机会，我们才可能实现真正的男女平等。优秀的约米·阿德戈克，很荣幸能与你共享一个舞台，并签约同一家出版商。了不起的艾拉·米尔斯，温暖如你，友善如你，聪明如你，已经帮助了千千万万的人。

有那么多人愿意与我分享自己的人生故事，分享那些无比悲伤、无比伤痛的经历，为此我诚惶诚恐，深表感动。玛丽娜·福格尔，衷心感谢你让我们在你家厨房里哭泣。亚当·凯，整个出版界最忙碌的人，感谢你愿意花时间和我聊天，给我讲述你的伤心往事以及你为此承受的伤害。了不起的比比·林奇，感谢你的勇敢无惧、诚恳坦率，感谢你越来越斗志昂扬。才华横溢的约翰·克雷斯，友爱如你，感谢你与我分享你的人生故事——感谢你2016年怀特岛文学节那天在我们一起坐渡轮返程时对我这个晕船的女人表示的关爱。杰里米·瓦因，你总是那么慷慨大方、风趣幽默、精力充沛，很荣幸和你一起度过一个星期四的下午。罗宾·因斯，感谢你在《我就是个笑话，可你也是啊！》（*I'm a Joke and So Are You*）一书中坦诚地谈论了你对心理治疗的感受。理查德·克洛西尔，感谢你打破了陈旧的羞耻观；亨利·希金斯，谢谢你在生日那天还没起床的时候就接了我的电话，即使在我刻薄地吐槽寄宿学校的时候，你依然对我保持友善。notOK这款应用的发明者汉娜·卢卡斯和查理·卢卡斯，“新常态”的杰克·巴克斯特和本·梅，你们正在做的事情着实令人惊叹！

然后是与我创作本书不相关的支持者们。致敬英国国家医疗服务体系，感谢你们不止一次救了我的性命。感谢丹麦卫生部。致敬所有税收资助的医疗保健部门和世界各地的主力劳动者们：感谢你们，让这个世界变得更加美好。致敬T和我的朋友们：谢谢你们一直陪着我乘风破浪，砥砺前行。致敬家里的三个小人儿：谢谢你们，不为什么，只为你们的存在。致敬我的母亲：感谢你给我的鼓励和祝福，让我写下“我们的故事”。致敬一路走过的我们。

告读者书

亲爱的读者：

您好！

悲伤已经很沉重了，为了让这本书拿在您的手中不至于太沉重，我们将本书的参考文献放在了下面的网站上，若您有需要，可自行下载。

https://zjxlk.xet.tech/s/3DYK7k

希望这本书能陪伴您，给您抚慰和力量！

九州出版社

图书在版编目（CIP）数据

学会悲伤 / (英) 海伦·拉塞尔著 ; 穆育枫译. --
北京：九州出版社, 2023.12
ISBN 978-7-5225-2374-3

Ⅰ. ①学… Ⅱ. ①海… ②穆… Ⅲ. ①心理学—通俗
读物 Ⅳ. ①B84-49

中国国家版本馆CIP数据核字(2023)第203155号

学会悲伤

作　　者	［英］海伦·拉塞尔 著　穆育枫 译
责任编辑	陈丹青
出版发行	九州出版社
地　　址	北京市西城区阜外大街甲35号（100037）
发行电话	（010）68992190/3/5/6
网　　址	www.jiuzhoupress.com
印　　刷	天津雅图印刷有限公司
开　　本	889 毫米 × 1194 毫米　32 开
印　　张	13.25
字　　数	265 千字
版　　次	2023 年 12 月第 1 版
印　　次	2024 年 1 月第 1 次印刷
书　　号	ISBN 978-7-5225-2374-3
定　　价	62.00 元